经济管理学术文库 • 管理类

新疆科技工作者状况调查

Survey on the Status of Scientific and Technological Workers in Xinjiang

谭伟荣／著

经济管理出版社
ECONOMY & MANAGEMENT PUBLISHING HOUSE

图书在版编目（CIP）数据

新疆科技工作者状况调查/谭伟荣著．—北京：经济管理出版社，2023.6
ISBN 978-7-5096-9114-4

Ⅰ.①新…　Ⅱ.①谭…　Ⅲ.①科学工作者—调查研究—新疆　Ⅳ.①G322.745

中国国家版本馆CIP数据核字（2023）第119949号

组稿编辑：曹　靖
责任编辑：郭　飞
责任印制：张莉琼
责任校对：蔡晓臻

出版发行：经济管理出版社
（北京市海淀区北蜂窝8号中雅大厦A座11层　100038）
网　　址：www.E-mp.com.cn
电　　话：（010）51915602
印　　刷：唐山昊达印刷有限公司
经　　销：新华书店
开　　本：720mm×1000mm/16
印　　张：18.5
字　　数：353千字
版　　次：2023年6月第1版　　2023年6月第1次印刷
书　　号：ISBN 978-7-5096-9114-4
定　　价：88.00元

目 录

第1章　研究背景

科学技术是推动经济发展、促进社会进步、提升民生福祉的核心动力。当前，世界各国科技竞争日益激烈，科技创新能力越来越成为综合国力竞争的重要因素，高新技术产业成为大国竞争的关注重点，只有拥有强大的自主创新能力，才能在激烈的国际竞争中把握先机、赢得主动。面对全球科技竞争的挑战，党中央提出要深入实施科教兴国战略、人才强国战略、创新驱动发展战略，完善国家创新体系，加快建设科技强国，实现高水平科技自立自强。科技工作者是科技创新的第一资源，具有整合资源、创造价值的作用，是推动技术创新和科技成果向生产力转换的核心力量，创新驱动的实质是科技工作者驱动，科技工作者的生活、工作、思想状况将直接影响科技创新的成效，对科技工作者的调查关注有助于营造良好的创新环境，深度落实创新驱动发展战略。

为积极推进丝绸之路经济带区域科技创新高地建设，加快提升科技创新整体活力，全面优化科技创新发展布局，新疆紧紧围绕新时代党的治疆方略，以社会稳定和长治久安为总目标，坚持创新在现代化建设全局中的核心地位，把科技自立自强作为高质量发展的战略支撑，把科技创新作为引领社会经济高质量发展的第一动力，把科技人才作为支撑社会经济高质量发展的第一资源，深入实施创新驱动发展战略和人才强区战略，加快从要素驱动向创新驱动转变，增强发展的内生动力和可持续发展能力。

当今世界百年未有之大变局和中华民族伟大复兴战略全局为新时代创新驱动发展与科技人才队伍建设提供了新要求、新方向与新指向。新疆具有显著的地缘优势、资源优势、人文优势，是东联西出的国际国内大通道、中国向西开放的桥头堡、丝绸之路经济带的核心区。科技创新为新疆融入国家发展大局、实现社会经济高质量发展、促进社会和谐稳定提供了不竭动力，规模宏大、结构合理、素质优良的科技工作者队伍为新疆创新驱动发展、科技要素集聚、国际科技文化交流等奠定了根本支撑。同时，新疆作为典型的少数民族聚居区与边疆地区，其经济结构、文化素养、语言种类、资源禀赋等存在自己独特的结构，其地方的科技工作者状况也具有自己独特的区域优势。如何全面把握新疆科技人才队伍的整体情况，深入了解科技工作者在职业发展、科研活动、培训进修、职业流动、思想动态、社会参与及生活待遇等基本状况，对于党和政府开展高效的科技人才管理、制定有效的科技人才政策等具有重要价值。

1.1 概念界定

科技工作者，即科学技术工作者，是指现代社会中以相应的科技工作为职业，实际从事系统性科学和技术知识的产生、发展、传播和应用活动的人员。根据不同分类依据可将科技工作者分为不同类型。根据供职机构不同，可分为政府及事业单位科技工作者、企业的科技工作者和非营利组织的科技工作者。根据从事岗位不同，可将科技工作者分为研究探索、开发创新、应用维护、传播普及、管理决策等不同类型的科技工作者，其中研究探索类型的技术工作者是指从事基础科学、应用科学等方面研究，是科学技术重大突破的主导型力量；开发创新型技术工作者是指从事新产品、新工艺等的科技工作者，是现代科学技术转化为生产力的主要推动者；应用维护型技术工作者指维持科学技术在社会经济活动中正常运作的科技工作者，常扮演技术扩散与模仿创新的技术角色；传播普及型技术工作者是指承担科学技术类教育工作的教师与专职科普工作者；管理决策型技术工作者是指从事技术决策管理工作的科技领导干部。

当前普遍接受的科技工作者的定义是：以科技工作为职业的人员，即实际从事系统性科学和技术知识的产生、发展、传播和应用活动的劳动力，涵盖了专业技术人员、科技活动人员、研发人员、科学家和工程师等多个层次的人员。本次调查继续沿用此定义，在具体调查过程中将科技工作者分为卫生技术人员、农业技术人员、科学研究人员、自科教学人员与工程技术人员五种类型。考虑到数据获取便捷性与规范性，本次调查未将土专家纳入问卷调查。

1.2 国家科技工作者状况调查背景

当今世界面临百年未有之大变局，国际国内环境发生深刻复杂变化，世界竞争格局已从经济贸易向科技、人才、教育等领域延伸；同时，新一轮科技革命和产业变革也正在重构全球创新版图、重塑全球经济结构。为适应百年未有之大变局、抓住新一轮科技革命重大机遇，必须把创新作为引领发展的第一动力，把人才作为支撑发展的第一资源，培育、发展、壮大实现民族振兴、赢得国际竞争主动权的决定性战略资源。科技工作者是从事科学技术研究、开发、应用、传播、维护和管理的主力军，也是推动科技进步与社会经济高质量发展的重要力量。习近平总书记对科技创新和人才发展高度重视，从党的领导、政治引领、国家使命、能力素质、环境营造等多个方面提出了一系列重大论断，为培养、引进、使用、管理、服务科技工作者提供了根本遵循，为打造一支规模宏大、结构合理、素质优良、能力突出的科技人才队伍奠定了根本基础。

国家科技工作者状况调查是由中国科学技术协会开展，致力于通过实地调查了解全国科技工作者整体的生活状态、工作状态、思想状态等，通过调查反馈分析现有科技政策、激励制度、创新环境等外界因素对科技工作者从事科技创新活动的阻碍与促进作用，为科技管理人员决策制定、有关部门科技创新政策制定提供参考和数据支持。自2003年中国科学技术协会（以下简称中国科协）开展首次全国科技工作者状况调查，中国科协规定每五年开展一次全国范围内的科技工作者状况调查，分别于2008年、2013年、2018年展开了三次调查，历次调查均有新结论、新变化。

2003年中国科协开展第一次全国科技工作者状况调查，首次对“科技工作者”进行界定，明确提出工程技术人员、卫生技术人员、农业技术人员、科学研究人员和自科教学人员五种专业技术人员作为科技工作者的具体划分，共抽取样本7000人，调查显示当期科技工作者创业意愿较高。2008年中国科协同中国科技发展战略研究院组织开展第二次全国科技工作者状况调查，共获取30078份有效问卷。调查显示，2003~2007年科技工作者队伍快速增长，科技人力资源数量从2002年底的2959万人增加到2007年的5160万人，科技工作者队伍逐渐年轻化、高学历化，对创新环境整体满意。2013年第三次全国科技工作者调查显示队伍规模稳定增长，截至2012年底，科技人力资源总量达6800万人，队伍年轻化、高学历化特征明显，生活幸福感整体不高，对收入、社会地位满意度较低，对科技资源配置、科技评价导向反映问题较多。2018年第四次科技工作者状况调查共获取有效样本48099份，调查显示，科技工作者工作满意度提升但超时工作情况加剧，生活满意度因收入低、无法照顾家庭等原因整体偏低，科研经费管理不科学、科技评价导向不合理、科研项目管理繁文缛节较多等问题突出，科研项目数量与经费下降、科研成果与社会脱节同样是科技工作者不满的地方之一。

从2018年开始，美国逐步强化对我国科技创新的压制态势和打击力度，面对国际局势的骤然变化，我国科技创新不仅需要在短期应对科技封锁，更需要培养高素质科技人才以适应充满不确定性的全新环境。为此党中央提出，要加快国内人才培养、完善激励机制和科技评价机制、规范科技伦理等，进一步加强科技创新人才队伍建设、发挥科技人员聪明才智。习近平总书记强调，科学技术是人类的伟大创造性活动。一切科技创新活动都是人做出来的。我国要建设世界科技强国，关键是要建设一支规模宏大、结构合理、素质优良的创新人才队伍，激发各类人才创新活力和潜力。在此背景下，开展全国科技工作者状况调查更具有现实的迫切性，有助于建立国家和科技工作者畅通稳定的双向沟通渠道、改善科技创新环境、解决科技人才流失困境，为科技强国储备高素质科技人才提供极大的助力。科技工作者的科技创新成果产出、人才流动受到生活条件、经济激励、科研环境、工作满意度、人才政策等诸多因素影响，中国科学技术协会开展的科技工作者状况调查是真实客观地了解上述影响因素的重要渠道。然而，距离《第四次全国科技工作者状况调查报告（2017）》的全国性调查已经过去五年时间，在此期间，人才政策、创新资源投入、国家创新战略等科技创新环境已产生新的变化，科技工作者的生活状态、流动趋势、工作条件、思想观念同样发生了一定的改变，明确新形势下的这些变化、了解科技工作者的发展新需求成为当前科技工作亟待进行的课题。

1.3 科技工作者状况研究进展

科技工作者是指以从事科学知识和技术技能的生产、传播、扩散、应用及相关服务为职业的劳动者（周大亚，2020）。中国科技发展70年的辉煌是一代又一代中国科技工作者前赴后继、不懈奋斗的结果（王志珍，2019）。建党以来，中国共产党高度重视和支持科学技术发展，关怀与领导科技工作者和科技团体；中国科协是党和政府联系科技工作者的桥梁和纽带，是国家推动科技事业发展的重要力量，在科技创新、全民科学素质提高、国际科技交流、科技工作者权益保障等方面作出了独特的、不可替代的重要贡献（王康友等，2021）。

近年来，李慷等（2018）根据科技工作者状况调查数据，从科研活动、职业评价和流动意愿、收入待遇和生活状况，以及科技工作者对科研环境评价的角度分析全国科技工作者的状况（江希和和张戌凡，2017；李慷等，2018），分析个体特征、科研工作、人才评价、收入分配因素对科技工作者工作满意度的影响作用（李慷和黄辰，2021）。聚焦科技工作者的工作满意度、压力管理、激励机制、社会分层、科技工作者自身成长及激励问题、科技工作者社会责任等问题；并重点关注科研工作者的职业倦怠、科技工作人员内在潜力提升政策、女性科技工作者现状、科技工作者的学术不端行为等问题；同时，关注青年科技工作者的心理健康风险、女性科技工作者的科研产出（于巧玲等，2018）、科技工作者创新创业（张明妍等，2020）、时间管理和健康水平（翁章好和李荣志，2021）等问题，并取得了丰富研究成果。

从当前来看，科技工作者对科研激励政策、科研奖励政策、单位科研奖励激励机制制度、科研付出与回报、奖励资源分配、科技成果转移转化奖励等给予了高度关切（李柳杰等，2020），重点反映创业创新政策落实、科技人才队伍建设、科技人才评价和激励等问题（邓大胜等，2016），并建议完善人才流动市场机制，推动以增加知识价值为导向的分配制度落地，健全以能力和贡献为导向的人才评价标准，营造尊重人才的社会氛围（张明妍等，2020）。未来科技工作将着力于完善科研项目评审与科研经费管理办法、改善创新创业环境、打破创新创业障碍、完善管理制度、稳定职业发展通道等（江希和和张戌凡，2017）。

1.4 研究目的与意义

近年来，新疆持续深入实施人才强区战略，加快推进科技创新和体制机制创新，健全人才发展规划和政策体系，完善关键领域人才梯队培养和可接续体系，技术完善科技人才评价体系与激励体系，形成了“育才、引才、聚才、用才”

全链条人才管理机制，科技工作者的创新创业活力持续提升，创新型新疆建设持续深入，科技创新工作的社会稳定与经济发展贡献度持续增强。为持续增强新疆科技工作者创新创业活力，打造风清气正的科技创新生态，维护科技工作者的整体利益，本次调查旨在通过科学的调查设计、合理的样本选取探明新疆维吾尔自治区科技工作者总体分布状况，掌握科技人才总体概貌。通过对调查数据的整理、分析与研究，以表格、图片搭配文字分析的方式从多方位反映新疆科技工作者的基本属性、身体健康状况、职业发展状况、创新创业状况等方面信息。同时，客观全面地反映新疆科技工作者对科技政策的态度、科技体制评价、科研环境及权益保障的需求，为新疆进一步研究和加强科技人才工作提供宝贵材料。

科技工作者作为科技创新活动的行为主体，其工作生活状况是影响科技成果产出的重要影响因素，科技工作者状况调查有助于了解技术工作人员的真实状况与现实需求，对相应的政策制定和制度改革起到推动作用。近年来，关于科技工作者工作生活满意度的改善需求值得重点关注，但对于新疆科技工作者状况的调查研究较为欠缺。本次调查对新疆科技工作者的真实需求和详细感受做了针对性的信息收集与问题研究，对新疆科技工作者面对的生活、工作、思想等方面的问题进行了整理，对新疆科技体制、政策制度、激励措施发挥的作用与存在的问题进行了分析与总结，并提出了相应的对策建议，以期满足新疆相关部门客观、详细、系统地了解科技工作者的真实需要。同时，研究成果将对新疆科技工作者的生活幸福感、工作满足感、创新动力与热情具有间接的提升作用，将对新疆科协站在新的发展起点上推进新疆科技智库建设工作、改善科技工作者服务具有一定的推动作用，将对新疆相关部门完善激励制度、改进科技评价方法、强化新疆科技创新氛围具有直接的促进作用。

第2章　研究思路与调查设计

2.1　研究思路

本书以“摸清家底、深度把脉、精准问诊、对症开药”为逻辑主线，全面了解新疆（含兵团）科技人才队伍的现实情况、整体规模与人才结构，摸清新疆科技人才队伍家底；深入了解科技工作者的工作满意度、身体与心理状况、对主要科技政策与科技人才政策的看法与诉求等基本信息，把脉新疆科技工作者的生活工作情况等；重点关注科技工作者在工作、生活、创新、创业中遇到的主要问题与主要障碍，并深度进行原因探析；基于科技工作的重点关切问题、亟待解决难题等，提供新疆科技工作人才队伍建设的合理化建议等，为新疆科技人才队伍高质量发展与人才政策制定提供信息咨询。具体研究内容如下：

第1章，研究背景。阐述本书的调查背景、研究进展、研究目的与研究意义。

第2章，研究思路与调查设计。阐释本书的研究思路、问卷设计与调研方案。

第3章，调查实施。包括问卷调查与实地调查的组织与安排。

第4章，问卷调查结果分析。围绕问卷整体情况，科技人才工作情况、生活情况、健康状况、职业发展情况、工作满意度、创新创业与主要诉求等，并从卫生技术人员、农业技术人员、科学研究人员、自科教学人员与工程技术人员等科技人才类型进行分组分析，以期深入了解新疆科技工作者的整体状况。

第5章，实地调研专题报告。围绕科技工作者的调查范围，对新疆（兵团）

高校、科研院所、医院、企业的科技工作者进行专项调研，以期更全面地分析新疆（兵团）科技工作者状况。

第6章，研究结论与对策思考。阐述本书的研究结论，并提出相应的对策。

2.2 问卷设计

综合考虑新疆科技工作者状况调查的整体部署，项目组在科技部科技工作者状况调查问卷基础上，注重与新疆科协开展的新疆科技工作者状况调查工作的相互补充，项目组开发了新疆（兵团）科技工作者状况调查问卷。问卷包括以下几个部分：

第一，个人基本情况。主要包括被调查科技工作者的性别、年龄、学历、职称、政治面貌、技术领域、婚姻状况等个人基本信息。

第二，工作情况。主要包括对科技工作者的工作年限、工作原因、单位工作时长、工作价值认知等工作情况的调查。

第三，生活情况。主要包括对科技工作者的婚姻状况、社会地位认知、娱乐休闲情况、困难压力情况、生活观念态度、生活满意度等生活情况的调查。

第四，身心健康情况。主要包括对科技工作者的身体健康状况、心理健康状况、体育锻炼情况、身心健康对工作的综合影响等的调查。

第五，职业发展情况。主要包括对科技工作者的工作状况、工作产出、进修学习、资源分配、成果评价、工作困扰、收入水平、职业倦怠、科技知识普及等职业发展情况的调查。

第六，工作满意度情况。主要包括对科技工作者的工作收入满意度、社会声望满意度、工作条件满意度、工作晋升满意度、工作稳定性满意度、工作自主性满意度、发挥专长满意度、工作成就感满意度、发展空间满意度、工作氛围满意度、社会保障满意度、人际关系满意度、管理水平满意度、工作培训满意度、领导重视满意度等工作满意度的调查。

第七，创新创业情况。主要包括科技工作者对创新创业环境、创新创业政策的认知情况，科技工作者创新创业行动、成果转化情况等的调查。

第八，其他。主要包括科技工作者对当前信息反馈渠道、科协作用感知、科协会服务诉求、科技体制认知等情况的调查。

2.3　调研方案

根据前一部分问卷调查结果，提取关键信息，梳理出科研工作中的主要问题，设计实地调研访谈提纲，进一步进行实地调研，面对面进行深入沟通和了解，全面了解新疆（兵团）科技工作者的工作、生活、身心健康、职业发展、工作满意度、创新创业与工作诉求等。需要说明的是，充分考虑到新疆科技工作者状况调查项目的互补性与综合性，本书选择石河子大学、石河子农业科学研究院、石河子大学医学院第一附属医院、新疆天业集团进行专项调查，作为新疆（兵团）科技工作者状况问卷调查的补充设计，也作为新疆科协实施的新疆科技工作者状况调查的补充。

第3章　调查实施

根据本书的调查目的，本次调查分为问卷调查和实地访谈两部分，问卷调查主要用于了解科技工作者总体实际情况，实地调研根据问卷调查结果，通过实地访谈征求科技工作者对问卷调查结果的意见，并征求大家对问卷设计的补充意见，问卷调查是大样本调查，实地访谈是面对面的补充调查，是对问卷调查可能存在不足的完善。

3.1　问卷调查

3.1.1　样本选择

新疆科技工作者调查基本抽样区域内单位的确定，是以每个基本抽样区域内国有企业和集体企业、事业单位、非公有制单位作为三级样本单位，从中抽取样本。调查面向新疆14个地州及新疆生产建设兵团范围的科技工作者。样本抽取尽量涵盖不同的领域和行业，调查机构覆盖新疆科研院所、高等院校、普通中学、中专、技校、职业中学、医疗卫生机构、技术推广与服务组织、科普场馆、大型企业、中小企业等机构单位，根据该地区的经济发展特点进行抽取，并抽取科技工作者相对集中的单位。抽取单位应该尽量涵盖科研人员、工程技术人员、农业技术人员、卫生技术人员、自然科学教学人员等科技工作者。

3.1.2　问卷发放

本次调查借助问卷星平台进行，通过新疆（兵团）各科技单位和社会面调查共同完成本次调查，共获取响应问卷 2544 份。

3.1.3　数据处理

对调查问卷获取的数据信息进行数据清洗与预处理，确定有效调查问卷、剔除无效存伪问题，形成新疆科技工作者调查信息数据库。本次调查共获取有效问卷 2031 份，有效问卷回收率为 79.83%，能够有效支撑本次新疆科技工作者状况调查。

3.2　实地调查

在顺利完成线上问卷调查及分析基础上，为进一步进行实地调研，项目组对石河子大学、石河子农业科学研究院、石河子大学医学院第一附属医院、新疆天业集团进行专项调查。各单位座谈人员包括人事（人力资源）主管领导、单位科研（科协会）主管领导与工作人员、一线科技人员等，获取了很多珍贵的第一手访谈资料。

第 4 章　问卷调查结果分析

4.1　问卷调查整体情况

本次调查借助问卷星平台进行，共收回有效问卷 2031 份。问卷主要涉及科技人才队伍结构特征、科技人才工作情况、科技人才生活情况、科技人才身心健康状况、科技人才职业发展状况、科技人才工作满意度状况、创新创业环境状况等方面内容，问卷从生活、工作、制度、环境等多方面深入了解新疆科技工作者面对的实际情况，为提升科技人才满意度、优化科技创新环境、改进科技制度政策提供了数据支撑和参考依据

4.1.1　类型结构

本次新疆科技工作者调查涉及卫生技术人员、农业技术人员、科学研究人员、自科教学人员、工程技术人员五种类型，其中卫生技术人员指在企业（单位）中从事卫生医务工作的自然科学技术专业人员，包括正副主任医师、主治医师、医师、医（护）士和未评定职称的技术人员；农业技术人员指在企业（单位）中从事农业技术工作的自然科学技术专业人员，包括高级农艺师、农艺师、助理农艺师、技术员和未评定职称的技术人员；科学研究人员指在科研部门从事科学技术活动的自然科学技术专业人员，包括正副研究员、助理研究员、研究实习员、技术员和未评定职称的技术人员；自然科学教学人员指在国民经济各行业中从事自然科学技术教学活动的专业人员，包括正副教授、讲师、助教、教师和在中学从事自然科学技术教学活动的人员；工程技术人员指在企业中从事工程技

术工作的自然科学技术专业人员，包括高级工程师、工程师、助理工程师、技术员和未评定职称的技术人员。

本次调查的新疆科技工作者的类型结构显示，卫生科技人员有 264 人，占比为 13.00%；农业技术人员有 384 人，占比为 18.91%；科学研究人员人数最少，为 138 人，占比为 6.79%；自科教学人员人数最多，为 690 人，占比为 33.97%；工程技术人员有 555 人，占比为 27.33%。

4.1.2　性别结构

本次调查的性别类型分布中，男性为 1104 人，占总调查人数的 54.36%，女性为 927 人，占比为 45.64%，男女性别比例总体相对均衡。具体来看，卫生技术人员中男性人数有 161 人，占比为 60.98%，女性人数有 103 人，占比为 39.02%；农业技术人员中男性人数有 159 人，占比为 41.41%，女性人数有 225 人，占比为 58.59%；科学研究人员中男性人数有 95 人，占比为 68.84%，女性人数有 43 人，占比为 31.16%；自科教学人员中男性人数有 357 人，占比为 51.74%，女性人数有 333 人，占比为 48.26%；工程技术人员中男性人数有 332 人，占比为 59.82%，女性人数有 223 人，占比为 40.18%。就性别分布来看，男性人数在卫生技术人员、科学研究人员、工程技术人员中占据优势，女性则在农业技术人员中占据大多数，自科教学人员中男女比例则较为均衡。

4.1.3　年龄结构

本次调查的新疆科技工作者年龄结构分布显示，年龄位于 30~40 岁的人员比例最高，其次是 40~50 岁，再次是 50~60 岁，30 岁及以下与 60 岁以上占比较小。具体来看，30 岁以下的有 127 人，占比为 6.25%；30~40 岁的有 782 人，占比为 38.50%，是科技工作者最集中的年龄段；40~50 岁的有 588 人，占比为 28.95%；50~60 岁的有 479 人，占比为 23.58%；60 岁以上的有 55 人，占比为 2.71%。

4.1.4　学历结构

本次调查的新疆科技工作者学历结构分布显示，科技工作者最高学历是本科学历的数量比例最高，其次是硕士学历，再次是博士学历，占比最小的是大专及以下学历。具体来看，大专及以下学历有 117 人，占比为 5.76%；本科学历有 1271 人，占比为 62.58%；硕士学历有 416 人，占比为 20.48%；博士学历有 227 人，占比为 11.18%。

4.1.5 职称结构

本次调查的新疆科技工作者职称结构分布显示，科技工作者为中级职称的比例最高，其次是副高级职称，再次是初级及以下职称，获得正高级职称的科技工作者占比最小。具体来看，初级及以下职称的科技工作者有 360 人，占比为 17.73%；中级职称有 1005 人，占比为 49.48%；副高级职称有 538 人，占比为 26.49%；正高级职称有 128 人，占比为 6.30%。

4.1.6 政治面貌

本次调查的政治面貌结果显示绝大多数科技工作者的政治面貌是中共党员。调查样本中，政治面貌为中共党员的科技工作者有 1439 人，占总调查人数的 70.85%；政治面貌为群众的科技工作者有 430 人，占总调查人数的 21.17%；政治面貌为其他的科技工作者有 162 人，占总调查人数的 7.98%。

4.1.7 婚姻状况

本次调查的新疆科技工作者婚姻状况显示，绝大多数科技工作者的婚姻状态是已婚，仅有就极少数的科技工作者处于未婚和其他状态。具体来看，调查样本中有 1949 名的科技工作者处于已婚状态，占总调查人数的 95.96%；未婚状态的科技工作者有 39 人，占总调查人数的 1.92%；其他状态的科技工作者有 43 人，占调查总人数的 2.12%。

4.2 工作情况

本次调查从科技人才的工作年限、工作原因、工作时长、工作价值认知等方面对新疆科技工作者的工作情况进行了调查，基本情况如下：

4.2.1 工作年限

工作年限即工龄，会影响科技工作者的工资收入，决定带薪休年假天数，事关养老金、医疗期等福利。科技人才与其他人才相比较，最大的优势就是其掌握知识和科学技能，因此科技人才的需求起点较高，虽然他们十分注重物质型激励措施，但他们对自我实现型激励措施的需求度也较高。按照马斯洛的需求层次理论，当科技人才低层次的需求得到满足时，他们会追求更高层次的需求，所以工作年限会影响科技人才对成长型激励和自我实现型激励的偏好。本次对新疆科技工作者的工作年限状况统计调查结果如表 4-1 所示：

表 4-1 新疆科技工作者的工作年限分布情况 单位：人，%

科技工作者类型		5 年及以下	6~10 年	11~15 年	16~20 年	21~25 年	26~30 年	31~35 年	总计
卫生技术人员	人数	27	54	51	47	33	22	30	264
	占比	10.23	20.45	19.32	17.80	12.50	8.33	11.36	100.00
农业技术人员	人数	37	94	63	56	50	43	41	384
	占比	9.64	24.48	16.41	14.58	13.02	11.20	10.68	100.00
科学研究人员	人数	13	20	17	26	20	23	19	138
	占比	9.42	14.49	12.32	18.84	14.49	16.67	13.77	100.00
自科教学人员	人数	69	149	128	114	83	77	70	690
	占比	10.00	21.59	18.55	16.52	12.03	11.16	10.14	100.00
工程技术人员	人数	63	108	94	82	63	71	74	555
	占比	11.35	19.46	16.94	14.77	11.35	12.79	13.33	100.00
总计	人数	209	425	353	325	249	236	234	2031
	占比	10.29	20.93	17.38	16.00	12.26	11.62	11.52	100.00

4.2.1.1 工作年限状况整体性描述

本次调查的新疆科技工作者中，工作年限在 5 年及以下的有 209 人，占比为 10.29%；工作年限在 6~10 年的有 425 人，占比为 20.93%；工作年限在 11~15 年的有 353 人，占比为 17.38%；工作年限在 16~20 年的有 325 人，占比为 16.00%；工作年限在 21~25 年的有 249 人，占比为 12.26%；工作年限在 26~30 年的有 236 人，占比为 11.62%；工作年限在 31~35 年的有 234 人，占比为 11.52%。总体来看，本次调查新疆科技工作者的工作年限分布较为均匀，整体平均工作年限在 17.13 年，其中人数占比最高的是工作年限在 6~10 年的科技工作者，其次是工作年限在 11~15 年的科技工作者，人数占比最少的是 5 年及以下的科技工作者（见图 4-1）。

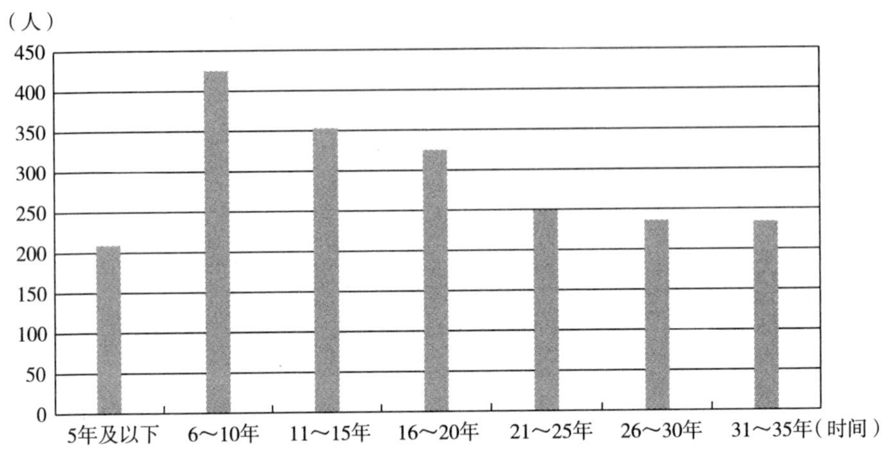

图 4-1　新疆科技工作者工作年限分布情况

4.2.1.2　工作年限状况分类型描述

本次调查的卫生技术人员中，工作年限在 5 年及以下的有 27 人，占比为 10.23%；工作年限在 6～10 年的有 54 人，占比为 20.45%；工作年限在 11～15 年的有 51 人，占比为 19.32%；工作年限在 16～20 年的有 47 人，占比为 17.80%；工作年限在 21～25 年的有 33 人，占比为 12.50%；工作年限在 26～30 年的有 22 人，占比为 8.33%；工作年限在 31～35 年的有 30 人，占比为 11.36%。本次调查的卫生技术人员的平均工作年限是 16.83 年（见图 4-2）。

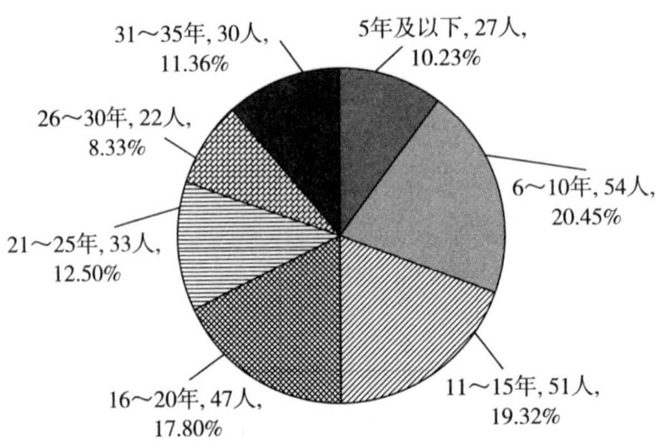

图 4-2　卫生技术人员工作年限分布情况

本次调查的农业技术人员中，工作年限在 5 年及以下的有 37 人，占比为 9.64%；工作年限在 6~10 年的有 94 人，占比为 24.48%；工作年限在 11~15 年的有 63 人，占比为 16.41%；工作年限在 16~20 年的有 56 人，占比为 14.58%；工作年限在 21~25 年的有 50 人，占比为 13.02%；工作年限在 26~30 年的有 43 人，占比为 11.20%；工作年限在 31~35 年的有 41 人，占比为 10.68%。本次调查的农业技术人员的平均工作年限是 16.72 年（见图 4-3）。

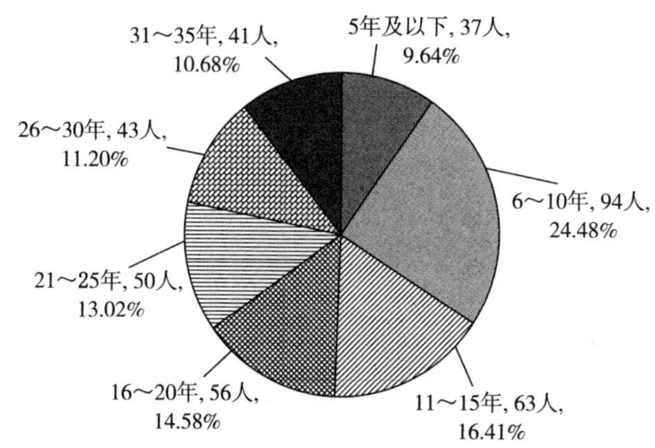

图 4-3　农业技术人员工作年限分布情况

本次调查的科学研究人员中，工作年限在 5 年及以下的有 13 人，占比为 9.42%；工作年限在 6~10 年的有 20 人，占比为 14.49%；工作年限在 11~15 年的有 17 人，占比为 12.32%；工作年限在 16~20 年的有 26 人，占比为 18.84%；工作年限在 21~25 年的有 20 人，占比为 14.49%；工作年限在 26~30 年的有 23 人，占比为 16.67%；工作年限在 31~35 年的有 19 人，占比为 13.77%。本次调查的科学研究人员的平均工作年限是 19.21 年（见图 4-4）。

本次调查的自科教学人员中，工作年限在 5 年及以下的有 69 人，占比为 10.00%；工作年限在 6~10 年的有 149 人，占比为 21.59%；工作年限在 11~15 年的有 128 人，占比为 18.55%；工作年限在 16~20 年的有 114 人，占比为 16.52%；工作年限在 21~25 年的有 83 人，占比为 12.03%；工作年限在 26~30 年的有 77 人，占比为 11.16%；工作年限在 31~35 年的有 70 人，占比为 10.14%。本次调查的自科教学人员的平均工作年限是 16.84 年（见图 4-5）。

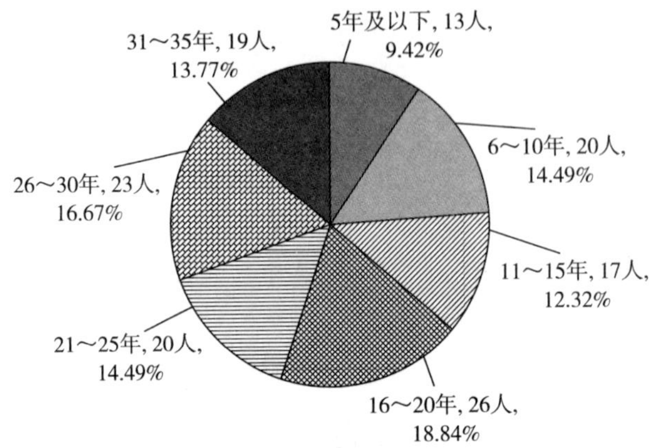

图 4-4 科学研究人员工作年限分布情况

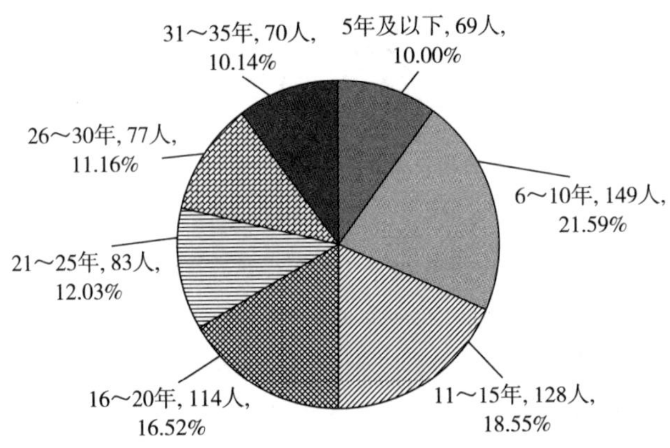

图 4-5 自科教学人员工作年限分布情况

本次调查的工程技术人员中，工作年限在 5 年及以下的有 63 人，占比为 11.35%；工作年限在 6~10 年的有 108 人，占比为 19.46%；工作年限在 11~15 年的有 94 人，占比为 16.94%；工作年限在 16~20 年的有 82 人，占比为 14.77%；工作年限在 21~25 年的有 63 人，占比为 11.35%；工作年限在 26~30 年的有 71 人，占比为 12.79%；工作年限在 31~35 年的有 74 人，占比为 13.33%。本次调查的工程技术人员的平均工作年限是 17.40 年（见图 4-6）。

除科学研究人员以外，其他各类科技工作者的工作年限分布与整体特征相似，工作年限在 6~10 年的科技人才占比最大，工作年限在 11~15 年的科技人才占比次之。在受调查的科学研究人员中，工作年限在 16~20 年的人才数量最多，

比其他各类科技工作者的各工作年限阶段的人才数量分布更加均衡。

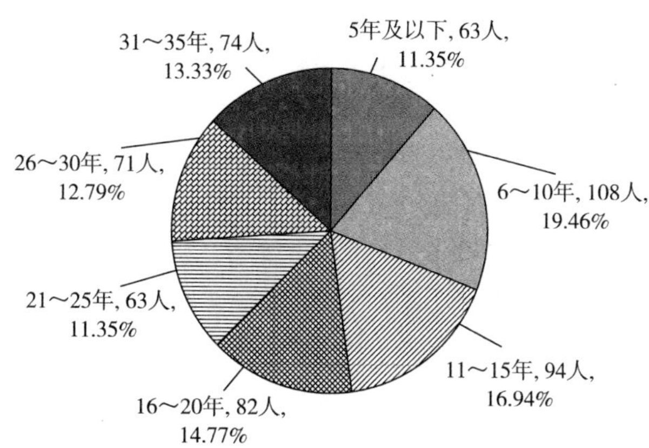

图 4-6 工程技术人员工作年限分布情况

4.2.2 工作原因

本次调查涉及的对科技工作者的工作原因调查，是指其最初选择工作的理由。了解科技工作者参加工作的原因，有助于了解科技工作者的个人职业发展倾向，为科技人才的留用、培训和激励有重要参考作用。本次对新疆科技工作者的工作原因状况统计调查结果如下文所述。

4.2.2.1 工作原因状况整体性描述

本次调查的新疆科技工作者中，出于收入高的原因而工作的有 42 人，占比为 2.07%；出于能解决住房问题的原因而工作的有 47 人，占比为 2.31%；出于有职称或职务晋升机会的原因而工作的有 117 人，占比为 5.76%；出于优良的工作条件的原因而工作的有 175 人，占比为 8.62%；出于符合个人兴趣的原因而工作的有 441 人，占比为 21.71%；出于能发挥专业技能的原因而工作的有 432 人，占比为 21.27%；出于工作稳定的原因而工作的有 352 人，占比为 17.33%；出于人际关系融洽的原因而工作的有 282 人，占比为 13.88%；出于方便照顾家庭的原因而工作的有 59 人，占比为 2.90%；出于解决子女教育等问题的原因而工作的有 40 人，占比为 1.97%；另有占比为 2.17%的 44 位科技工作者出于其他原因选择工作。

总体来看，本次调查的大部分新疆科技工作者在选择工作时，会优先考虑工作条件、个人兴趣、工作内容、工作稳定性、工作中的人际关系氛围等因素，其中考虑工作内容是否符合个人兴趣、是否能发挥自身专业技能的人占比最多（见图 4-7）。

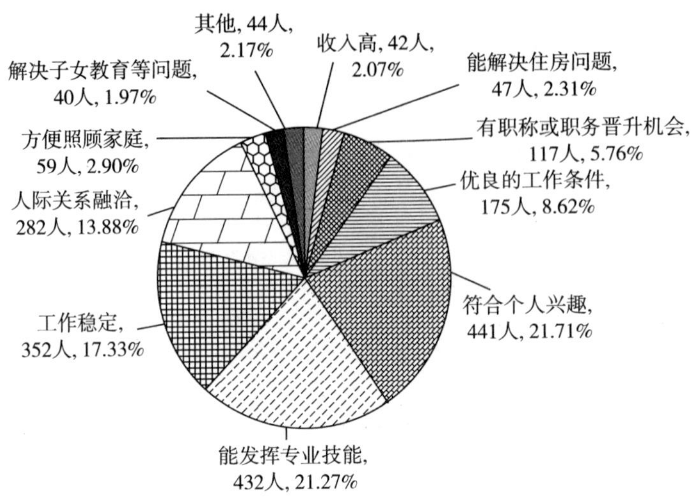

图 4-7　新疆科技工作者工作原因分布情况

4.2.2.2　工作原因状况分类型描述

本次调查的卫生技术人员中，出于收入高的原因而工作的有 5 人，占比为 1.89%；出于能解决住房问题的原因而工作的有 6 人，占比为 2.27%；出于有职称或职务晋升机会的原因而工作的有 16 人，占比为 6.06%；出于优良的工作条件的原因而工作的有 33 人，占比为 12.50%；出于符合个人兴趣的原因而工作的有 65 人，占比为 24.62%；出于能发挥专业技能的原因而工作的有 60 人，占比为 22.73%，出于工作稳定的原因而工作的有 30 人，占比为 11.36%；出于人际关系融洽的原因而工作的有 36 人，占比为 13.64%；出于方便照顾家庭的原因而工作的有 3 人，占比为 1.14%；出于解决子女教育等问题的原因而工作的有 2 人，占比为 0.76%；另有占比为 3.03%的 8 位科技工作者出于其他原因选择工作（见图 4-8）。

本次调查的农业技术人员中，出于收入高的原因而工作的有 10 人，占比为 2.60%；出于能解决住房问题的原因而工作的有 5 人，占比为 1.30%；出于有职称或职务晋升机会的原因而工作的有 16 人，占比为 4.17%；出于优良的工作条件的原因而工作的有 27 人，占比为 7.03%；出于符合个人兴趣的原因而工作的有 77 人，占比为 20.05%；出于能发挥专业技能的原因而工作的有 76 人，占比为 19.79%；出于工作稳定的原因而工作的有 81 人，占比为 21.09%；出于人际关系融洽的原因而工作的有 62 人，占比为 16.15%；出于方便照顾家庭的原因而工作的有 12 人，占比为 3.13%；出于解决子女教育等问题的原因而工作的有 9 人，占比为 2.34%（见图 4-9）。

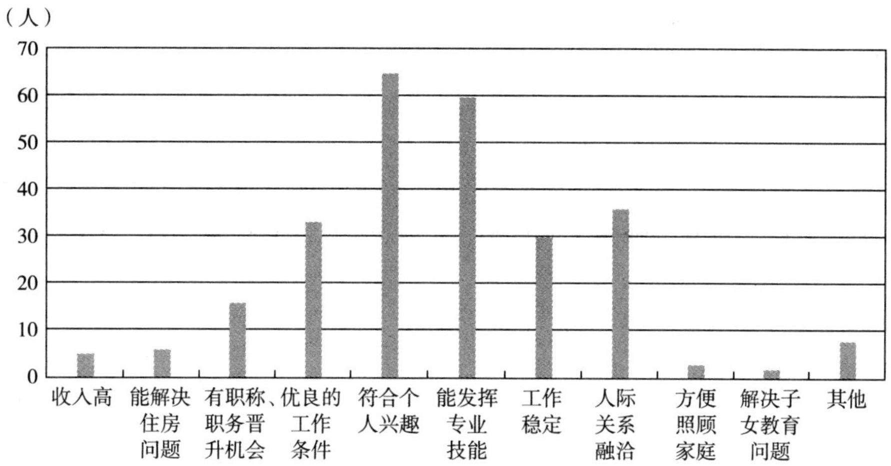

图 4-8　卫生技术人员工作原因分布情况

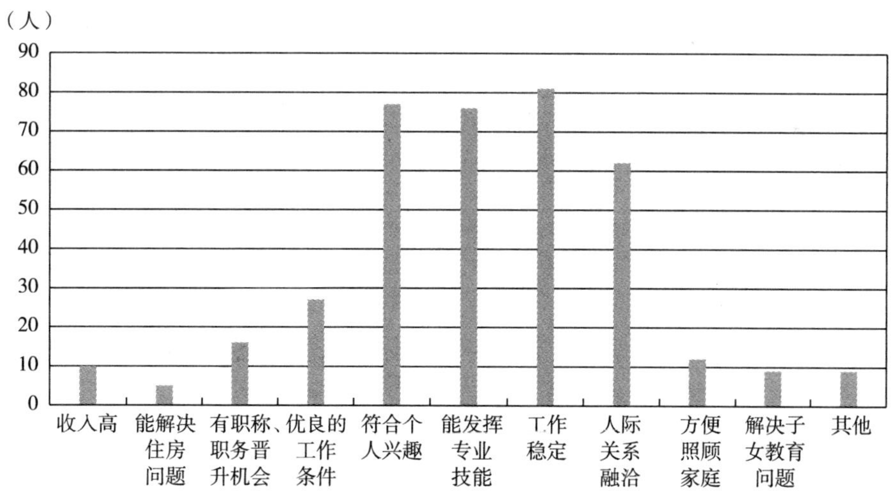

图 4-9　农业技术人员工作原因分布情况

本次调查的科学研究人员中，出于收入高的原因而工作的有 5 人，占比为 3. 62%；出于能解决住房问题的原因而工作的有 10 人，占比为 7. 25%；出于有职称或职务晋升机会的原因而工作的有 10 人，占比为 7. 25%；出于优良的工作条件的原因而工作的有 13 人，占比为 9. 42%；出于符合个人兴趣的原因而工作的有 24 人，占比为 17. 39%；出于能发挥专业技能的原因而工作的有 30 人，占比为 21. 74%；出于工作稳定的原因而工作的有 19 人，占比为 13. 77%；出于人际关系融洽的原因而工作的有 12 人，占比为 8.70%；出于方便照顾家庭的原因而工作的有 4 人，占比为 2.90%；出于解决子女教育等问题的原因而工作的有 7 人，占比为 5.07%；另有占比为 2.90%的 4 位科技工作者出于其他原因选择工作（见图 4-10）。

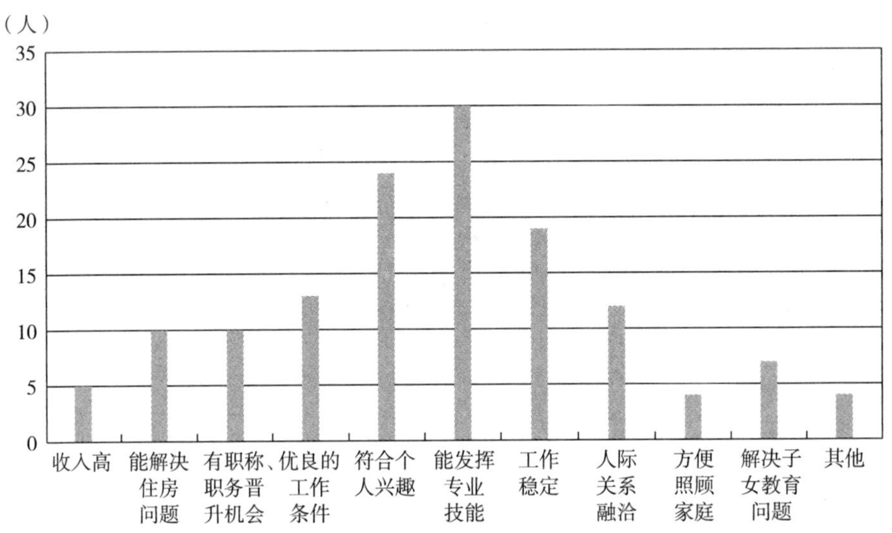

图 4-10　科学研究人员工作原因分布情况

本次调查的自科教学人员中，出于收入高的原因而工作的有 11 人，占比为 1.59%；出于能解决住房问题的原因而工作的有 15 人，占比为 2.17%；出于有职称或职务晋升机会的原因而工作的有 37 人，占比为 5.36%；出于优良的工作条件的原因而工作的有 50 人，占比为 7.25%；出于符合个人兴趣的原因而工作的有 153 人，占比为 22.17%；出于能发挥专业技能的原因而工作的有 157 人，占比为 22.75%；出于工作稳定的原因而工作的有 121 人，占比为 17.54%；出于人际关系融洽的原因而工作的有 107 人，占比为 15.51%；出于方便照顾家庭的原因而工作的有 20 人，占比为 2.90%；出于解决子女教育等问题的原因而工作的有 10 人，占比为 1.45%；另有占比为 1.30%的 9 位科技工作者出于其他原因选择工作（见图 4-11）。

本次调查的工程技术人员中，出于收入高的原因而工作的有 11 人，占比为 1.98%；出于能解决住房问题的原因而工作的有 11 人，占比为 1.98%；出于有职称或职务晋升机会的原因而工作的有 38 人，占比为 6.85%；出于优良的工作

条件的原因而工作的有 52 人，占比为 9.37%；出于符合个人兴趣的原因而工作的有 122 人，占比为 21.98%；出于能发挥专业技能的原因而工作的有 109 人，占比为 19.64%；出于工作稳定的原因而工作的有 101 人，占比为 18.20%；出于人际关系融洽的原因而工作的有 65 人，占比为 11.71%；出于方便照顾家庭的原因而工作的有 20 人，占比为 3.60%；出于解决子女教育等问题的原因而工作的有 12 人，占比为 2.16%；另有占比为 2.52%的 14 位科技工作者出于其他原因选择工作（见图 4-12）。

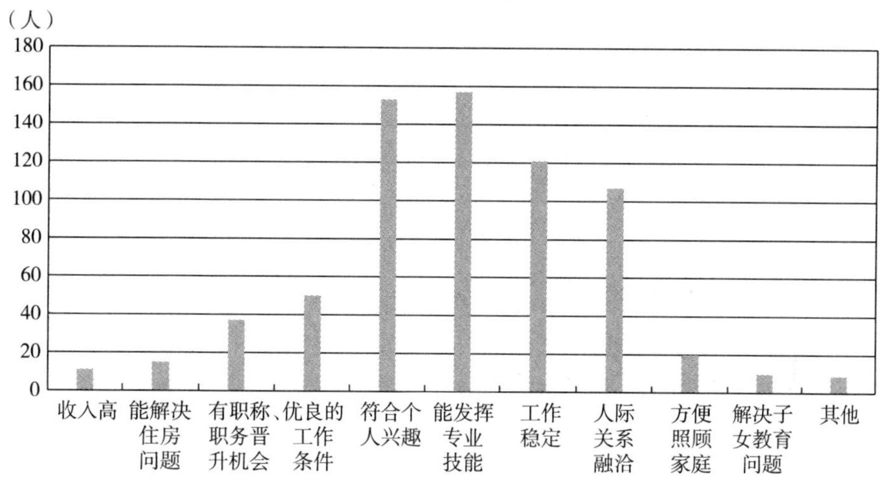

图 4-11　自科教学人员工作原因分布情况

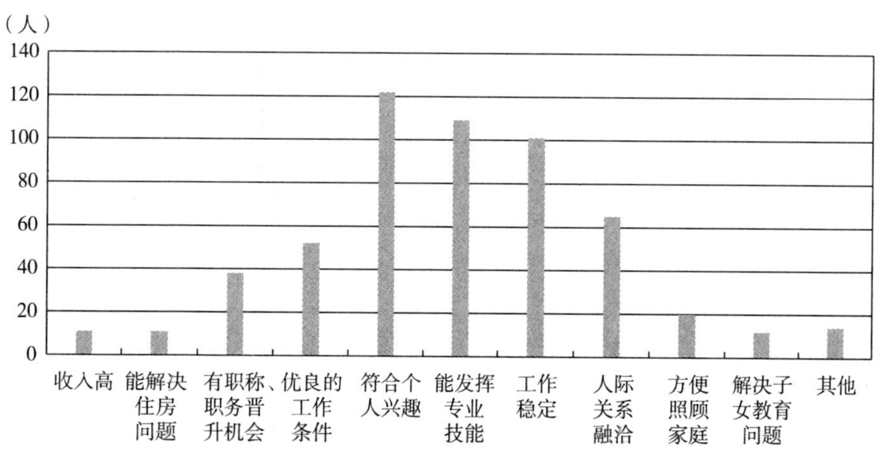

图 4-12　工程技术人员工作原因分布情况

各类科技工作者的工作原因分布与整体特征相似，即大部分科技人才会优先考虑工作条件优良、符合个人兴趣、能发挥个人专业技能等方面特点的工作。科学研究人员与其他各类科技工作者相比，在出于解决住房问题、子女教育等问题的原因而工作的人员方面占比突出。自科教学人员与其他科技工作者相比，在出于能发挥专业技能的原因而工作的人员方面占比突出。

4.2.3 工作时长

工作时长是衡量工作量的重要尺度，通过对科技工作者的工作时长的统计调查，可以了解科技工作者工作时间资源的总量、分配情况、利用率和效益等。本次对新疆科技工作者的统计调查结果如表 4-2 所示。

表 4-2 新疆科技工作者工作时长分布情况 单位：人，%

科技工作者类型		0~8 小时	9~10 小时	10~12 小时	12 小时以上	总计
卫生技术人员	人数	32	124	85	23	264
	占比	12.12	46.97	32.20	8.71	100.00
农业技术人员	人数	57	191	102	34	384
	占比	14.84	49.74	26.56	8.85	100.00
科学研究人员	人数	20	49	49	20	138
	占比	14.49	35.51	35.51	14.49	100.00
自科教学人员	人数	80	348	202	60	690
	占比	11.59	50.43	29.28	8.70	100.00
工程技术人员	人数	60	252	181	62	555
	占比	10.81	45.41	32.61	11.17	100.00
总计	人数	249	964	619	199	2031
	占比	12.26	47.46	30.48	9.80	100.00

4.2.3.1 工作时长状况整体性描述

本次调查的新疆科技工作者中，平均每日工作时长不超过 8 小时的科技工作者有 249 人，占比为 12.26%；平均每日工作时长在 9~10 小时的有 964 人，占比为 47.46%；平均每日工作时长在 10~12 小时的有 619 人，占比为 30.48%；平均每日工作时长超过 12 小时的有 199 人，占比为 9.80%。总体来看，80%以上的新疆科技工作者的平均每日工作时长在 8 小时以上，部分科技工作者的平均每日工作时长甚至超过 12 小时（见图 4-13）。

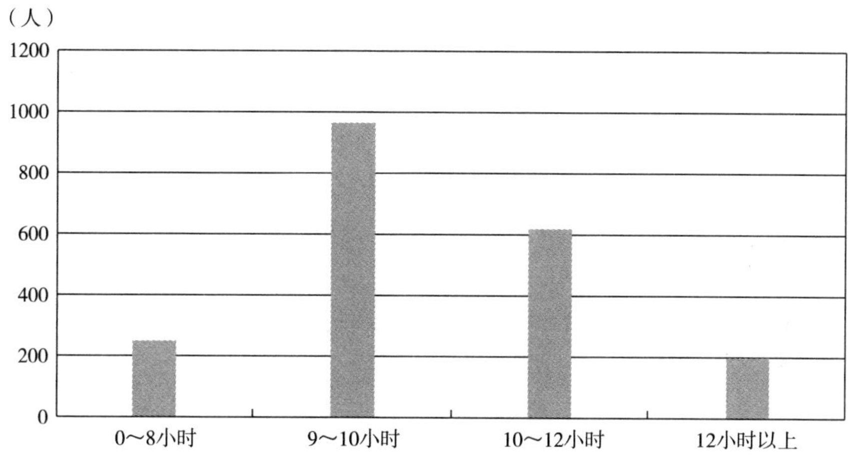

图 4-13 新疆科技工作者工作时长分布情况

4.2.3.2 工作时长状况分类型描述

本次调查的卫生技术人员中，平均每日工作时长不超过 8 小时的有 32 人，占比为 12.12%；平均每日工作时长在 8～10 小时的有 124 人，占比为 46.97%；平均每日工作时长在 10～12 小时的有 85 人，占比为 32.20%；平均每日工作时长超过 12 小时的有 23 人，占比为 8.71%（见图 4-14）。

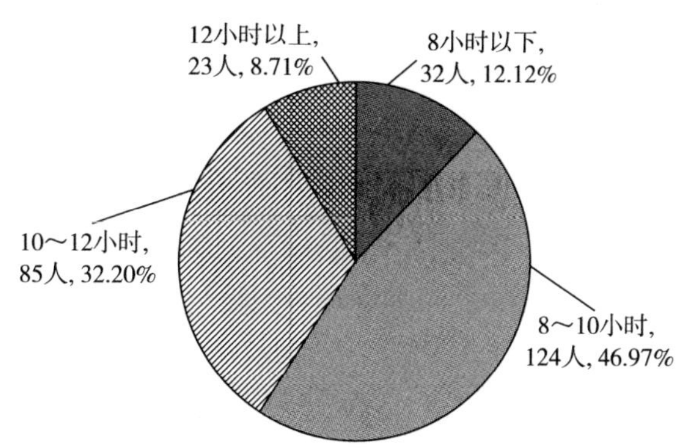

图 4-14 卫生技术人员工作时长分布情况

本次调查的农业技术人员中，平均每日工作时长不超过 8 小时的有 57 人，占比为 14.84%；平均每日工作时长在 8～10 小时的有 191 人，占比为 49.74%；平均每日工作时长在 10～12 小时的有 102 人，占比为 26.56%；平均每日工作时长超过 12 小时的有 34 人，占比为 8.85%。该类科技工作者的整体平均每日工作时长超过 8 小时（见图 4-15）。

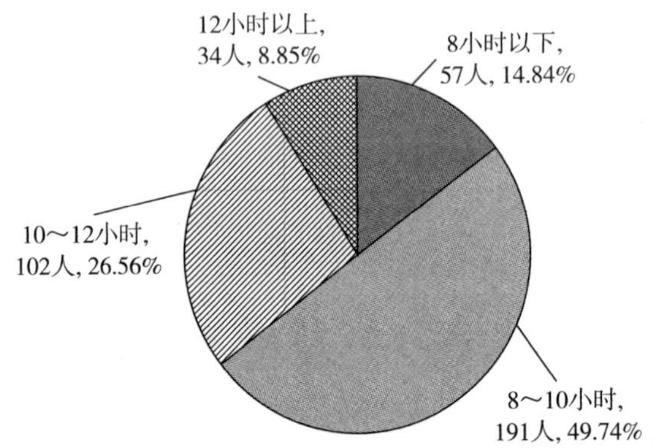

图 4-15　农业技术人员工作时长分布情况

本次调查的科学研究人员中，平均每日工作时长不超过 8 小时的有 20 人，占比为 14.49%；平均每日工作时长在 8~10 小时的有 49 人，占比为 35.51%；平均每日工作时长在 10~12 小时的有 49 人，占比为 35.51%；平均每日工作时长超过 12 小时的有 20 人，占比为 14.49%。该类科技工作者的整体平均每日工作时长超过 8 小时（见图 4-16）。

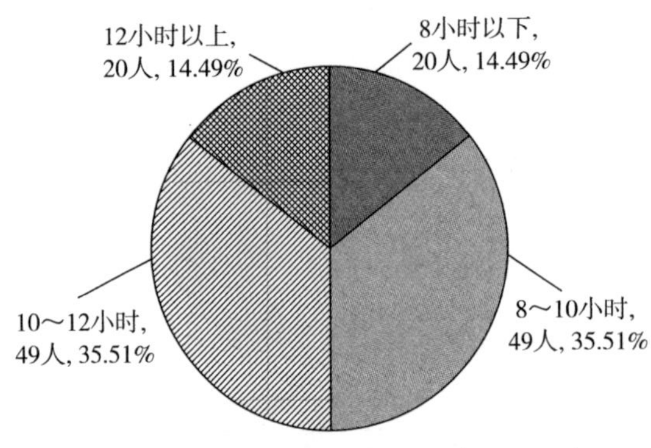

图 4-16　科学研究人员工作时长分布情况

本次调查的自科教学人员中，平均每日工作时长不超过 8 小时的有 80 人，占比为 11.59%；平均每日工作时长在 8~10 小时的有 348 人，占比为 50.43%；

平均每日工作时长在 10~12 小时的有 202 人，占比为 29. 28%；平均每日工作时长超过 12 小时的有 60 人，占比为 8. 70%。该类科技工作者的整体平均每日工作时长超过 8 小时（见图 4-17）。

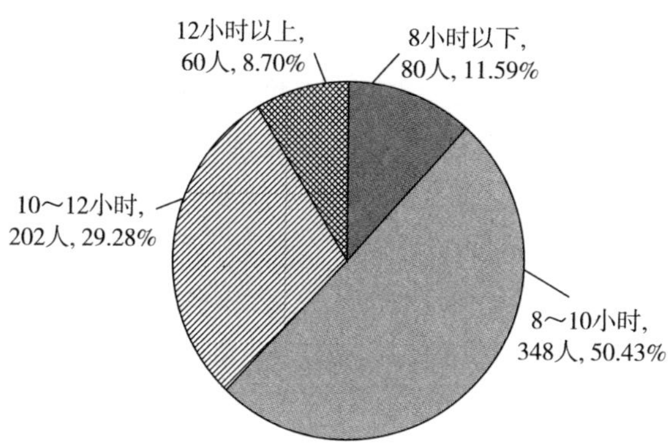

图 4-17　自科教学人员工作时长分布情况

本次调查的工程技术人员中，平均每日工作时长不超过 8 小时的有 60 人，占比为 10. 81%；平均每日工作时长在 8~10 小时的有 252 人，占比为 45. 41%；平均每日工作时长在 10~12 小时的有 181 人，占比为 32. 61%；平均每日工作时长超过 12 小时的有 62 人，占比为 11. 17%。该类科技工作者的整体平均每日工作时长超过 8 小时（见图 4-18）。

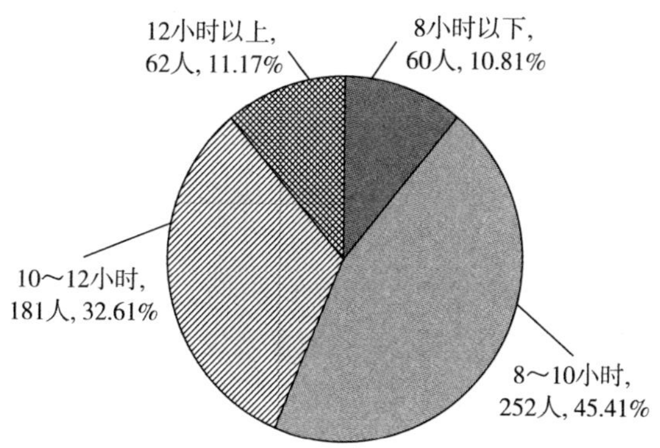

图 4-18　工程技术人员工作时长分布情况

本次调查的各类科学工作者中，各类科技工作者之间的平均每日工作时长差距不大、分布相似，80%以上的人员的平均每日工作时长在 8 小时以上，其中大部分人员的工作时长在 8~12 小时，其中科学研究人员的平均工作时长水平高于其他类型科技工作者。

4.2.4 工作价值认知

工作价值认知主要涉及科技人才的工作价值观，正确积极的工作价值观能改善人才心态、提高人才工作积极性。本次调查选取问题“您是否同意，‘我不清楚自己当前从事的工作有什么意义’”来了解新疆科技工作者的工作价值认知状况，调查结果如表 4-3 所示。

表 4-3 新疆科技工作者工作价值认知分布情况　　单位：人，%

科技工作者类型		非常不同意	比较不同意	一般	比较同意	非常同意	总计	均值
卫生技术人员	人数	8	27	76	114	39	264	3.56
	占比	3.03	10.23	28.79	43.18	14.77	100.00	
农业技术人员	人数	15	30	111	171	57	384	3.59
	占比	3.91	7.81	28.91	44.53	14.84	100.00	
科学研究人员	人数	0	16	39	67	16	138	3.60
	占比	0	11.59	28.26	48.55	11.59	100.00	
自科教学人员	人数	17	84	199	278	112	690	3.56
	占比	2.46	12.17	28.84	40.29	16.23	100.00	
工程技术人员	人数	9	50	151	258	87	555	3.66
	占比	1.62	9.01	27.21	46.49	15.68	100.00	
总计	人数	49	207	576	888	311	2031	3.59
	占比	2.41	10.19	28.36	43.72	15.31	100.00	

4.2.4.1 工作价值认知状况整体性描述

本次调查的新疆科技工作者中，非常了解自己当前从事工作意义的有 49 人，占比为 2.41%；比较了解自己当前从事工作意义的有 207 人，占比为 10.19%；一般了解自己当前从事工作意义的有 576 人，占比为 28.36%；不太清楚自己当前从事工作意义的有 888 人，占比为 43.72%；非常不清楚自己当前从事工作意义的有 311 人，占比为 15.31%。总体来看，受本次调查的新疆科技工作者中，约半数的人员对自己当前从事工作的价值认识不到位（见图 4-19）。

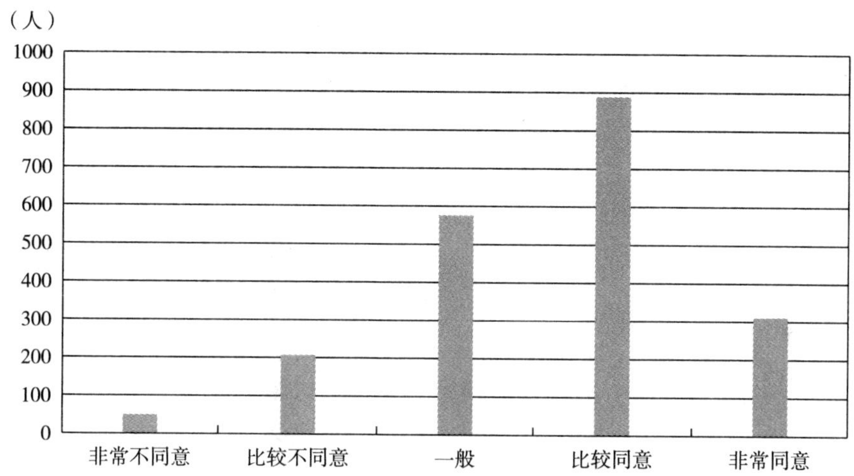

图 4-19 新疆科技工作者工作价值认知分布情况

4.2.4.2 工作价值状况分类型描述

本次调查的卫生技术人员中，非常了解自己当前从事工作意义的有 8 人，占比为 3.03%；比较了解自己当前从事工作意义的有 27 人，占比为 10.23%；一般了解自己当前从事工作意义的有 76 人，占比为 28.79%；不太清楚自己当前从事工作意义的有 114 人，占比为 43.18%；非常不清楚自己当前从事工作意义的有 39 人，占比为 14.77%（见图 4-20）。

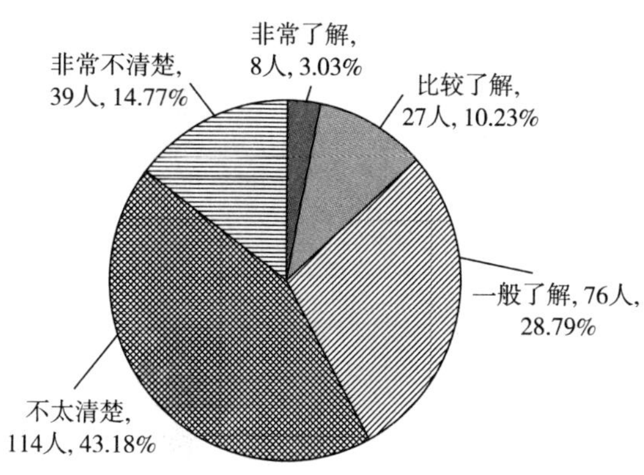

图 4-20 卫生技术人员工作价值认知分布情况

本次调查的农业技术人员中，非常了解自己当前从事工作意义的有 15 人，占比为3.91%；比较了解自己当前从事工作意义的有30人，占比为7.81%；一般了解自己当前从事工作意义的有111人，占比为28.91%；不太清楚自己当前从事工作意义的有171人，占比为44.53%；非常不清楚自己当前从事工作意义的有57人，占比为14.84%（见图4-21）。

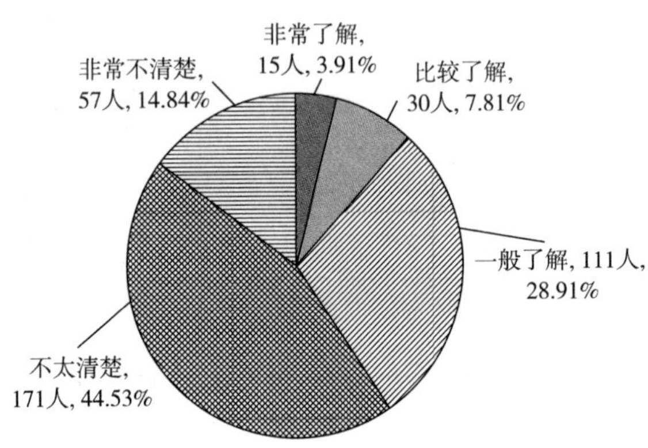

图4-21　农业技术人员工作价值认知分布情况

本次调查的科学研究人员中，非常了解自己当前从事工作意义的有0人，比较了解自己当前从事工作意义的有16人，占比为11.59%；一般了解自己当前从事工作意义的有39人，占比为28.26%；不太清楚自己当前从事工作意义的有67人，占比为48.55%；非常不清楚自己当前从事工作意义的有16人，占比为11.59%（见图4-22）。

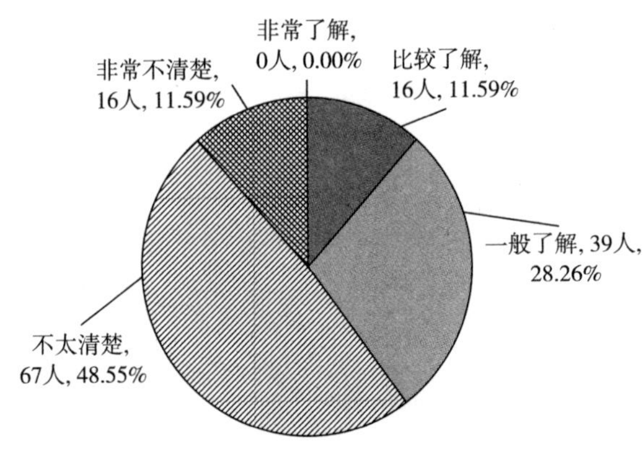

图4-22　科学研究人员工作价值认知分布情况

本次调查的自科教学人员中，非常了解自己当前从事工作意义的有17人，

占比为 2. 46%；比较了解自己当前从事工作意义的有 84 人，占比为 12. 17%；一般了解自己当前从事工作意义的有 199 人，占比为 28. 84%；不太清楚自己当前从事工作意义的有 278 人，占比为 40. 29%；非常不清楚自己当前从事工作意义的有 112 人，占比为 16. 23%（见图 4-23）。

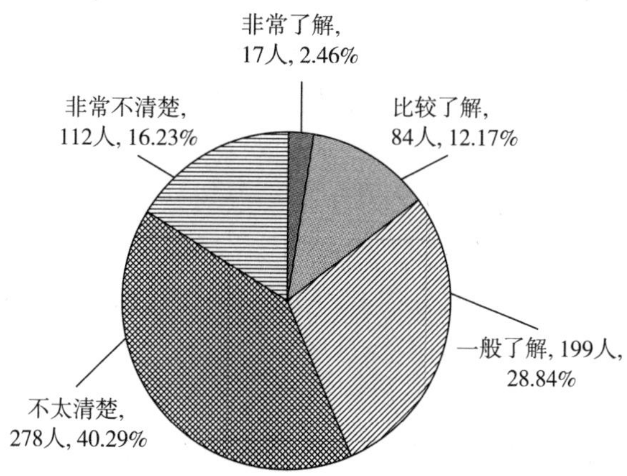

图 4-23　自科教学人员工作价值认知分布情况

本次调查的工程技术人员中，非常了解自己当前从事工作意义的有 9 人，占比为 1. 62%；比较了解自己当前从事工作意义的有 50 人，占比为 9. 01%；一般了解自己当前从事工作意义的有 151 人，占比为 27. 21%；不太清楚自己当前从事工作意义的有 258 人，占比为 46. 49%；非常不清楚自己当前从事工作意义的有 87 人，占比为 15. 68%（见图 4-24）。

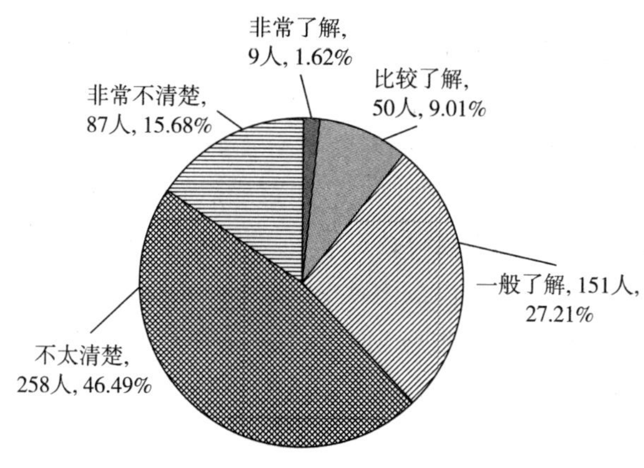

图 4-24　工程技术人员工作价值认知分布情况

本次调查的各类科学工作者中，各类科技工作者存在普遍的认识问题，均有半数以上的人员对当前自己从事的工作价值存在认识不清的问题。

4.2.5 科技工作者工作情况分析

本次调查基于新疆科技工作者的抽样调查数据，全面了解科技工作者在工作年限、工作原因、工作时长、工作价值认知四个方面的基本工作情况。调查结果显示，新疆各类科技工作者的工作情况特点基本与整体特点一致，在工作年限、工作原因、工作时长、工作价值认知等方面均有体现，具体分析如下：

在工作年限方面，科技工作者在工作年限的分布上，表现出跨度大、分布较均匀的特点。跨度大是指科技工作者的工作年限从 1 年到 35 年，时间跨度大；分布较均匀是指在前文划分的 0~5 年、6~10 年、11~15 年、16~20 年、21~25 年、25~30 年、30~35 年的组别中的科技工作者人数分布相对均匀、组间差别相对较小，人数最多的组别占比与人数最少的组别占比之间只有大约 10%的差距。科技工作者平均工作年限是 17.13 年，且 0~5 年工作年限的人数占比最少，只有 10.29%，说明新疆科技工作者的年轻队伍不够强大，需要关注对青年人才的吸引与引进问题，为新疆科技工作者队伍注入新的活力。

在工作原因的方面，科技工作者往往出于工作条件优良、符合个人兴趣、能发挥个人专业技能、工作稳定、人际关系融洽等方面的原因而选择当前的工作。最初选择当前工作的原因也体现了科技人才的需求和动机，对新疆科技工作者的人才激励措施可以参考其工作原因进行改进和完善，以便更好地激励科技人才、提高其工作积极性。

在工作时长方面，科技工作者的平均每日工作时长的均值在 8 小时以上，将近有 90%的科技工作者每日工作时长超过 8 小时，甚至有将近 10%的科技工作者每日工作时长超过 12 小时，工作超时现象很普遍。尤其是科学研究人员，平均每日工作时长更长。针对工作超时问题，可以通过减少非研究性、学术性事务对研究工作的挤占，通过培训提高科技工作者工作效率等措施实现。

在工作价值认知方面，科技工作者中，50%左右的科技工作者不能清楚地了解当前工作的意义，比较清楚或非常清楚当前工作意义的人员占比只有 12.6%，工作价值认识不清的问题在科技工作者队伍中普遍存在。

4.3 生活情况

4.3.1 婚姻生活状况

婚姻生活是社会和个人生活的重要组成部分，科技人才的婚姻生活状态可能直接或间接地对其工作状态产生影响（见表 4-4）。

表 4-4 新疆科技工作者婚姻生活情况　　单位：人，%

科技工作者类型		非常不满	比较不满	一般	比较满意	非常满意	总计	均值
卫生技术人员	人数	8	9	36	87	124	264	4.17
	占比	3.03	3.41	13.64	32.95	46.97	100.00	
农业技术人员	人数	7	17	50	131	179	384	4.19
	占比	1.82	4.43	13.02	34.11	46.61	100.00	
科学研究人员	人数	8	5	15	46	64	138	4.10
	占比	5.80	3.62	10.87	33.33	46.38	100.00	
自科教学人员	人数	15	34	73	257	311	690	4.18
	占比	2.17	4.93	10.58	37.25	45.07	100.00	
工程技术人员	人数	11	18	65	191	270	555	4.25
	占比	1.98	3.24	11.71	34.41	48.65	100.00	
总计	人数	49	83	239	712	948	2031	4.19
	占比	2.41	4.09	11.77	35.06	46.68	100.00	

4.3.1.1 婚姻生活状况整体性描述

本次调查的科技工作者中，49 人对婚姻生活状态非常不满，占比为 2.41%；83 人对婚姻生活状态比较不满，占比为 4.09%；239 人对婚姻生活状态满意程度为一般，占比为 11.77%；712 人对婚姻生活状态比较满意，占比为 35.06%；948 人对婚姻生活状态非常满意，占比为 46.68%。总体来看，满意度均值为 4.19，介于比较满意和非常满意之间（见图 4-25）。

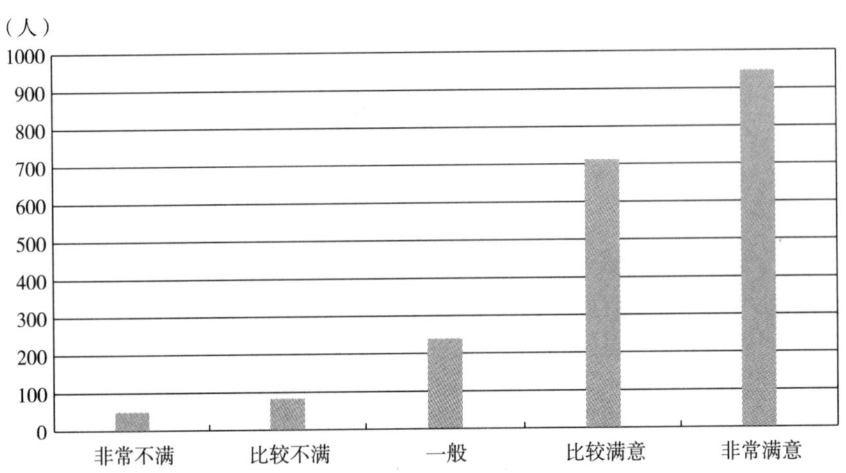

图 4-25　新疆科技工作人员婚姻生活情况

4.3.1.2　婚姻生活状况的分类型描述

针对五类新疆科技工作者，分别分析其婚姻生活状况，具体如下：

(1) 卫生技术人员。

本次调查的卫生技术人员中，8 人对婚姻生活状态非常不满，占比为 3.03%；9 人对婚姻生活状态比较不满，占比为 3.41%；36 人对婚姻生活状态满意程度为一般，占比为 13.64%；87 人对婚姻生活状态比较满意，占比为 32.95%；124 人对婚姻生活状态非常满意，占比为 46.97%。该类科技工作者中，满意度均值为 4.17，介于比较满意和非常满意之间（见图 4-26）。

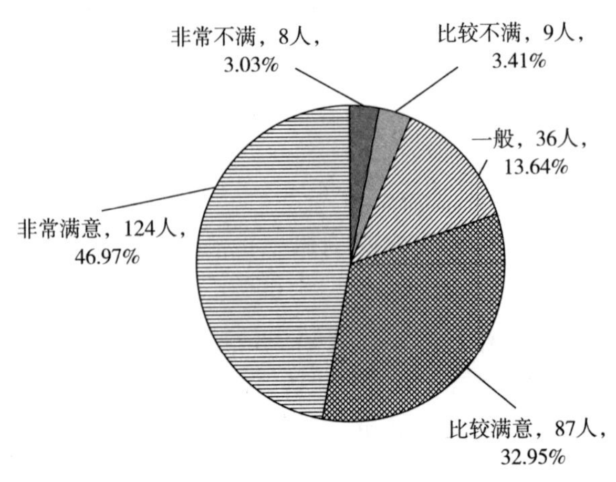

图 4-26　卫生技术人员婚姻生活情况

（2）农业技术人员。

本次调查的农业技术人员中，7 人对婚姻生活状态非常不满，占比为 1.82%；17 人对婚姻生活状态比较不满，占比为 4.43%；50 人对婚姻生活状态满意程度为一般，占比为 13.02%；131 人对婚姻生活状态比较满意，占比为 34.11%；179 人对婚姻生活状态非常满意，占比为 46.61%。该类科技工作者中，满意度均值为 4.19，介于比较满意和非常满意之间（见图 4-27）。

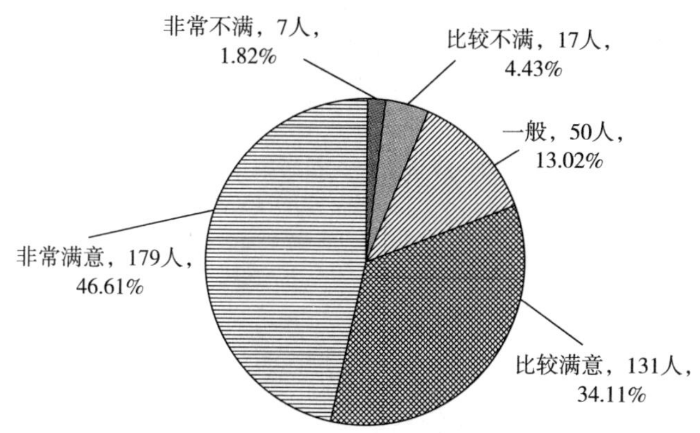

图 4-27　农业技术人员婚姻生活情况

（3）科学研究人员。

本次调查的科学研究人员中，8 人对婚姻生活状态非常不满，占比为 5.80%；5 人对婚姻生活状态比较不满，占比为 3.62%；15 人对婚姻生活状态满意程度为一般，占比为 10.87%；46 人对婚姻生活状态比较满意，占比为 3.33%；64 人对婚姻生活状态非常满意，占比为 46.38%。该类科技工作者中，满意度均值为 4.10，介于比较满意和非常满意之间（见图 4-28）。

（4）自科教学人员。

本次调查的自科教学人员中，15 人对婚姻生活状态非常不满，占比为 2.17%；34 人对婚姻生活状态比较不满，占比为 4.93%；73 人对婚姻生活状态满意程度为一般，占比为 10.58%；257 人对婚姻生活状态比较满意，占比为 37.25%；311 人对婚姻生活状态非常满意，占比为 45.07%。该类科技工作者中，满意度均值为 4.18，介于比较满意和非常满意之间（见图 4-29）。

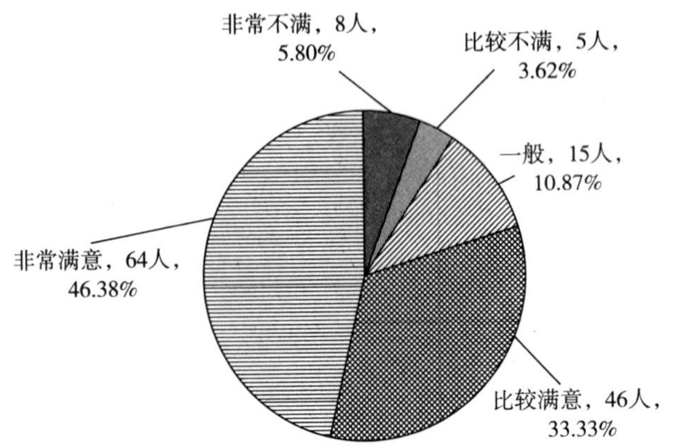

图 4-28　科学研究人员婚姻生活情况

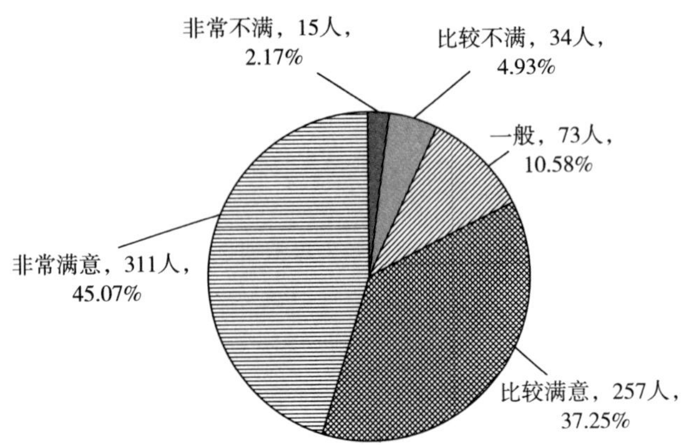

图 4-29　自科教学人员婚姻生活情况

（5）工程技术人员。

本次调查的工程技术人员中，11 人对婚姻生活状态非常不满，占比为 1.98%；18 人对婚姻生活状态比较不满，占比为 3.24%；65 人对婚姻生活状态满意程度为一般，占比为 11.71%；191 人对婚姻生活状态比较满意，占比为 34.41%；270 人对婚姻生活状态非常满意，占比为 48.65%。该类科技工作者中，满意度均值为 4.25，介于比较满意和非常满意之间（见图 4-30）。

各类科技工作者之间的婚姻生活状况差距不大、分布相似，大部分科技工作者对婚姻生活状况满意。

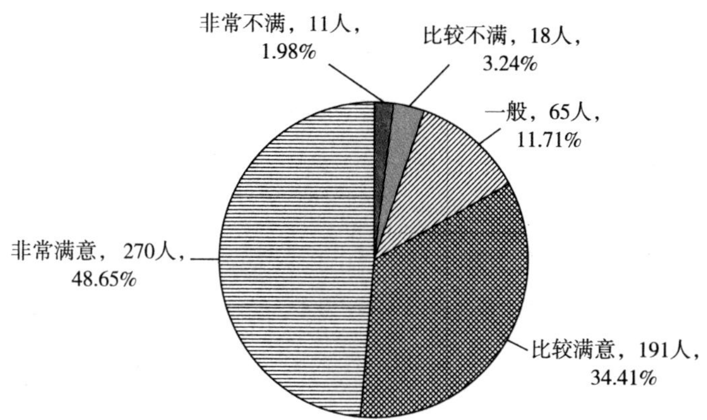

图 4-30　工程技术人员婚姻生活情况

4. 3. 2　社会地位认知

社会地位认知是指个人对自己在社会阶层结构中所占位置的感知，是个人群体幸福感和社会心态的反映（见表 4-5）。

表 4-5　新疆科技工作者社会地位认知情况　　单位：人，%

科技工作者类型		上层	中上层	中层	中下层	下层	总计
卫生技术人员	人数	12	23	85	123	21	264
	占比	4. 55	8. 71	32. 2	46. 59	7. 95	100. 00
农业技术人员	人数	11	31	114	184	44	384
	占比	2. 86	8. 07	29. 69	47. 92	11. 46	100. 00
科学研究人员	人数	3	11	51	54	19	138
	占比	2. 17	7. 97	36. 96	39. 13	13. 77	100. 00
自科教学人员	人数	19	71	206	320	74	690
	占比	2. 75	10. 29	29. 86	46. 38	10. 72	100. 00
工程技术人员	人数	13	60	175	247	60	555
	占比	2. 34	10. 81	31. 53	44. 5	10. 81	100. 00
总计	人数	58	196	631	928	218	2031
	占比	2. 86	9. 65	31. 07	45. 69	10. 73	100. 00

4.3.2.1　社会地位认知整体性描述

本次调查的科技工作者中，58 人认为自己的社会经济地位处于上层，占比为 4.55%；196 人认为自己的社会地位处于中上层，占比为 9.65%；631 人认为自己的社会地位处于中层，占比为 31.07%；928 人认为自己的社会地位处于中下层，占比为 45.69%；218 人认为自己的社会地位处于下层，占比为 10.73%。总体来看，66.42%的科技工作者认为自己的社会地位处于中层以下，43.58%的科技工作者认为自己的社会地位处于中层及以上（见图 4-31）。

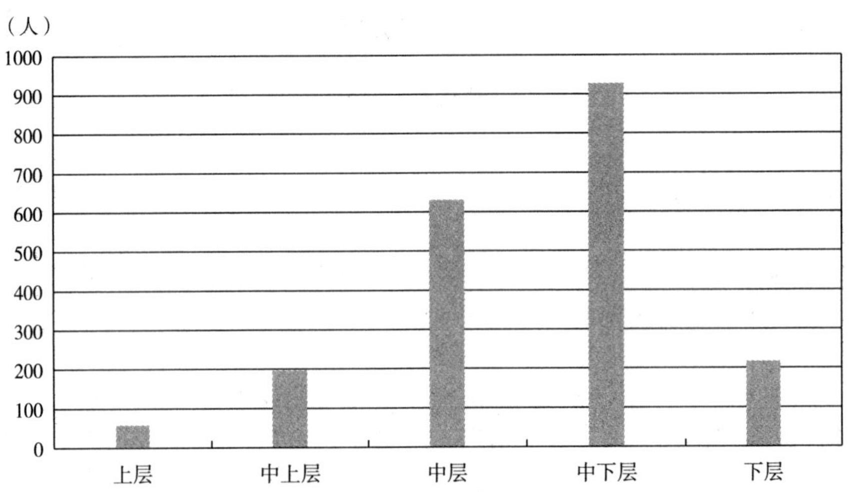

图 4-31　新疆科技工作人员社会地位认知情况

4.3.2.2　社会地位认知的分类型描述

针对五类新疆科技工作者，分别分析其社会地位状况情况，具体如下：

（1）卫生技术人员。

本次调查的卫生技术人员中，12 人认为自己的社会经济地位处于上层，占比为 4.55%；23 人认为自己的社会地位处于中上层，占比为 8.71%；85 人认为自己的社会地位处于中层，占比为 32.20%；123 人认为自己的社会地位处于中下层，占比为 46.59%；21 人认为自己的社会地位处于下层，占比为 7.95%。该类科技工作者中，54.54%的卫生技术人员认为自己的社会地位处于中层以下，45.46%的卫生技术人员认为自己的社会地位处于中层及以上（见图 4-32）。

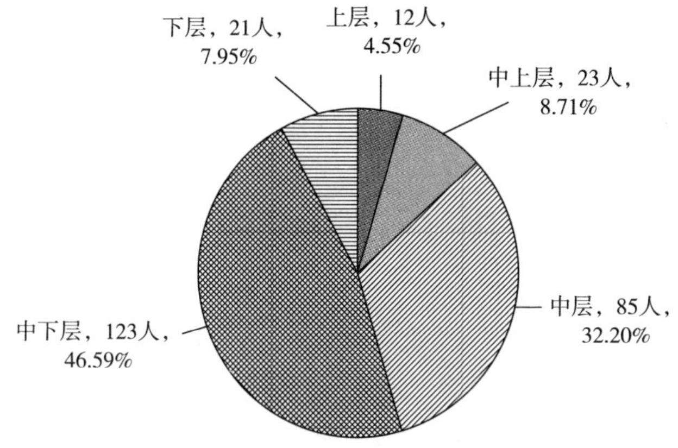

图 4-32　卫生技术人员社会地位认知情况

（2）农业技术人员。

本次调查的农业技术人员中，11 人认为自己的社会经济地位处于上层，占比为 2.86%；31 人认为自己的社会地位处于中上层，占比为 8.07%；114 人认为自己的社会地位处于中层，占比为 29.69%；184 人认为自己的社会地位处于中下层，占比为 47.92%；44 人认为自己的社会地位处于下层，占比为 11.46%。该类科技工作者中，59.38%的农业技术人员认为自己的社会地位处于中层以下，40.62%的农业技术人员认为自己的社会地位处于中层及以上（见图 4-33）。

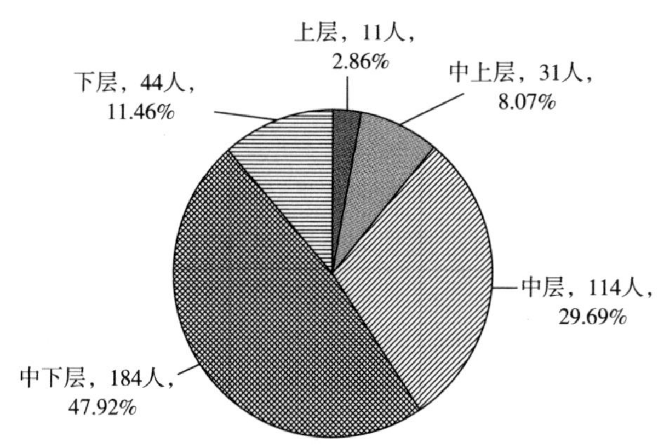

图 4-33　农业技术人员社会地位认知情况

（3）科学研究人员。

本次调查的科学研究人员中，3 人认为自己的社会经济地位处于上层，占比为2. 17%；11人认为自己的社会地位处于中上层，占比为7. 97%；51人认为自己的社会地位处于中层，占比为36. 96%；54人认为自己的社会地位处于中下层，占比为39. 13%；19人认为自己的社会地位处于下层，占比为13. 77%。该类科技工作者中，52. 90%的科学研究人员认为自己的社会地位处于中层以下，47. 10%的科学研究人员认为自己的社会地位处于中层及以上（见图4-34）。

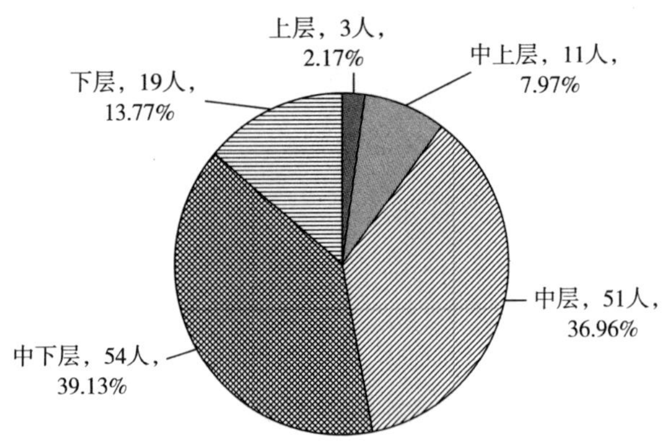

图4-34　科学研究人员社会地位认知情况

（4）自科教学人员。

本次调查的自科教学人员中，19人认为自己的社会经济地位处于上层，占比为2. 75%；71人认为自己的社会地位处于中上层，占比为10. 29%；206人认为自己的社会地位处于中层，占比为29. 86%；320人认为自己的社会地位处于中下层，占比为46. 38%；74人认为自己的社会地位处于下层，占比为10. 72%。该类科技工作者中，57. 10%的自科教学人员认为自己的社会地位处于中层以下，42. 90%的自科教学人员认为自己的社会地位处于中层及以上（见图4-35）。

（5）工程技术人员。

本次调查的工程技术人员中，13人认为自己的社会经济地位处于上层，占比为2. 34%；60人认为自己的社会地位处于中上层，占比为10. 81%；175人认为自己的社会地位处于中层，占比为31. 53%；247人认为自己的社会地位处于中下层，占比为44. 50%；60人认为自己的社会地位处于下层，占比为10. 81%。该类科技工作者中，55. 31%的工程技术人员认为自己的社会地位处于中层以下，44. 68%的工程技术人员认为自己的社会地位处于中层及以上（见图4-36）。

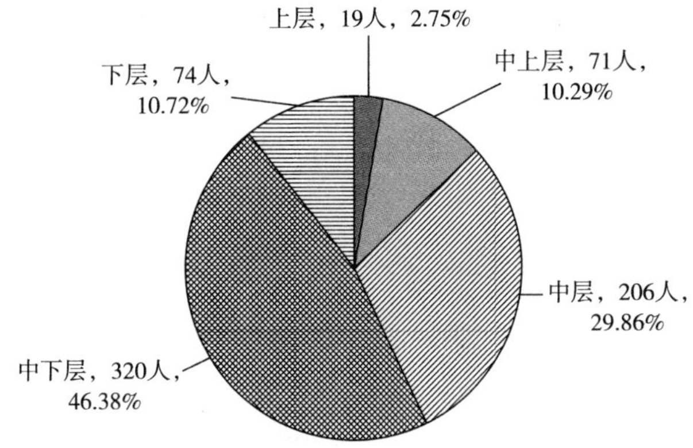

图 4-35　自科教学人员社会地位认知情况

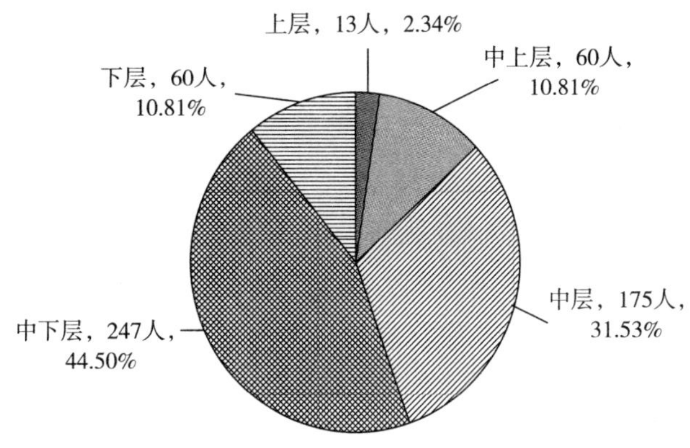

图 4-36　工程技术人员社会地位认知情况

各类科技工作者之间的社会地位认知差距不大、分布相似，科技工作者主要认为自己的社会地位处于中下层，较小部分科技工作者认为其社会地位处于中层及以上。

4.3.3　娱乐休闲情况

娱乐休闲是指人们利用闲暇时间进行自己喜欢的事情，并从中获得精神上的快乐和满足。娱乐休闲影响着人们的生活品质与主观幸福感，进而影响到工作状态（见表 4-6）。

表 4-6　新疆科技工作者娱乐休闲情况　　　单位：人，%

科技工作者类型		几乎每天	一周数次	约一周一次	约一月一次	一年数次	总计
卫生技术人员	人数	2	17	40	106	99	264
	占比	0.76	6.44	15.15	40.15	37.50	100.00
农业技术人员	人数	4	15	94	138	133	384
	占比	1.04	3.91	24.48	35.94	34.64	100.00
科学研究人员	人数	2	11	29	41	55	138
	占比	1.45	7.97	21.01	29.71	39.86	100.00
自科教学人员	人数	11	43	151	251	234	690
	占比	1.59	6.23	21.88	36.38	33.91	100.00
工程技术人员	人数	2	23	114	222	194	555
	占比	0.36	4.14	20.54	40.00	34.95	100.00
总计	人数	21	109	428	758	715	2031
	占比	1.03	5.37	21.07	37.32	35.20	100.00

4.3.3.1　娱乐休闲情况整体性描述

本次调查的科技工作者中，21 人几乎每天和家人娱乐休闲，占比为 1.03%；109 人一周数次和家人娱乐休闲，占比为 5.37%；428 人约一周一次和家人娱乐休闲，占比为 21.07%；758 人约一月一次和家人娱乐休闲，占比为 37.32%；715 人一年数次和家人娱乐休闲，占比为 35.20%。总体来看，27.47%的科技工作者能保持每周与家人娱乐休闲，72.52%的科技工作者鲜少与家人休闲娱乐（见图 4-37）。

4.3.3.2　娱乐休闲情况的分类型描述

针对五类新疆科技工作者，分别分析其娱乐休闲情况，具体如下：

（1）卫生技术人员。

本次调查的卫生技术人员中，2 人几乎每天和家人娱乐休闲，占比为 0.76%；17 人一周数次和家人娱乐休闲，占比为 6.44%；40 人约一周一次和家人娱乐休闲，占比为 15.15%；106 人约一月一次和家人娱乐休闲，占比为 40.15%；99 人一年数次和家人娱乐休闲，占比为 37.50%。该类科技工作者中，22.35%的卫生技术人员能保持每周与家人娱乐休闲，77.65%的卫生技术人员鲜少与家人休闲娱乐（见图 4-38）。

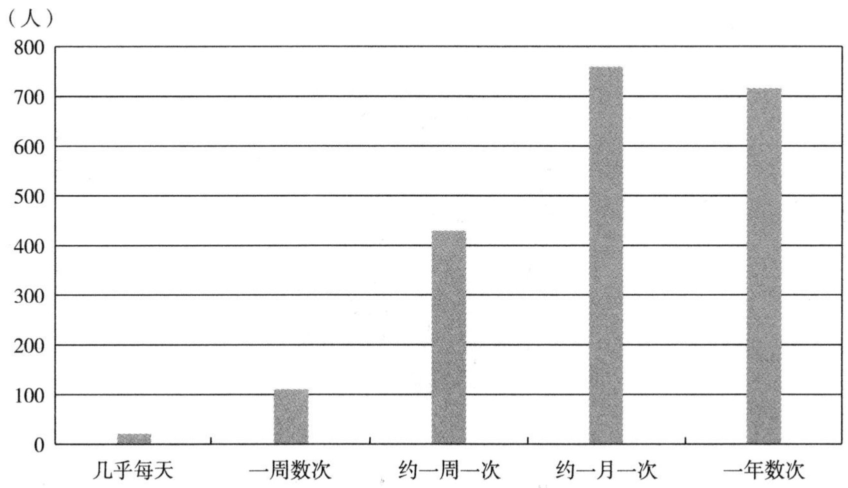

图 4-37 新疆科技工作人员娱乐休闲情况

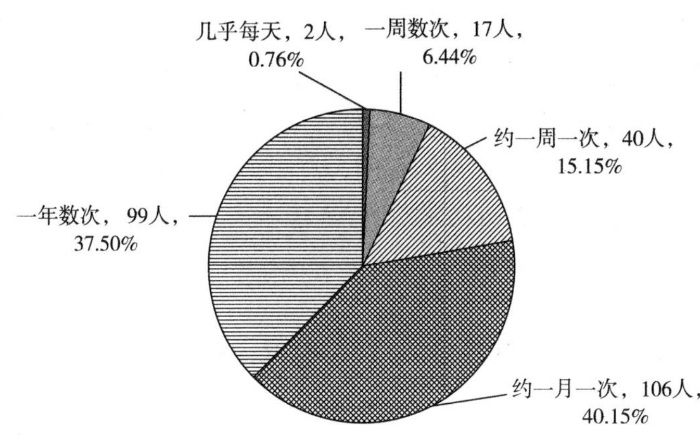

图 4-38 卫生技术人员娱乐休闲情况

（2）农业技术人员。

本次调查的农业技术人员中，4 人几乎每天和家人娱乐休闲，占比为 1.04%；15 人一周数次和家人娱乐休闲，占比为 3.91%；94 人约一周一次和家人娱乐休闲，占比为 24.48%；138 人约一月一次和家人娱乐休闲，占比为 35.94%；133 人一年数次和家人娱乐休闲，占比为 34.64%。该类科技工作者中，29.43%的农业技术人员能保持每周与家人娱乐休闲，70.58%的农业技术人员鲜少与家人休闲娱乐（见图 4-39）。

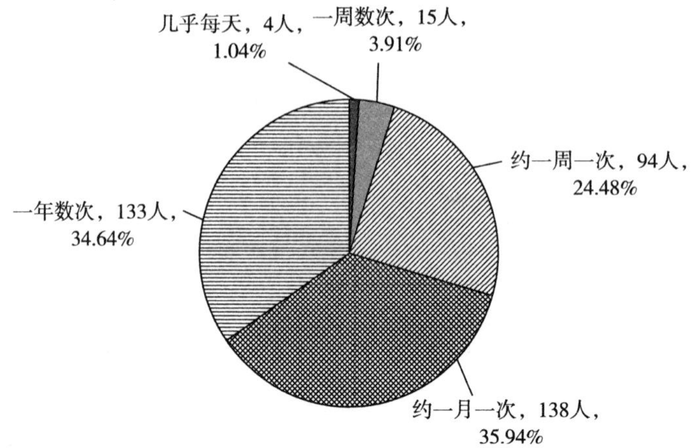

图 4-39　农业技术人员娱乐休闲情况

（3）科学研究人员。

本次调查的科学研究人员中，2 人几乎每天和家人娱乐休闲，占比为 1.45%；11 人一周数次和家人娱乐休闲，占比为 7.97%；29 人约一周一次和家人娱乐休闲，占比为 21.01%；41 人约一月一次和家人娱乐休闲，占比为 29.71%；55 人一年数次和家人娱乐休闲，占比为 39.86%。该类科技工作者中，30.43%的科学研究人员能保持每周与家人娱乐休闲，69.57%的科学研究人员鲜少与家人休闲娱乐（见图 4-40）。

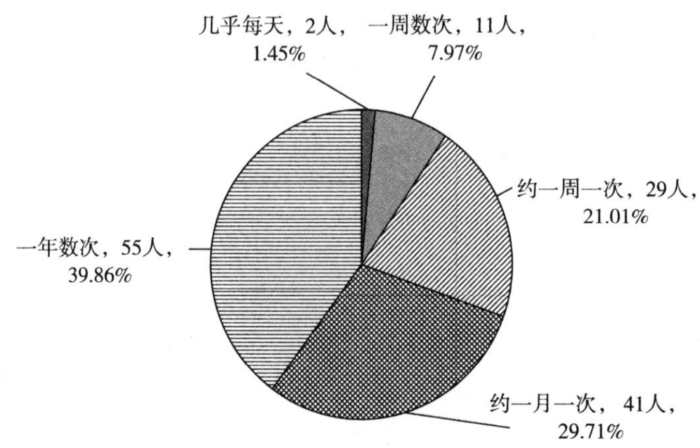

图 4-40　科学研究人员娱乐休闲情况

（4）自科教学人员。

本次调查的自科教学人员中，11 人几乎每天和家人娱乐休闲，占比为 1.59%；43 人一周数次和家人娱乐休闲，占比为 6.23%；151 人约一周一次和家人娱乐休闲，占比为 21.88%；251 人约一月一次和家人娱乐休闲，占比为 36.38%；234 人一年数次和家人娱乐休闲，占比为 33.91%。该类科技工作者中，29.7%的自科教学人员能保持每周与家人娱乐休闲，70.29%的自科教学人员鲜少与家人休闲娱乐（见图 4-41）。

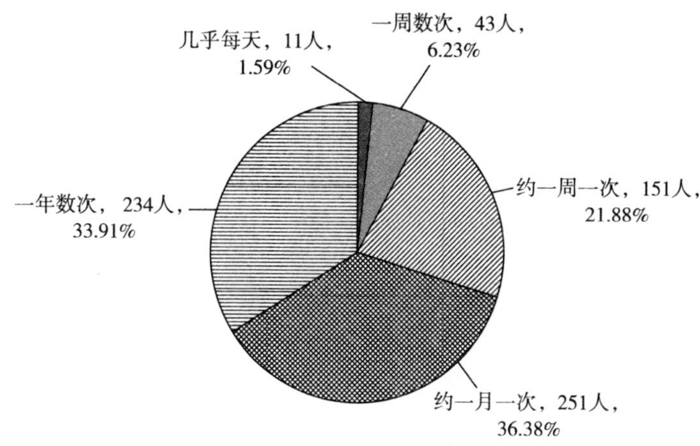

图 4-41　自科教学人员娱乐休闲情况

（5）工程技术人员。

本次调查的工程技术人员中，2 人几乎每天和家人娱乐休闲，占比为 0.36%；23 人一周数次和家人娱乐休闲，占比为 4.14%；114 人约一周一次和家人娱乐休闲，占比为 20.54%；222 人约一月一次和家人娱乐休闲，占比为 40.00%；194 人一年数次和家人娱乐休闲，占比为 34.95%。该类科技工作者中，25.04%的工程技术人员能保持每周与家人娱乐休闲，74.95%的工程技术人员鲜少与家人休闲娱乐（见图 4-42）。

各类科技工作者之间的社会地位认知差距不大、分布相似，大部分科技工作者无法保证经常与家人的娱乐休闲，其中工程技术人员与家人娱乐休闲的频率低于其他科技工作者。

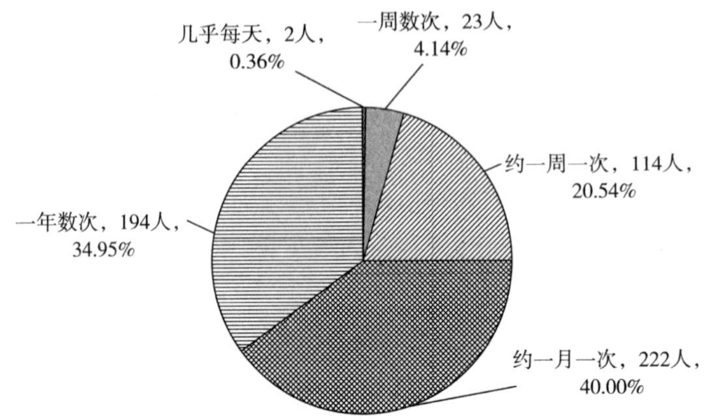

图 4-42　工程技术人员娱乐休闲情况

4.3.4　困难压力情况

困难压力指不易解决的阻碍和心理压力源和心理压力反应共同构成的一种认知和行为体验过程，各类困难压力可能影响工作积极性、工作创新和工作效率等工作状态。因此，对新疆科技工作者困难压力来源进行调查，具体情况如表 4-7 所示：

表 4-7　新疆科技工作者困难来源情况　　单位：人，%

科技工作者类型		住房困难	上下班交通不便	休闲娱乐时间少	工作忙	收入低	子女接受优质教育	享受优质医疗	照顾老人有困难	其他	总计
卫生技术人员	人数	1	5	13	63	74	55	27	18	8	264
	占比	0. 38	1. 89	4. 92	23. 86	28. 03	20. 83	10. 23	6. 82	3. 03	100. 00
农业技术人员	人数	0	4	17	84	121	74	44	34	6	384
	占比	0. 00	1. 04	4. 43	21. 88	31. 51	19. 27	11. 46	8. 85	1. 56	100. 00
科学研究人员	人数	1	1	7	25	37	41	14	12	0	138
	占比	0. 72	0. 72	5. 07	18. 12	26. 81	29. 71	10. 14	8. 7	0. 00	100. 00
自科教学人员	人数	0	8	32	160	214	141	63	57	15	690
	占比	0. 00	1. 16	4. 64	23. 19	31. 01	20. 43	9. 13	8. 26	2. 17	100. 00
工程技术人员	人数	2	4	20	106	177	125	70	34	17	555
	占比	0. 36	0. 72	3. 60	19. 10	31. 89	22. 52	12. 61	6. 13	3. 06	100. 00
总计	人数	4	22	89	438	623	436	218	155	46	2031
	占比	0. 20	1. 08	4. 38	21. 57	30. 67	21. 47	10. 73	7. 63	2. 26	100. 00

4.3.4.1　困难来源情况

（1）困难来源情况整体性描述。

本次调查的科技工作者中，4 人困难主要来源于住房困难，占比为 0.20%；22 人困难主要来源于上下班交通不便，占比为 1.08%；89 人困难主要来源于休闲娱乐时间少，占比为 4.38%；438 人困难主要来源于工作忙，不能照顾家庭，占比为 21.57%；623 人困难主要来源于收入低，占比为 30.67%；436 人困难主要来源于子女接受优质教育，占比为 21.47%；218 人困难主要来源于享受优质医疗，占比为 10.73%；155 人困难主要来源于照顾老人有困难，占比为 7.63%；46 人困难主要来源于其他，占比为 2.26%。总体来看，科技工作者的最大困难来源于收入低，其次为工作忙以及子女优质教育问题，优质医疗和照顾老人问题同样受到关注（见图 4-43）。

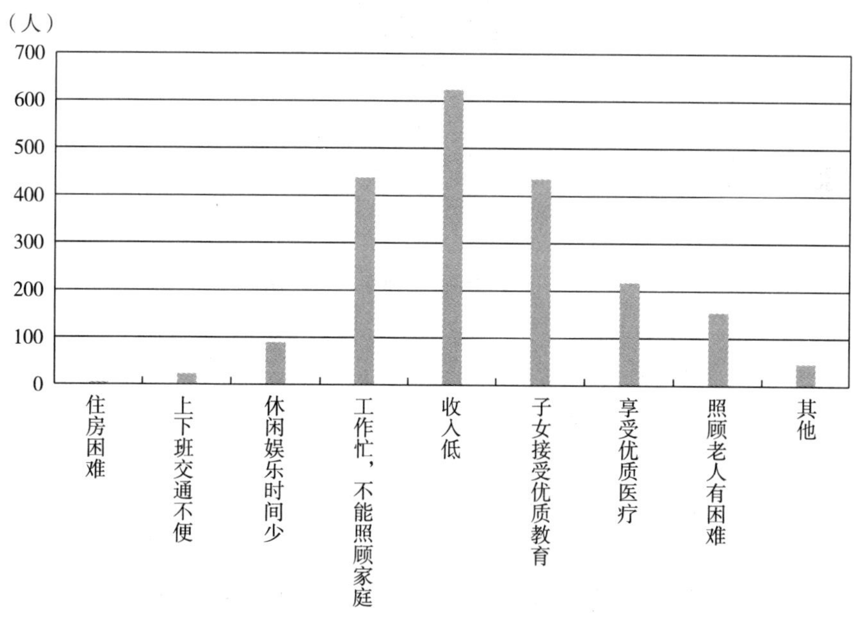

图 4-43　新疆科技工作人员困难来源情况

（2）困难来源情况的分类型描述。

1）卫生技术人员。

本次调查的卫生技术人员中，1 人困难主要来源于住房困难，占比为 0.38%；5 人困难主要来源于上下班交通不便，占比为 1.89%；13 人困难主要来

源于休闲娱乐时间少，占比为4.92%；63人困难主要来源于工作忙，不能照顾家庭，占比为23.86%；74人困难主要来源于收入低，占比为28.03%；55人困难主要来源于子女接受优质教育，占比为20.83%；27人困难主要来源于享受优质医疗，占比为10.23%；18人困难主要来源于照顾老人有困难，占比为6.82%；8人困难主要来源于其他，占比为3.03%。卫生技术人员的最大困难为收入低，其次为工作忙不能照顾家庭、子女接受优质教育（见图4-44）。

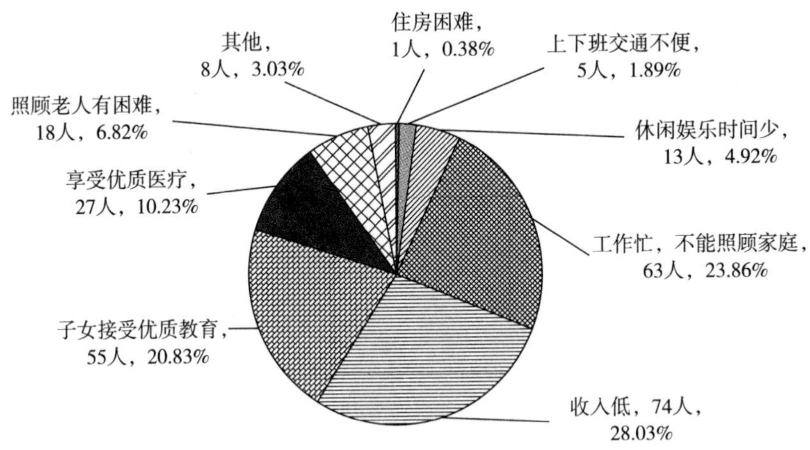

图4-44　卫生技术人员困难来源情况

2）农业技术人员。

本次调查的农业技术人员中，0人困难主要来源于住房困难，占比为0.00%；4人困难主要来源于上下班交通不便，占比为1.04%；17人困难主要来源于休闲娱乐时间少，占比为4.43%；84人困难主要来源于工作忙，不能照顾家庭，占比为21.88%；121人困难主要来源于收入低，占比为31.51%；74人困难主要来源于子女接受优质教育，占比为19.27%；44人困难主要来源于享受优质医疗，占比为11.46%；34人困难主要来源于照顾老人有困难，占比为8.85%；6人困难主要来源于其他，占比为1.56%。农业技术人员的最大困难为收入低，其次为工作忙不能照顾家庭和子女接受优质教育（见图4-45）。

3）科学研究人员。

本次调查的科学研究人员中，1人困难主要来源于住房困难，占比为0.72%；1人困难主要来源于上下班交通不便，占比为0.72%；7人困难主要来源于休闲娱乐时间少，占比为5.07%；25人困难主要来源于工作忙，不能照顾

家庭，占比为 18.12%；37 人困难主要来源于收入低，占比为 26.81%；41 人困难主要来源于子女接受优质教育，占比为 29.71%；14 人困难主要来源于享受优质医疗，占比为 10.14%；12 人困难主要来源于照顾老人有困难，占比为 8.70%；0 人困难主要来源于其他，占比为 0.00%。科学研究人员的最大困难为子女接受优质教育，其次为收入低和工作忙不能照顾家庭（见图 4-46）。

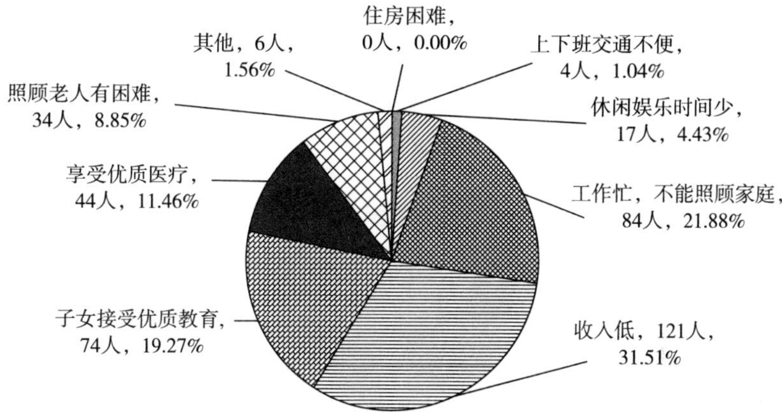

图 4-45　农业技术人员困难来源情况

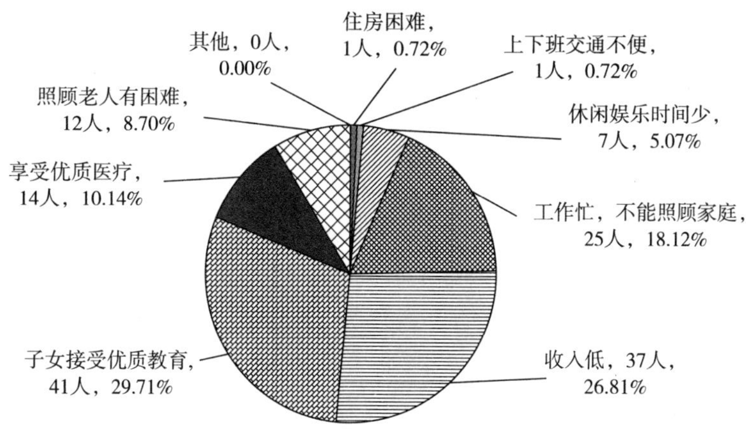

图 4-46　科学研究人员困难来源情况

4）自科教学人员。

本次调查的自科教学人员中，0 人困难主要来源于住房困难，占比为

0.00%；8 人困难主要来源于上下班交通不便，占比为 1.16%；32 人困难主要来源于休闲娱乐时间少，占比为 4.64%；160 人困难主要来源于工作忙，不能照顾家庭，占比为 23.19%；214 人困难主要来源于收入低，占比为 31.01%；141 人困难主要来源于子女接受优质教育，占比为 20.43%；63 人困难主要来源于享受优质医疗，占比为 9.13%；57 人困难主要来源于照顾老人有困难，占比为 8.26%；15 人困难主要来源于其他，占比为 2.17%。自科教学人员的最大困难为收入低，其次为工作忙不能照顾家庭和子女接受优质教育（见图 4-47）。

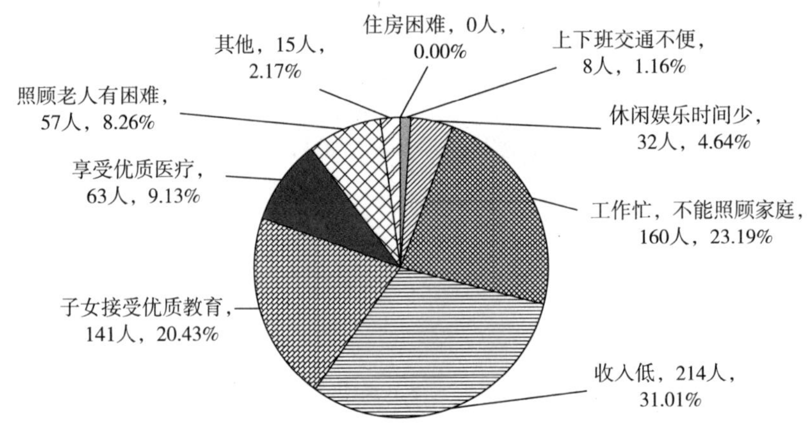

图 4-47　自科教学人员困难来源情况

5）工程技术人员。

本次调查的工程技术人员中，2 人困难主要来源于住房困难，占比为 0.36%；4 人困难主要来源于上下班交通不便，占比为 0.72%；20 人困难主要来源于休闲娱乐时间少，占比为 3.60%；106 人困难主要来源于工作忙，不能照顾家庭，占比为 19.10%；177 人困难主要来源于收入低，占比为 31.89%；125 人困难主要来源于子女接受优质教育，占比为 22.52%；70 人困难主要来源于享受优质医疗，占比为 12.61%；34 人困难主要来源于照顾老人有困难，占比为 6.13%；17 人困难主要来源于其他，占比为 3.06%。工程技术人员的最大困难为收入低，其次为子女接受优质教育和工作忙不能照顾家庭（见图 4-48）。

各类科技工作者中，除科学研究人员最大困难来源为子女接受优质教育外，其余四类科技工作者最大困难来源均为收入低。与整体相似，收入低、工作忙不能照顾家庭以及子女接受优质教育是各类科技工作者的主要困难来源，占比均大于 60%。

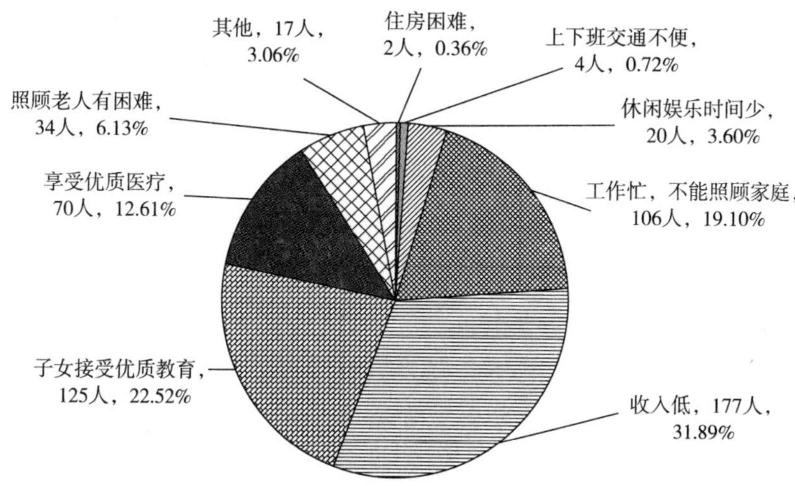

图 4-48 工程技术人员困难来源情况

4.3.4.2 压力来源情况

对新疆科技工作者压力来源情况进行调查（见表 4-8）。

表 4-8 新疆科技工作者压力来源情况

科技工作者类型		工作本身	家庭生活	人际关系	经济收入	其他	总计
卫生技术人员	人数	92	22	21	60	69	264
	占比	34.85	8.33	7.95	22.73	26.14	100.00
农业技术人员	人数	142	30	24	68	120	384
	占比	36.98	7.81	6.25	17.71	31.25	100.00
科学研究人员	人数	58	4	11	26	39	138
	占比	42.03	2.90	7.97	18.84	28.26	100.00
自科教学人员	人数	284	53	55	120	178	690
	占比	41.16	7.68	7.97	17.39	25.80	100.00
工程技术人员	人数	216	43	42	98	156	555
	占比	38.92	7.75	7.57	17.66	28.11	100.00
总计	人数	792	152	153	372	562	2031
	占比	39.00	7.48	7.53	18.32	27.67	100.00

（1）压力来源情况整体性描述。

本次调查的科技工作者中，792 人的主要压力来源为工作本身，占比为

39.00%；152人的主要压力来源为家庭生活，占比为7.48%；153人的主要压力来源为人际关系，占比为7.53%；372人的主要压力来源为经济收入，占比为18.32%；562人的主要压力来源为其他，占比为27.67%。总体来看，科技工作者的最大压力来源于工作本身，其次为其他压力和经济收入压力（见图4-49）。

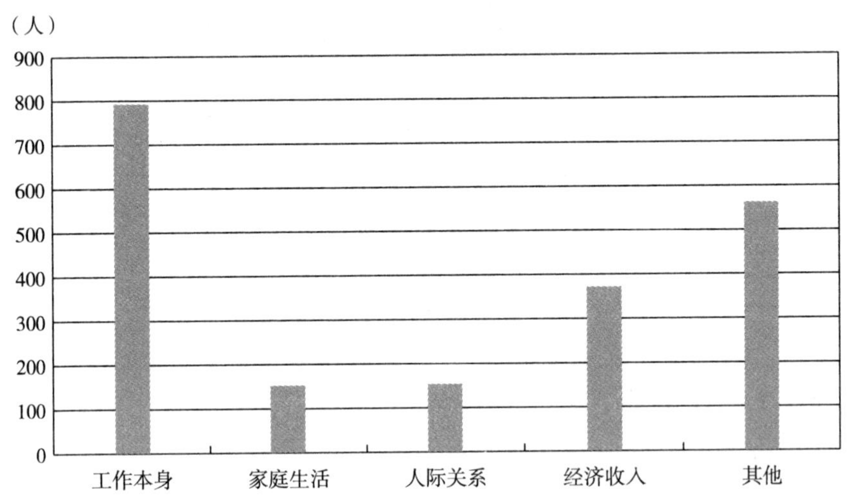

图4-49　新疆科技工作人员压力来源情况

（2）压力来源情况的分类型描述

针对五类新疆科技工作者，分别分析其压力来源情况，具体如下：

1）卫生技术人员。

本次调查的卫生技术人员中，92人的主要压力来源为工作本身，占比为34.85%；22人的主要压力来源为家庭生活，占比为8.33%；21人的主要压力来源为人际关系，占比为7.95%；60人的主要压力来源为经济收入，占比为22.73%；69人的主要压力来源为其他，占比为26.14%。卫生技术人员的最大压力来源为工作本身，其次为其他压力和经济收入压力（见图4-50）。

2）农业技术人员。

本次调查的农业技术人员中，142人的主要压力来源为工作本身，占比为36.98%；30人的主要压力来源为家庭生活，占比为7.81%；24人的主要压力来源为人际关系，占比为6.25%；68人的主要压力来源为经济收入，占比为17.71%；120人的主要压力来源为其他，占比为31.25%。农业技术人员的最大压力来源为工作本身，其次为其他压力和经济收入压力（见图4-51）。

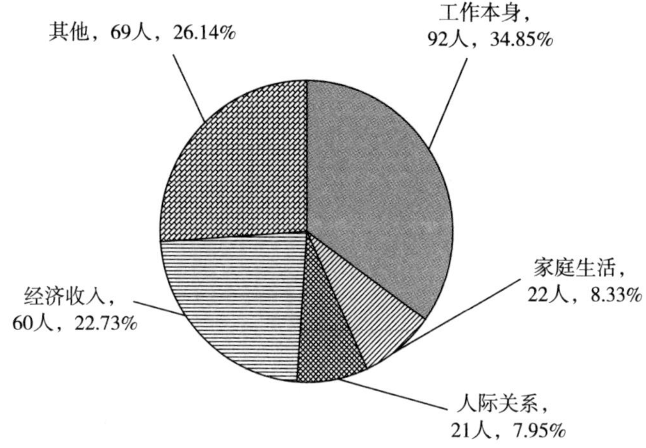

图 4-50　卫生技术人员压力来源情况

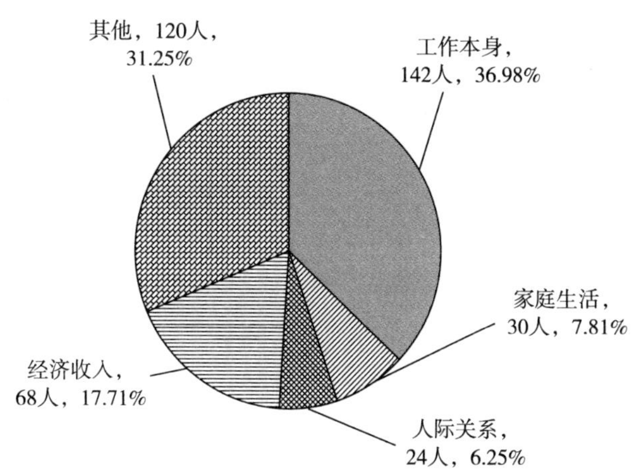

图 4-51　农业技术人员压力来源情况

3）科学研究人员。

本次调查的科学研究人员中，58 人的主要压力来源为工作本身，占比为 42.03%；4 人的主要压力来源为家庭生活，占比为 2.90%；11 人的主要压力来源为人际关系，占比为 7.97%；26 人的主要压力来源为经济收入，占比为 18.84%；39 人的主要压力来源为其他，占比为 28.26%。科学研究人员的最大压力来源为工作本身，其次为其他压力和经济收入压力（见图 4-52）。

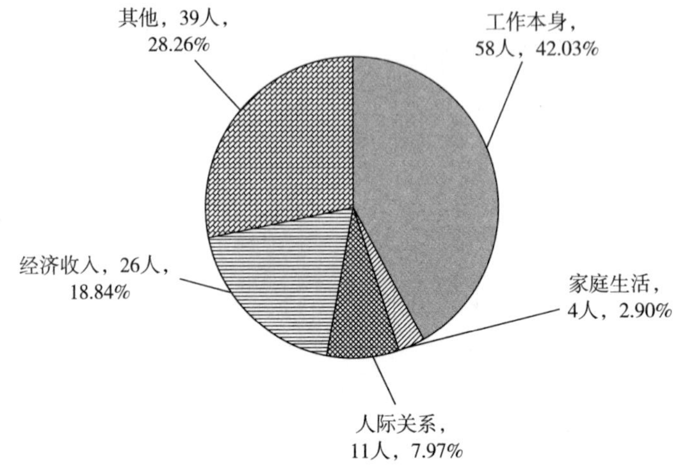

图 4-52　科学研究人员压力来源情况

4）自科教学人员。

本次调查的自科教学人员中，284 人的主要压力来源为工作本身，占比为 41.16%；53 人的主要压力来源为家庭生活，占比为 7.68%；55 人的主要压力来源为人际关系，占比为 7.97%；120 人的主要压力来源为经济收入，占比为 17.39%；178 人的主要压力来源为其他，占比为 25.80%。自科教学人员的最大压力来源为工作本身，其次为其他压力和经济收入压力（见图 4-53）。

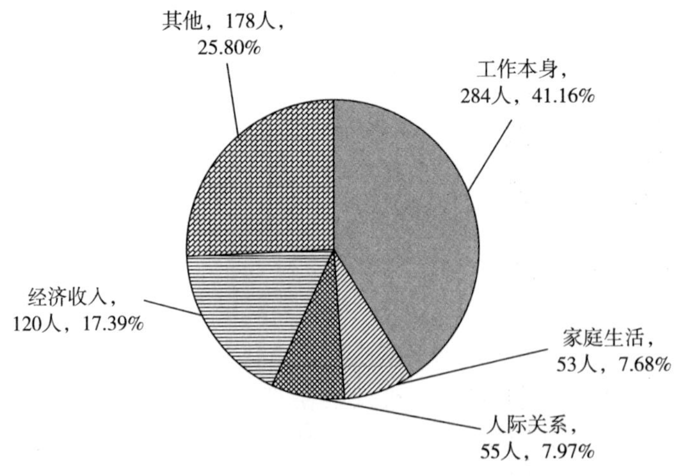

图 4-53　自科教学人员压力来源情况

5）工程技术人员。

本次调查的工程技术人员中，216 人的主要压力来源为工作本身，占比为 38.92%；43 人的主要压力来源为家庭生活，占比为 7.75%；42 人的主要压力来源为人际关系，占比为 7.57%；98 人的主要压力来源为经济收入，占比为 17.66%；156 人的主要压力来源为其他，占比为 28.11%。工程技术人员的最大压力来源为，其次为其他压力和经济收入压力（见图 4-54）。

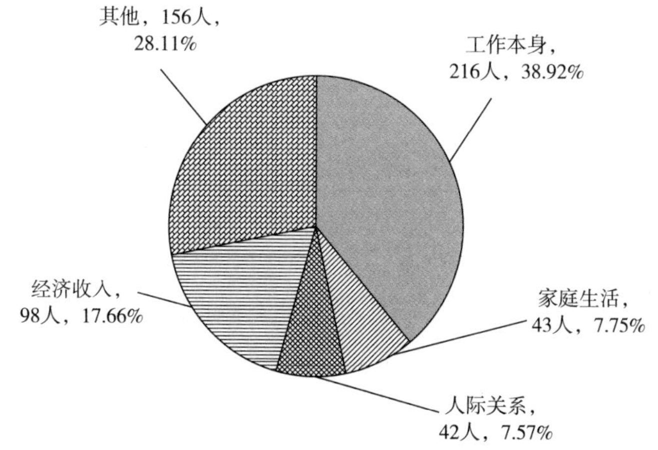

图 4-54 工程技术人员压力来源情况

各类科技工作者之间的社会地位认知差距不大、分布相似，与整体相同，各类科技工作者的主要压力来源为工作本身，其次为其他压力和经济收入压力。

4.3.5 生活观念态度

生活观念态度是指个人对生活的一种态度。生活观念态度可能影响个人工作满意度、工作创新绩效和工作投入等工作状态。因此，对新疆科技工作者是否同意对自己未来持乐观态度进行调查（见表 4-9）。

表 4-9 新疆科技工作者生活观念态度情况

科技工作者类型		非常不同意	比较不同意	一般	比较同意	非常同意	总计
卫生技术人员	人数	1	5	36	81	141	264
	占比	0.38	1.89	13.64	30.68	53.41	100.00

续表

科技工作者类型		非常不同意	比较不同意	一般	比较同意	非常同意	总计
农业技术人员	人数	2	12	57	104	209	384
	占比	0.52	3.13	14.84	27.08	54.43	100.00
科学研究人员	人数	0	0	24	39	75	138
	占比	0.00	0.00	17.39	28.26	54.35	100.00
自科教学人员	人数	2	23	104	209	352	690
	占比	0.29	3.33	15.07	30.29	51.01	100.00
工程技术人员	人数	2	12	92	165	284	555
	占比	0.36	2.16	16.58	29.73	51.17	100.00
总计	人数	7	52	313	598	1061	2031
	占比	0.34	2.56	15.41	29.44	52.24	100.00

4.3.5.1 生活观念态度整体性描述

本次调查的科技工作者中，7人非常不同意对自己未来持乐观态度，占比为0.34%；52人比较不同意对自己未来持乐观态度，占比为2.56%；313人对自己未来持乐观态度一般，占比为15.41%；598人比较同意对自己未来持乐观态度，占比为29.44%；1061人非常同意对自己未来持乐观态度，占比为52.24%。总体来看，科技工作者整体对自己未来持乐观态度，仅2.90%的科技工作者对自己未来持消极态度（见图4-55）。

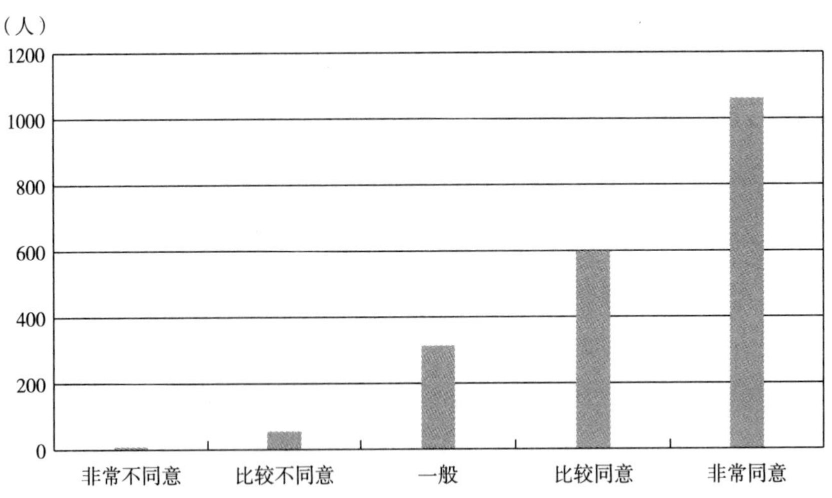

图4-55 新疆科技工作者人员生活观念态度情况

4.3.5.2　生活观念态度的分类型描述

针对五类新疆科技工作者，分别分析其生活观念态度，具体如下：

（1）卫生技术人员。

本次调查的卫生技术人员中，1 人非常不同意对自己未来持乐观态度，占比为 0.38%；5 人比较不同意对自己未来持乐观态度，占比为 1.89%；36 人对自己未来持乐观态度一般，占比为 13.64%；81 人比较同意对自己未来持乐观态度，占比为 30.68%；141 人非常同意对自己未来持乐观态度，占比为 53.41%。总体来看，卫生技术人员整体对自己未来持乐观态度，仅 2.27%的卫生技术人员对自己未来持消极态度（见图 4-56）。

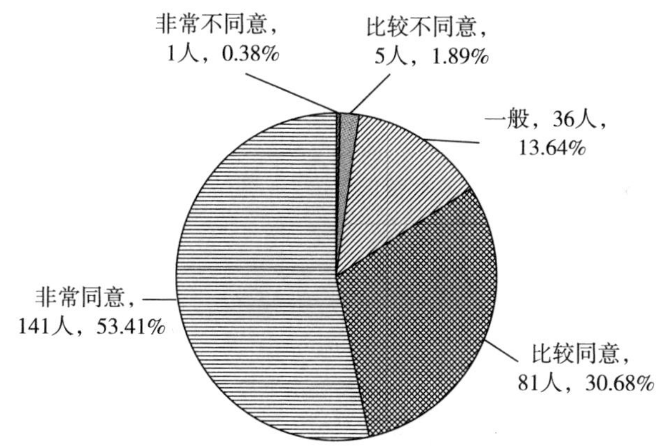

图 4-56　卫生技术人员生活观念态度情况

（2）农业技术人员。

本次调查的农业技术人员中，2 人非常不同意对自己未来持乐观态度，占比为 0.52%；12 人比较不同意对自己未来持乐观态度，占比为 3.13%；57 人对自己未来持乐观态度一般，占比为 14.84%；104 人比较同意对自己未来持乐观态度，占比为 27.08%；209 人非常同意对自己未来持乐观态度，占比为 54.43%。总体来看，农业技术人员整体对自己未来持乐观态度，仅 3.65%的农业技术人员对自己未来持消极态度（见图 4-57）。

（3）科学研究人员。

本次调查的科学研究人员中，0 人非常不同意对自己未来持乐观态度，占比为 0.00%；0 人比较不同意对自己未来持乐观态度，占比为 0.00%；24 人对自己未来持乐观态度一般，占比为 17.39%；39 人比较同意对自己未来持乐观态度，占比为 28. 26%；75 人非常同意对自己未来持乐观态度，占比为 54. 35%。总体来看，科技研究人员整体对自己未来持乐观态度，无科学研究人员持消极态度（见图 4-58）。

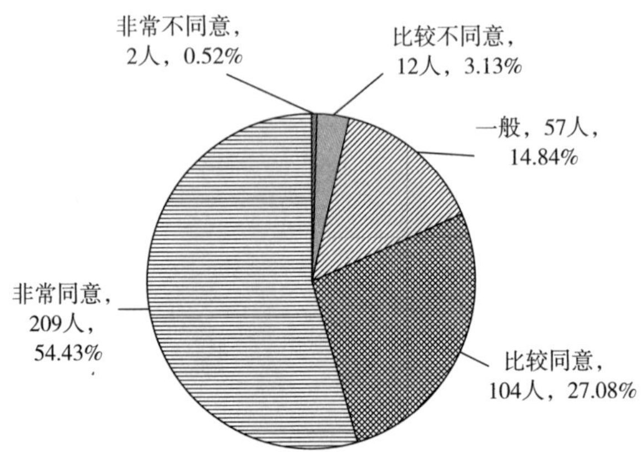

图 4-57　农业技术人员生活观念态度情况

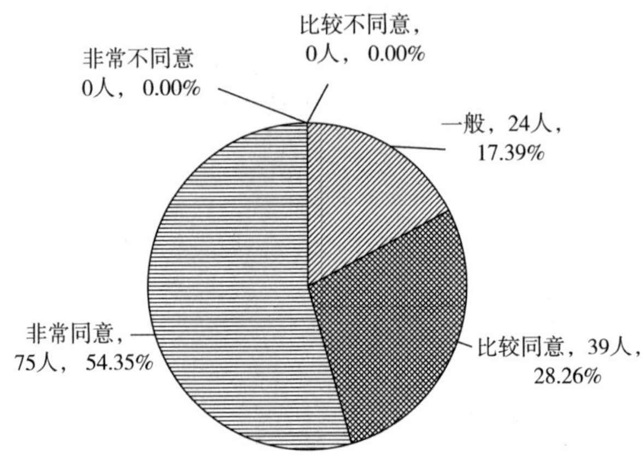

图 4-58　科学研究人员生活观念态度情况

（4）自科教学人员。

本次调查的自科教学人员中，2 人非常不同意对自己未来持乐观态度，占比为 0. 29%；23 人比较不同意对自己未来持乐观态度，占比为 3. 33%；104 人对自己未来持乐观态度一般，占比为 15. 07%；209 人比较同意对自己未来持乐观态度，占比为 30. 29%；352 人非常同意对自己未来持乐观态度，占比为 51. 01%。总体来看，自科教学人员整体对自己未来持乐观态度，仅 3. 62%的自科教学人员

对自己未来持消极态度（见图 4-59）。

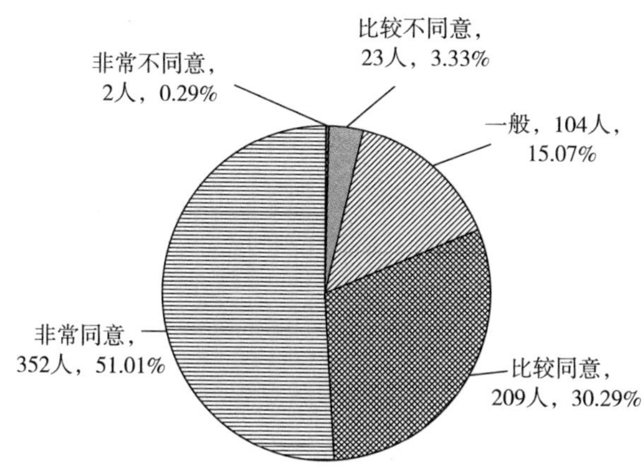

图 4-59　自科教学人员生活观念态度情况

（5）工程技术人员。

本次调查的工程技术人员中，2 人非常不同意对自己未来持乐观态度，占比为 0.36%；12 人比较不同意对自己未来持乐观态度，占比为 2.16%；92 人对自己未来持乐观态度一般，占比为 16.58%；165 人比较同意对自己未来持乐观态度，占比为 29.73%；284 人非常同意对自己未来持乐观态度，占比为 51.17%。总体来看，工程技术人员整体对自己未来持乐观态度，仅 2.52%的工程技术人员对自己未来持消极态度（见图 4-60）。

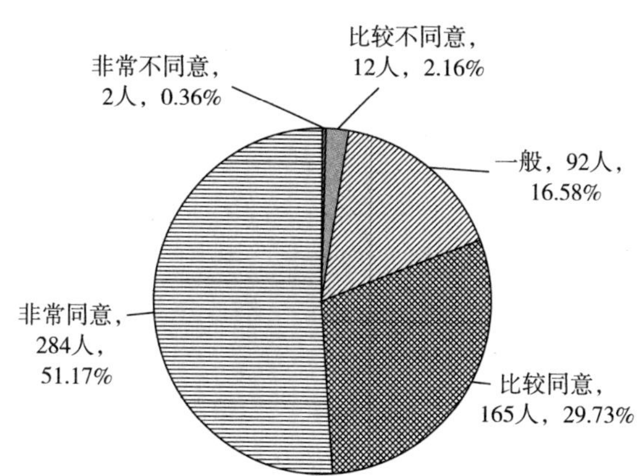

图 4-60　工程技术人员生活观念态度情况

各类科技工作者之间的社会地位认知差距不大、分布相似，与整体情况相同，绝大多数科技工作者对自己未来持乐观态度，其中科学研究人员中无人对自己的未来持消极态度。

4.3.6 生活满意度

生活满意度是个体对自己生活的综合判断，作为认知因素，它影响着个体的情绪体验，从而影响到个体生活目标的定位和行为追求的取向，对个体乃至社会都会产生重要影响。

4.3.6.1 生活状况内源满意感

对新疆科技工作者对现在整体生活的满意程度进行调查（见表4-10）。

表4-10 新疆科技工作者生活状况内源满意感情况 单位：人，%

科技工作者类型		非常不满意	比较不满意	一般	比较满意	非常满意	总计
卫生技术人员	人数	1	11	24	149	79	264
	占比	0.38	4.17	9.09	56.44	29.92	100.00
农业技术人员	人数	2	23	36	227	96	384
	占比	0:52	5.99	9.38	59.11	25.00	100.00
科学研究人员	人数	1	9	11	85	32	138
	占比	0.72	6.52	7.97	61.59	23.19	100.00
自科教学人员	人数	6	35	68	392	189	690
	占比	0.87	5.07	9.86	56.81	27.39	100.00
工程技术人员	人数	3	28	53	334	137	555
	占比	0.54	5.05	9.55	60.18	24.68	100.00
总计	人数	13	106	192	1187	533	2031
	占比	0.64	5.22	9.45	58.44	26.24	100.00

（1）生活状况内源满意感整体性描述。

本次调查的科技工作者中，13人对现在整体生活状况非常不满意，占比为0.64%；106人对现在整体生活状况比较不满意，占比为5.22%；192人对现在整体生活状况满意程度一般，占比为9.45%；1187人对现在整体生活状况比较满意，占比为58.44%；533人对现在整体生活状况非常满意，占比为26.24%。总体来看，科技工作者整体表示对现在整体生活状况呈满意态度，5.86%的科技工作者对现在整体生活状况不满意（见图4-61）。

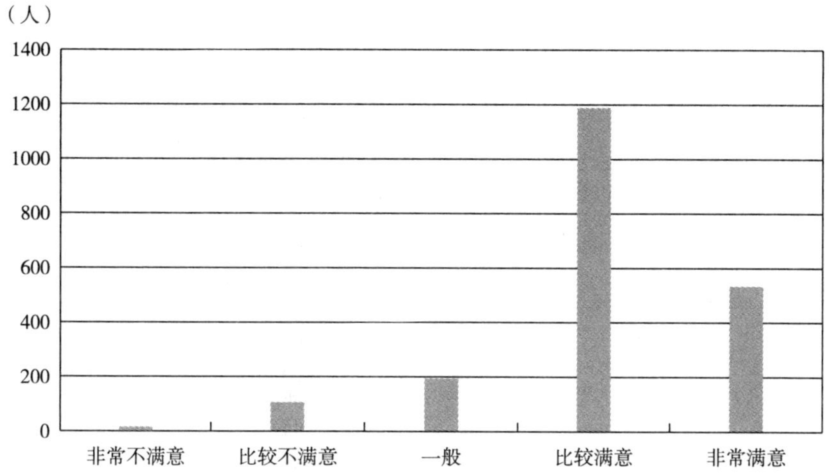

图 4-61　新疆科技工作人员内源生活满意感情况

（2）生活状况内源满意感的分类型描述。

针对五类新疆科技工作者，分别分析其生活状况内源满意感，具体如下：

1）卫生技术人员。

本次调查的卫生技术人员中，1 人对现在整体生活状况非常不满意，占比为 0.38%；11 人对现在整体生活状况比较不满意，占比为 4.17%；24 人对现在整体生活状况满意程度一般，占比为 9.09%；149 人对现在整体生活状况比较满意，占比为 56.44%；79 人对现在整体生活状况非常满意，占比为 29.92%。该类科技工作者中，卫生技术人员整体表示对现在整体生活状况呈满意态度，4.55%的卫生技术人员对现在整体生活状况不满意（见图 4-62）。

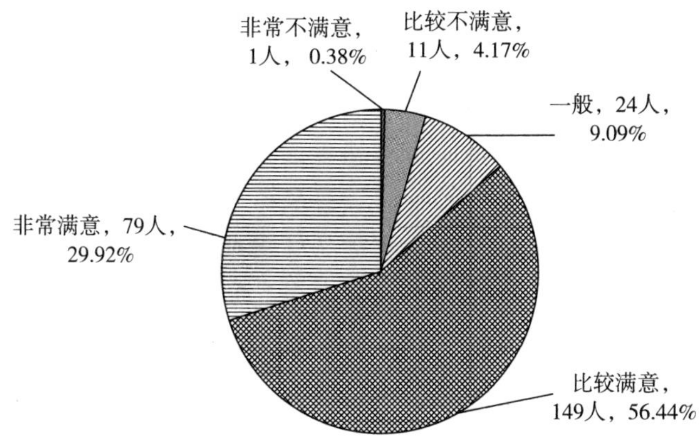

图 4-62　卫生技术人员生活状况内源生活满意感情况

2）农业技术人员。

本次调查的农业技术人员中，2 人对现在整体生活状况非常不满意，占比为 0.52%；23 人对现在整体生活状况比较不满意，占比为 5.99%；36 人对现在整体生活状况满意程度一般，占比为 9.38%；227 人对现在整体生活状况比较满意，占比为 59.11%；96 人对现在整体生活状况非常满意，占比为 25.00%。该类科技工作者中，农业技术人员整体表示对现在整体生活状况呈满意态度，6.51%的农业技术人员对现在整体生活状况不满意（见图 4-63）。

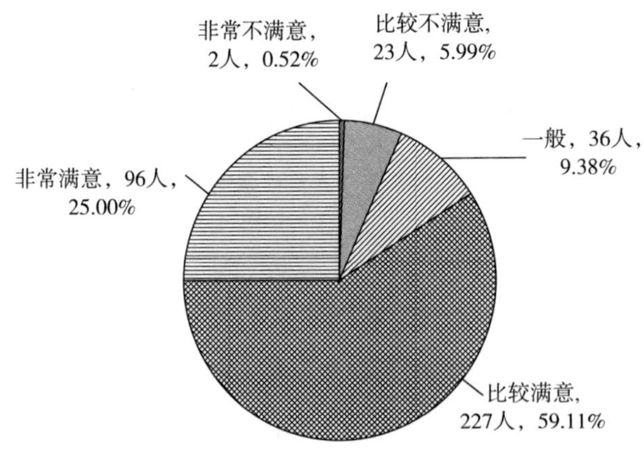

图 4-63　农业技术人员生活状况内源满意感情况

3）科学研究人员。

本次调查的科学研究人员中，1 人对现在整体生活状况非常不满意，占比为 0.72%；9 人对现在整体生活状况比较不满意，占比为 6.52%；11 人对现在整体生活状况满意程度一般，占比为 7.97%；85 人对现在整体生活状况比较满意，占比为 61.59%；32 人对现在整体生活状况非常满意，占比为 23.19%。该类科技工作者中，科学研究人员整体表示对现在整体生活状况呈满意态度，7.24%的科学研究人员对现在整体生活状况不满意（见图 4-64）。

4）自科教学人员。

本次调查的自科教学人员中，6 人对现在整体生活状况非常不满意，占比为 0.87%；35 人对现在整体生活状况比较不满意，占比为 5.07%；68 人对现在整体生活状况满意程度一般，占比为 9.86%；392 人对现在整体生活状况比较满意，占比为 56.81%；189 人对现在整体生活状况非常满意，占比为 27.39%。该

类科技工作者中，自科教学人员整体表示对现在整体生活状况呈满意态度（见图 4-65）。

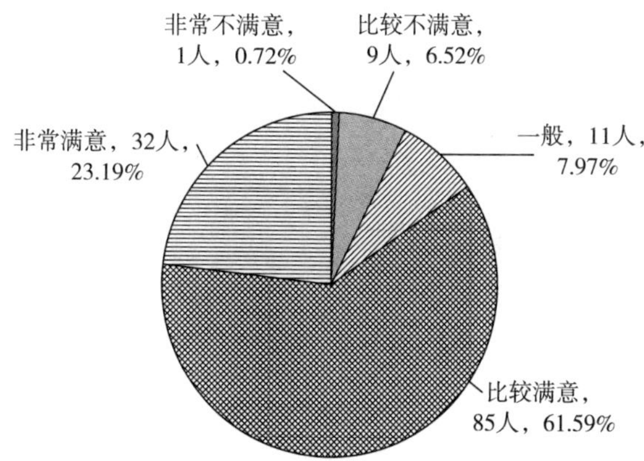

图 4-64　科学研究人员生活状况内源满意感情况

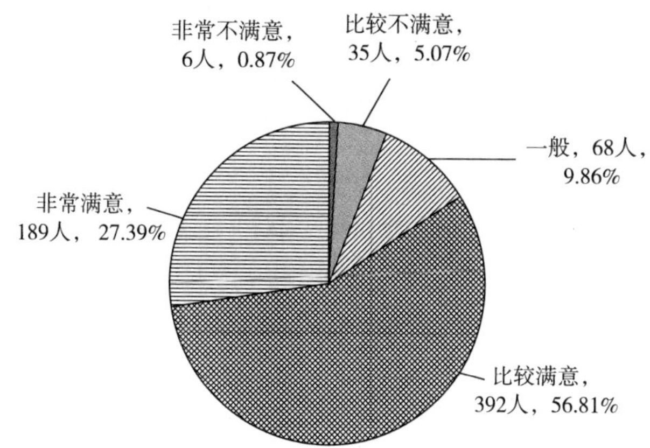

图 4-65　自科教学人员生活状况内源满意感情况

5）工程技术人员。

本次调查的工程技术人员中，3 人对现在整体生活状况非常不满意，占比为 0.54%；28 人对现在整体生活状况比较不满意，占比为 5.05%；53 人对现在整体生活状况满意程度一般，占比为 9.55%；334 人对现在整体生活状况比较满意，占比为 60.18%；137 人对现在整体生活状况非常满意，占比为 24.68%。该类科技工作者中，工程技术人员整体表示对现在整体生活状况呈满意态度，

5.59%的工程技术人员对现在整体生活状况不满意（见图4-66）。

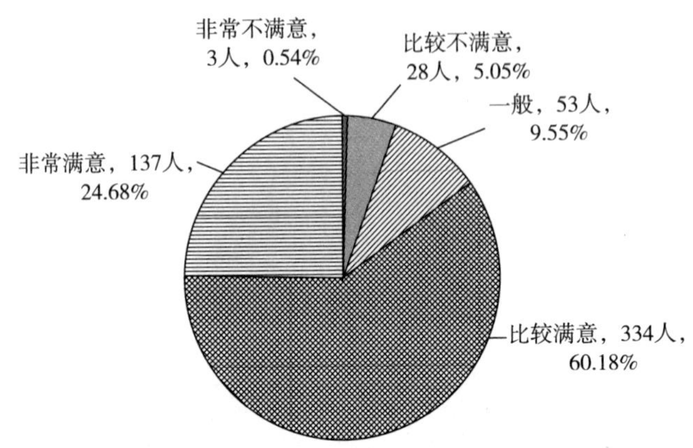

图4-66　工程技术人员生活状况内源满意感情况

各类科技工作者之间的社会地位认知差距不大、分布相似，与整体相同超90%的科技工作者对现在整体生活状况表示满意。

4.3.6.2　生活状况外源满意感

对新疆科技工作者的是否同意与周围的人相比我很满意进行调查（见表4-11）。

表4-11　新疆科技工作者生活状况外源满意感情况　　单位：人，%

科技工作者类型		非常不满意	比较不满意	一般	比较满意	非常满意	总计
卫生技术人员	人数	6	19	50	168	21	264
	占比	2.27	7.20	18.94	63.64	7.95	100.00
农业技术人员	人数	3	31	80	246	24	384
	占比	0.78	8.07	20.83	64.06	6.25	100.00
科学研究人员	人数	1	7	28	95	7	138
	占比	0.72	5.07	20.29	68.84	5.07	100.00
自科教学人员	人数	13	55	127	421	74	690
	占比	1.88	7.97	18.41	61.01	10.72	100.00
工程技术人员	人数	7	41	90	371	46	555
	占比	1.26	7.39	16.22	66.85	8.29	100.00
总计	人数	30	153	375	1301	172	2031
	占比	1.48	7.53	18.46	64.06	8.47	100.00

（1）生活状况外源满意感整体性描述。

本次调查的科技工作者中，30 人与周围的人相比非常不满意，占比为 1.48%；153 人与周围的人相比比较不满意，占比为 7.53%；375 人与周围的人相比知足程度一般，占比为 18.46%；1301 人与周围的人相比比较满意，占比为 64.06%；172 人与周围的人相比非常满意，占比为 8.47%。总体来看，科技工作者整体认为与周围的人相比感到知足，仅 9.01%的科技工作者认为与周围的人相比感到不知足（见图 4-67）。

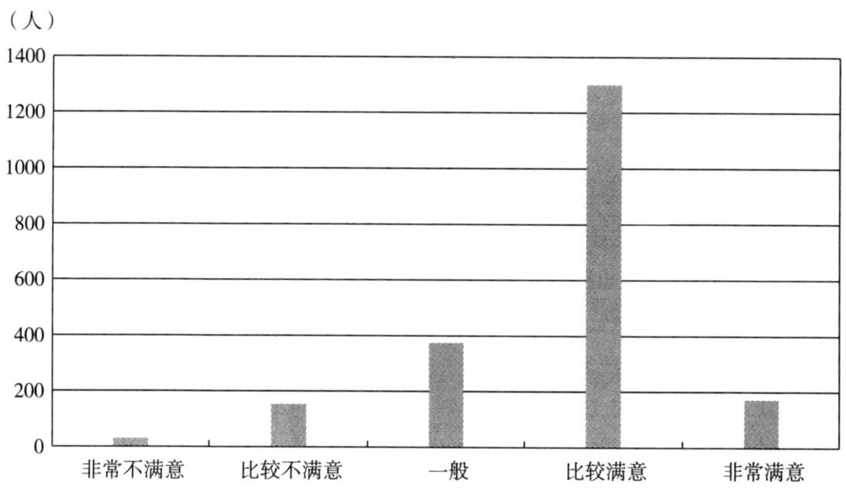

图 4-67　新疆科技工作人员生活状况外源满意感情况

（2）生活状况外源满意感的分类型描述。

针对五类新疆科技工作者，分别分析其生活状况外源满意感，具体如下：

1）卫生技术人员。

本次调查的卫生技术人员中，6 人与周围的人相比非常不满意，占比为 2.27%；19 人与周围的人相比比较不满意，占比为 7.20%；50 人与周围的人相比知足程度一般，占比为 18.94%；168 人与周围的人相比比较满意，占比为 63.64%；21 人与周围的人相比非常满意，占比为 7.95%。该类科技工作者中，卫生技术人员整体认为与周围的人相比感到知足，9.01%的卫生技术人员认为与周围的人相比感到不知足（见图 4-68）。

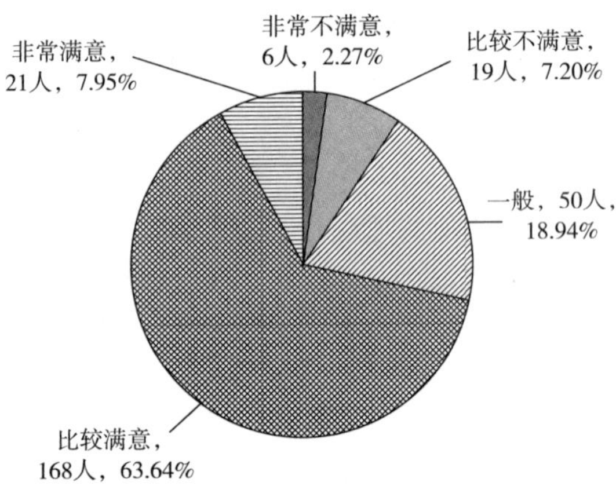

图 4-68　卫生技术人员生活状况外源满意感情况

2）农业技术人员。

本次调查的农业技术人员中，3 人与周围的人相比非常不满意，占比为 0. 78%；31 人与周围的人相比比较不满意，占比为 8. 07%；80 人与周围的人相比知足程度一般，占比为 20. 83%；246 人与周围的人相比比较满意，占比为 64. 06%；24 人与周围的人相比非常满意，占比为 6. 25%。该类科技工作者中，农业技术人员整体认为与周围的人相比感到知足，8. 85%的农业技术人员认为与周围的人相比感到不知足（见图 4-69）。

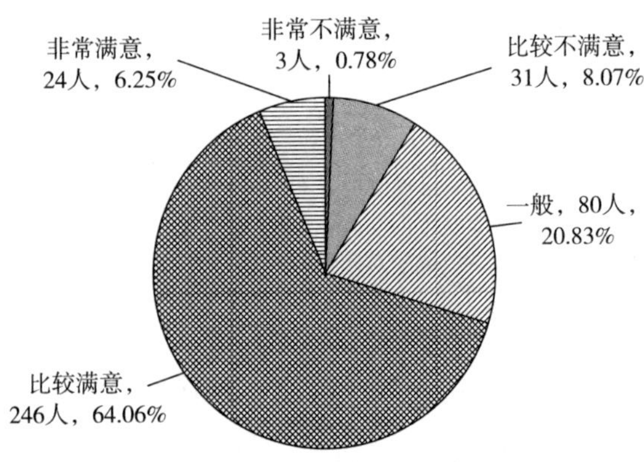

图 4-69　农业技术人员生活状况外源满意感情况

3）科学研究人员。

本次调查的科学研究人员中，1 人与周围的人相比非常不满意，占比为

0. 72%；7 人与周围的人相比比较不满意，占比为 5. 07%；28 人与周围的人相比知足程度一般，占比为 20. 29%；95 人与周围的人相比比较满意，占比为 68. 84%；7 人与周围的人相比非常满意，占比为 5. 07%。该类科技工作者中，科学研究人员整体认为与周围的人相比感到知足，5. 79%的科学研究人员认为与周围的人相比感到不知足（见图 4-70）。

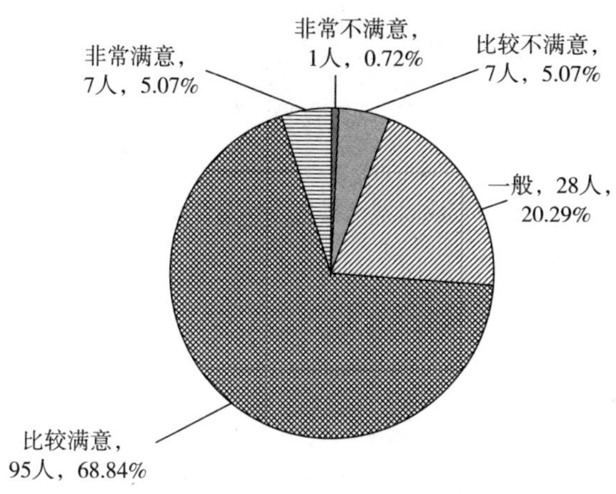

图 4-70　科学研究人员生活状况外源满意感情况

4）自科教学人员。

本次调查的自科教学人员中，13 人与周围的人相比非常不满意，占比为 1. 88%；55 人与周围的人相比比较不满意，占比为 7. 97%；127 人与周围的人相比知足程度一般，占比为 18. 41%；421 人与周围的人相比比较满意，占比为 61. 01%；74 人与周围的人相比非常满意，占比为 10. 72%。该类科技工作者中，自科教学人员整体认为与周围的人相比感到知足，9. 85%的自科教学人员认为与周围的人相比感到不知足（见图 4-71）。

5）工程技术人员。

本次调查的工程技术人员中，7 人与周围的人相比非常不满意，占比为 1. 26%；41 人与周围的人相比比较不满意，占比为 7. 39%；90 人与周围的人相比知足程度一般，占比为 16. 22%；371 人与周围的人相比比较满意，占比为 66. 85%；46 人与周围的人相比非常满意，占比为 8. 29%。该类科技工作者中，工程技术人员整体认为与周围的人相比感到知足，8. 65%的工程技术人员认为与周围的人相比感到不知足（见图 4-72）。

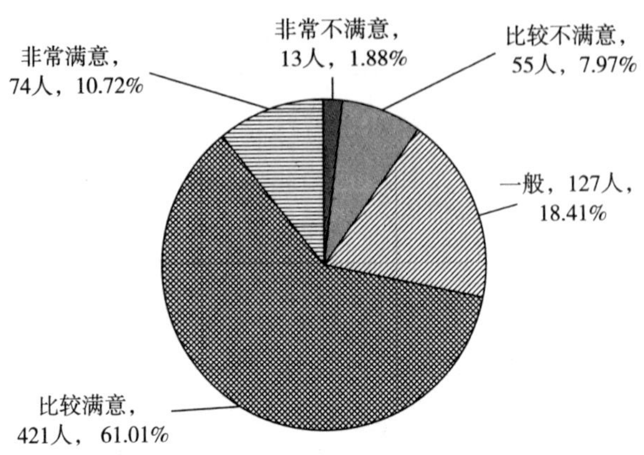

图 4-71　自科教学人员生活状况外源满意感情况

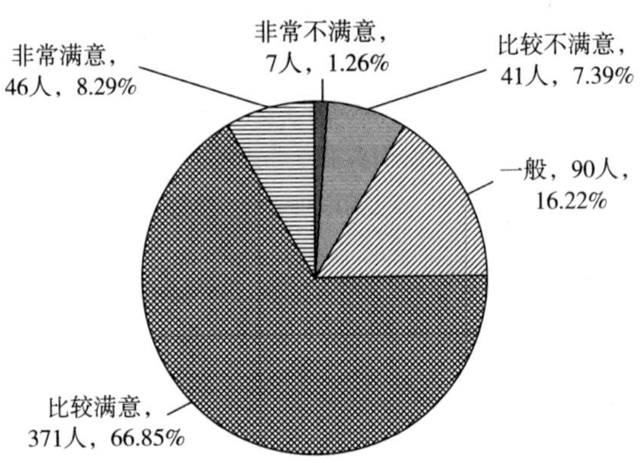

图 4-72　工程技术人员生活状况外源满意感情况

各类科技工作者之间的社会地位认知差距不大、分布相似，与整体情况相同科技工作者整体认为与周围的人相比感到知足。

4.3.7　科技工作者生活情况分析

本次调查基于新疆科技工作者的抽样调查数据，全面了解科技工作者在婚姻生活、社会地位认知、娱乐休闲、困难压力、生活观念态度、生活满意度六个方面的生活情况。调查结果显示，新疆各类科技工作者的生活情况特点基本与整体特点一致，在婚姻生活、社会地位认知、娱乐休闲、困难压力、生活观念态度、生活满意度方面均有体现，具体分析如下：

在婚姻生活方面，45%左右的科技工作者对婚姻生活非常满意，仅约 6%的科技工作者对婚姻生活表示不满，科技工作者对婚姻生活状况整体呈乐观态度。

在社会地位认知方面，近半数科技工作者认为自己的社会地位处于中下层，近 1/3 的科技工作者认为自己的社会地位处于中层，说明科技工作者对自身的社会地位并不满意。由于对社会地位的认知基于科技工作者的主观感受和看法，存在一定主观性，但也体现了科技工作者对社会地位获得认可的期望。

在娱乐休闲方面，超六成的科技工作者无法保证每周与家人进行娱乐休闲活动，能保证每周多次与家人进行娱乐休闲活动的科技工作者仅 6.4%，其中工程技术人员中能保证每周与家人娱乐休闲的占比最小。对科技工作者缺乏娱乐休闲的问题亟须得到关注。针对此现象，可以通过控制工作时长、定期组织娱乐休闲活动等措施进行改善。

在困难压力方面，科技工作者困难来源主要集中在收入、子女教育和工作与家庭平衡问题；科技工作者压力来源主要集中在工作本身和经济收入，其中感到工作本身给自身带来压力的科技工作者占近 40%。结合困难和压力来源，可以看出工作本身带来的困难压力需得到重点关注，对工作时长、工作压力、收入方面等问题有待进一步改善。

在生活观念态度方面，过半数的科技工作者对自己未来非常乐观，仅 3%的科技工作者对自己未来表示消极。科技工作者对未来的乐观态度也说明了科技工作者对工作的积极态度、对工作未来前景的看好以及对自身能力的肯定。

在生活满意度方面，不足一成的科技工作者表示对现在整体生活感到不满，与周围人相比感到不知足，说明从内源与外源两个角度科技工作者均对目前的自身生活整体呈现满意态度。

4.4 身心健康状况情况

4.4.1 身体健康状况

身体健康指生理上的健康。身体健康是开展工作的基础，因此对新疆科技工作者身体健康状况进行调查（见表 4-12）。

表 4-12　新疆科技工作者身体健康情况　　单位：人，%

科技工作者类型		很不健康	比较不健康	一般	比较健康	很健康	总计
卫生技术人员	人数	2	11	45	134	72	264
	占比	0.76	4.17	17.05	50.76	27.27	100.00
农业技术人员	人数	1	15	81	172	115	384
	占比	0.26	3.91	21.09	44.79	29.95	100.00
科学研究人员	人数	1	6	31	56	44	138
	占比	0.72	4.35	22.46	40.58	31.88	100.00
自科教学人员	人数	0	17	126	330	217	690
	占比	0.00	2.46	18.26	47.83	31.45	100.00
工程技术人员	人数	2	12	110	263	168	555
	占比	0.36	2.16	19.82	47.39	30.27	100.00
总计	人数	6	61	393	955	616	2031
	占比	0.30	3.00	19.35	47.02	30.33	100.00

4.4.1.1　身体健康状况整体性描述

本次调查的科技工作者中，6 人表示身体很不健康，占比为 0.30%；61 人表示身体比较不健康，占比为 3.00%；393 人表示身体状况一般，占比为 19.35%；955 人表示身体比较健康，占比为 47.02%；616 人表示身体很健康，占比为 30.33%。总体来看，科技工作者整体表示身体健康状况良好，3.30%的科技工作者表示身体不健康（见图 4-73）。

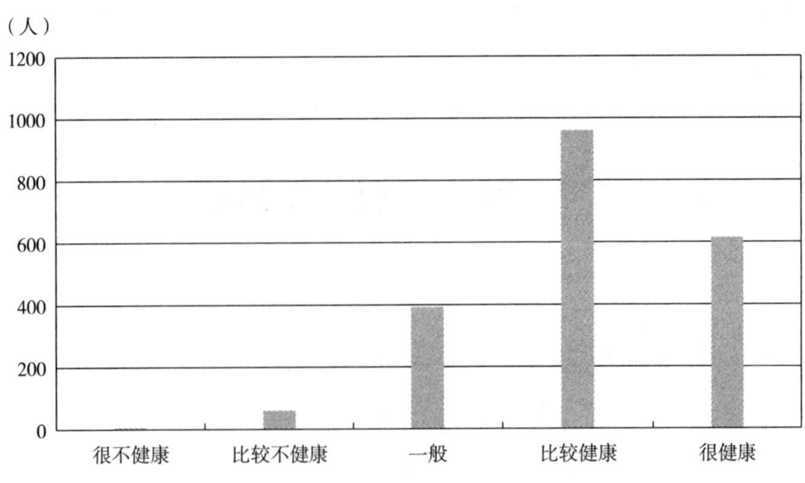

图 4-73　新疆科技工作人员身体健康情况

4.4.1.2　身体健康状况的分类型描述

针对五类新疆科技工作者，分别分析其身体健康状况，具体如下：

（1）卫生技术人员。

本次调查的卫生技术人员中，2人表示身体很不健康，占比为0.76%；11人表示身体比较不健康，占比为4.17%；45人表示身体状况一般，占比为17.05%；134人表示身体比较健康，占比为50.76%；72人表示身体很健康，占比为27.27%。该类科技工作者中，卫生技术人员整体表示身体健康状况良好，4.93%的卫生技术人员表示身体不健康（见图4-74）。

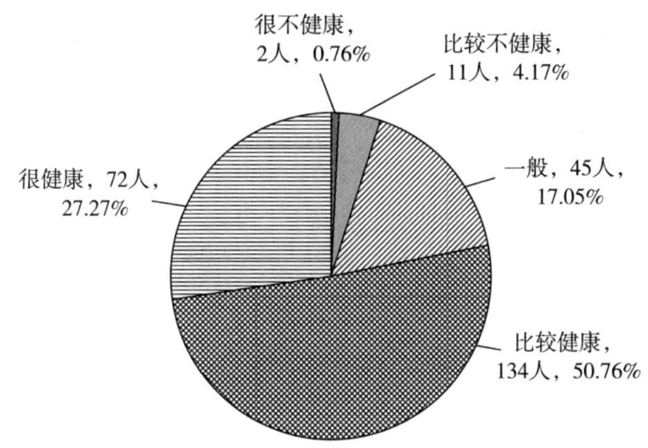

图4-74　卫生技术人员身体健康情况

（2）农业技术人员。

本次调查的农业技术人员中，1人表示身体很不健康，占比为0.26%；15人表示身体比较不健康，占比为3.91%；81人表示身体状况一般，占比为21.09%；172人表示身体比较健康，占比为44.79%；115人表示身体很健康，占比为29.95%。该类科技工作者中，农业技术人员整体表示身体健康状况良好，4.17%的农业技术人员表示身体不健康（见图4-75）。

（3）科学研究人员。

本次调查的科学研究人员中，1人表示身体很不健康，占比为0.72%；6人表示身体比较不健康，占比为4.35%；31人表示身体状况一般，占比为22.46%；56人表示身体比较健康，占比为40.58%；44人表示身体很健康，占比为31.88%。该类科技工作者中，科学研究人员整体表示身体健康状况良好，5.07%的科学研究人员表示身体不健康（见图4-76）。

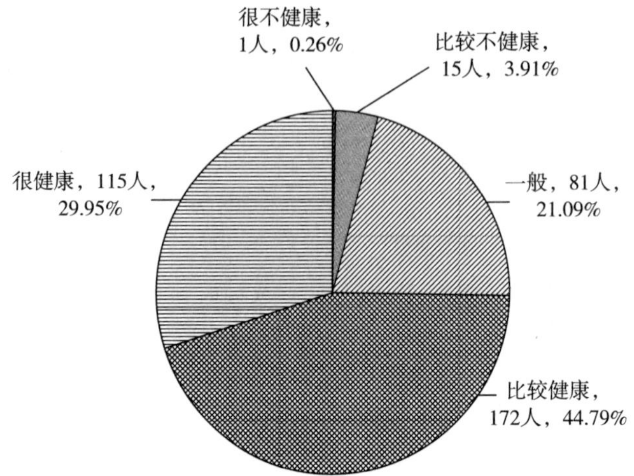

图 4-75　农业技术人员身体健康情况

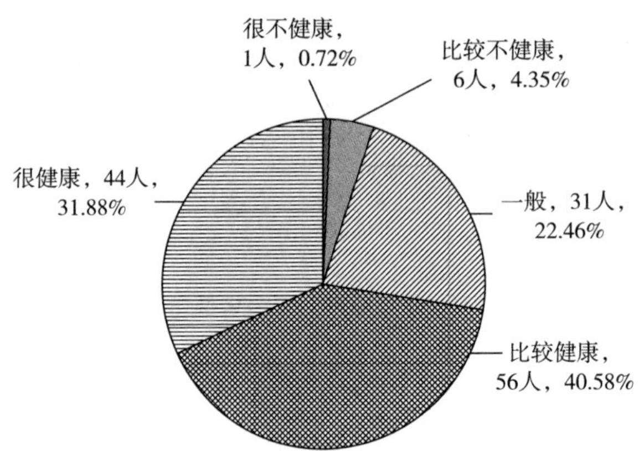

图 4-76　科学研究人员身体健康情况

（4）自科教学人员。

本次调查的自科教学人员中，0 人表示身体很不健康，占比为 0.00%；17 人表示身体比较不健康，占比为 2.46%；126 人表示身体状况一般，占比为 18.26%；330 人表示身体比较健康，占比为 47.83%；217 人表示身体很健康，占比为 31.45%。该类科技工作者中，自科教学人员整体表示身体健康状况良好，2.46%的自科教学人员表示身体不健康（见图 4-77）。

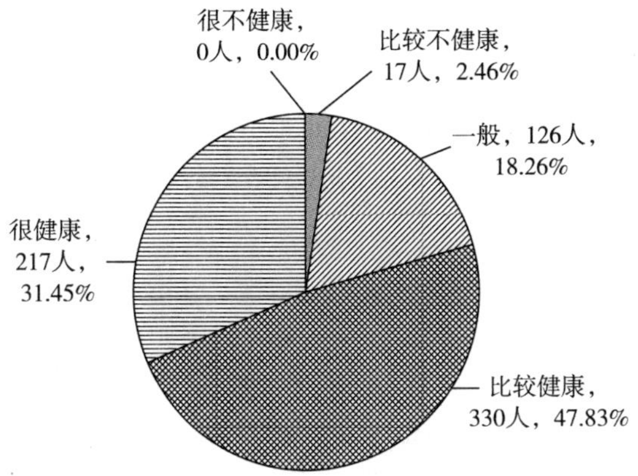

图 4-77　自科教学人员身体健康情况

（5）工程技术人员。

本次调查的工程技术人员中，2 人表示身体很不健康，占比为 0. 36%；12 人表示身体比较不健康，占比为 2. 16%；110 人表示身体状况一般，占比为 19. 82%；263 人表示身体比较健康，占比为 47. 39%；168 人表示身体很健康，占比为 30. 27%。该类科技工作者中，工程技术人员整体表示身体健康状况良好，2. 52%的工程技术人员表示身体不健康（见图 4-78）。

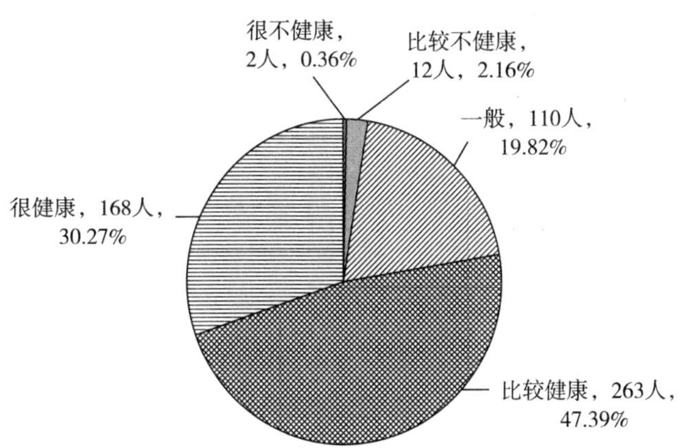

图 4-78　工程技术人员身体健康情况

各类科技工作者之间的社会地位认知差距不大、分布相似，与整体情况相同，科技工作者整体表示身体健康状况良好。

4.4.2 心理健康状况

心理健康是指心理的各个方面及活动过程处于一种良好或正常的状态。个人心理状态不佳可能导致个人失去工作热情，还可能导致认为工作毫无价值，甚至失去工作能力。

4.4.2.1 抑郁情绪情况

对新疆科学工作者感到心情抑郁或沮丧的频繁程度进行调查（见表 4-13）。

表 4-13 新疆科技工作者抑郁情绪情况 单位：人，%

科技工作者类型		总是	经常	有时	很少	从不	总计
卫生技术人员	人数	2	4	34	74	150	264
	占比	0.76	1.52	12.88	28.03	56.82	100.00
农业技术人员	人数	0	7	46	104	227	384
	占比	0.00	1.82	11.98	27.08	59.11	100.00
科学研究人员	人数	0	0	24	41	73	138
	占比	0.00	0.00	17.39	29.71	52.90	100.00
自科教学人员	人数	4	18	94	176	398	690
	占比	0.58	2.61	13.62	25.51	57.68	100.00
工程技术人员	人数	4	13	69	157	312	555
	占比	0.72	2.34	12.43	28.29	56.22	100.00
总计	人数	10	42	267	552	1160	2031
	占比	0.49	2.07	13.15	27.18	57.11	100.00

（1）抑郁情绪情况整体性描述。

本次调查的科技工作者中，10 人表示总是感到心情抑郁或沮丧，占比为 0.49%；42 人表示经常感到心情抑郁或沮丧，占比为 2.07%；267 人表示有时感到心情抑郁或沮丧，占比为 13.15%；552 人表示很少感到心情抑郁或沮丧，占比为 27.18%；1160 人表示从不感到心情抑郁或沮丧，占比为 57.11%。总体来看，97.44%的科技工作者表示较少感到心情抑郁或沮丧，仅 2.56%的科技工作者表示感到心情抑郁或沮丧较为频繁（见图 4-79）。

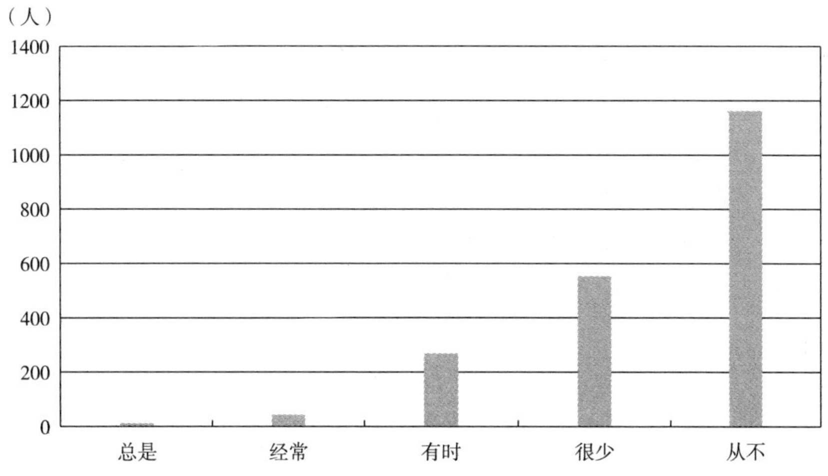

图 4-79　新疆科技工作人员抑郁情绪情况

（2）抑郁情绪情况的分类型描述。

针对五类新疆科技工作者，分别分析其抑郁情绪情况，具体如下：

1）卫生技术人员。

本次调查的卫生技术人员中，2 人表示总是感到心情抑郁或沮丧，占比为 0.76%；4 人表示经常感到心情抑郁或沮丧，占比为 1.52%；34 人表示有时感到心情抑郁或沮丧，占比为 12.88%；74 人表示很少感到心情抑郁或沮丧，占比为 28.03%；150 人表示从不感到心情抑郁或沮丧，占比为 56.82%。该类科技工作者中，97.73%的表示较少感到心情抑郁或沮丧，仅 2.28%的表示感到心情抑郁或沮丧较为频繁（见图 4-80）。

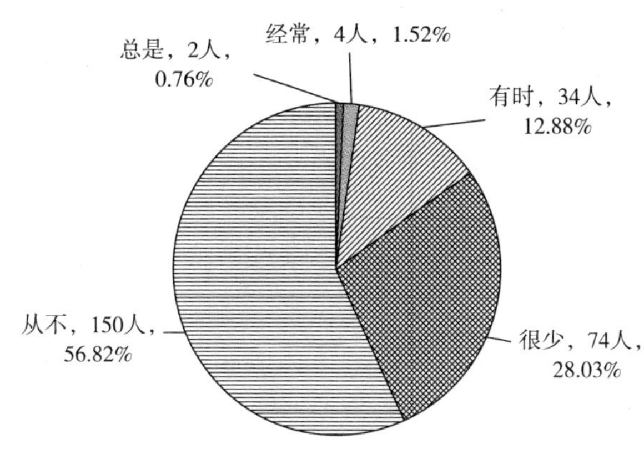

图 4-80　卫生技术人员抑郁情绪情况

2）农业技术人员。

本次调查的农业技术人员中，0 人表示总是感到心情抑郁或沮丧，占比为 0. 00%；7 人表示经常感到心情抑郁或沮丧，占比为 1. 82%；46 人表示有时感到心情抑郁或沮丧，占比为 11. 98%；104 人表示很少感到心情抑郁或沮丧，占比为 27. 08%；227 人表示从不感到心情抑郁或沮丧，占比为 59. 11%。该类科技工作者中，98. 17%的表示较少感到心情抑郁或沮丧，仅 1. 82%的表示感到心情抑郁或沮丧较为频繁（见图 4-81）。

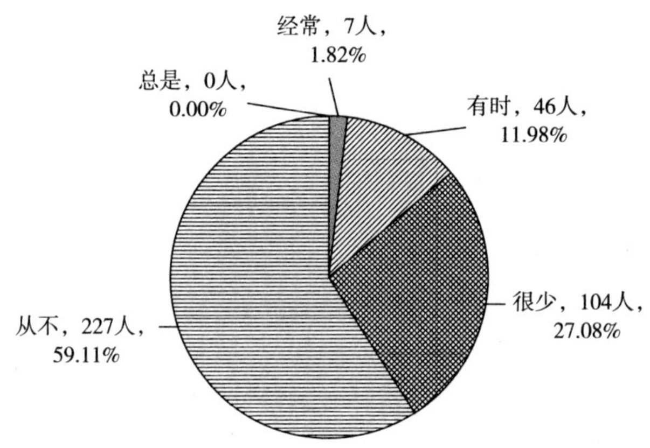

图 4-81　农业技术人员抑郁情绪情况

3）科学研究人员。

本次调查的科学研究人员中，0 人表示总是感到心情抑郁或沮丧，占比为 0. 00%；0 人表示经常感到心情抑郁或沮丧，占比为 0. 00%；24 人表示有时感到心情抑郁或沮丧，占比为 17. 39%；41 人表示很少感到心情抑郁或沮丧，占比为 29. 71%；73 人表示从不感到心情抑郁或沮丧，占比为 52. 90%。该类科技工作者中，100%的表示较少感到心情抑郁或沮丧（见图 4-82）。

4）自科教学人员。

本次调查的自科教学人员中，4 人表示总是感到心情抑郁或沮丧，占比为 0. 58%；18 人表示经常感到心情抑郁或沮丧，占比为 2. 61%；94 人表示有时感到心情抑郁或沮丧，占比为 13. 62%；176 人表示很少感到心情抑郁或沮丧，占比为 25. 51%；398 人表示从不感到心情抑郁或沮丧，占比为 57. 68%。该类科技工作者中，96. 81%的表示较少感到心情抑郁或沮丧，仅 3. 19%的表示感到心情抑郁或沮丧较为频繁（见图 4-83）。

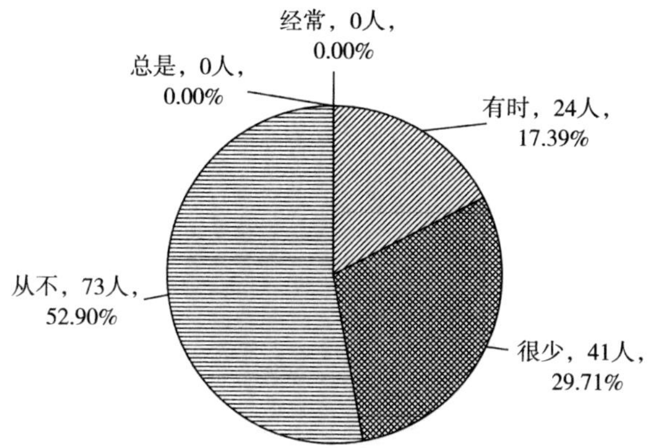

图 4-82　科学研究人员抑郁情绪情况

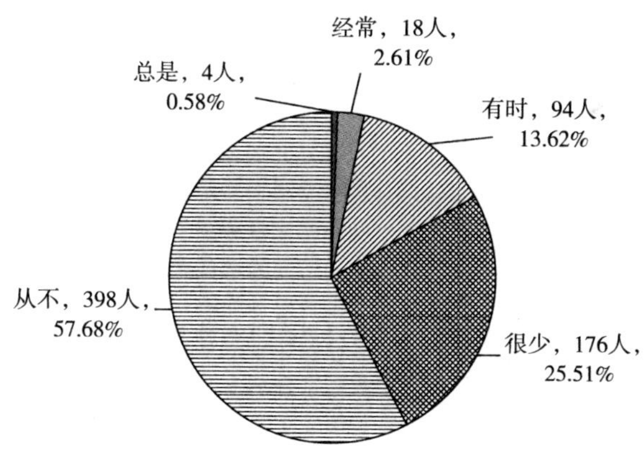

图 4-83　自科教学人员抑郁情绪情况

5）工程技术人员。

本次调查的工程技术人员中，4 人表示总是感到心情抑郁或沮丧，占比为 0.72%；13 人表示经常感到心情抑郁或沮丧，占比为 2.34%；69 人表示有时感到心情抑郁或沮丧，占比为 12.43%；157 人表示很少感到心情抑郁或沮丧，占比为 28.29%；312 人表示从不感到心情抑郁或沮丧，占比为 56.22%。该类科技工作者中，96.94%的表示较少感到心情抑郁或沮丧，仅 3.06%的表示感到心情抑郁或沮丧较为频繁（见图 4-84）。

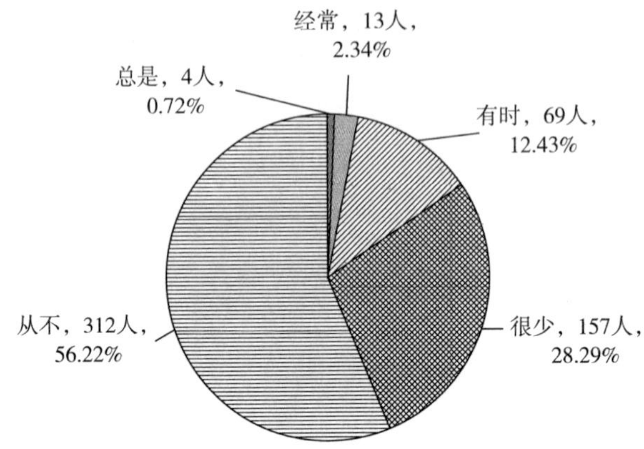

图 4-84　工程技术人员抑郁情绪情况

各类科技工作者之间的社会地位认知差距不大、分布相似，与整体相同超90%的科技工作者鲜少感到心情抑郁或沮丧。

4.4.2.2　压力知觉情况

对新疆科学工作者感到困难堆积得越来越多无法克服它们的频繁程度进行调查（见表 4-14）。

表 4-14　新疆科技工作者压力知觉情况　　单位：人，%

科技工作者类型		总是	经常	有时	很少	从不	总计
卫生技术人员	人数	5	21	49	107	82	264
	占比	1.89	7.95	18.56	40.53	31.06	100.00
农业技术人员	人数	5	34	78	133	134	384
	占比	1.30	8.85	20.31	34.64	34.90	100.00
科学研究人员	人数	3	19	26	41	49	138
	占比	2.17	13.77	18.84	29.71	35.51	100.00
自科教学人员	人数	19	62	135	246	228	690
	占比	2.75	8.99	19.57	35.65	33.04	100.00
工程技术人员	人数	12	52	80	238	173	555
	占比	2.16	9.37	14.41	42.88	31.17	100.00
总计	人数	44	188	368	765	666	2031
	占比	2.17	9.26	18.12	37.67	32.79	100.00

（1）压力知觉情况整体性描述。

本次调查的科技工作者中，44 人表示总是感到困难堆积越来越多无法克服，占比为 2.17%；188 人表示经常感到困难堆积越来越多无法克服，占比为 9.26%；368 人表示有时感到困难堆积越来越多无法克服，占比为 18.12%；765 人表示很少感到困难堆积越来越多无法克服，占比为 37.67%；666 人表示从不感到困难堆积越来越多无法克服，占比为 32.79%。总体来看，88.58%的科技工作者表示总是感到困难堆积越来越多的频繁程度较低，11.43%的科技工作者表示总是感到困难堆积越来越多的频繁程度较高（见图 4-85）。

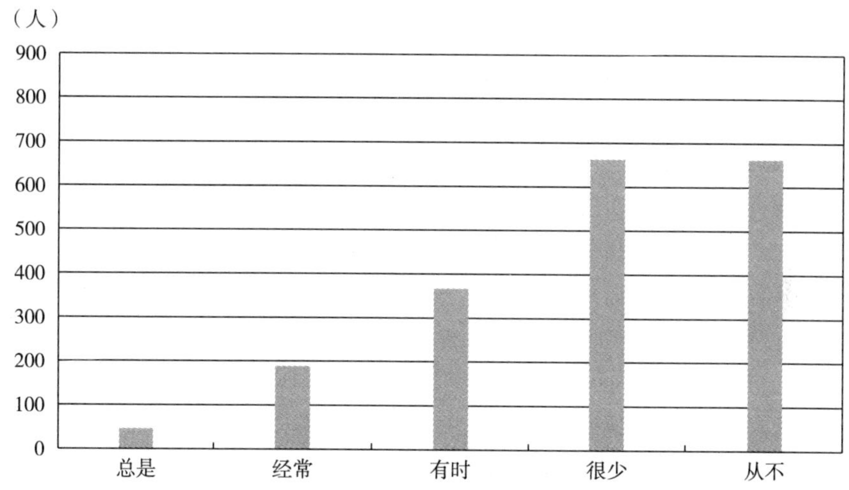

图 4-85 新疆科技工作人员压力知觉情况

（2）压力知觉情况的分类型描述。

针对五类新疆科技工作者，分别分析其压力知觉情况，具体如下：

1）卫生技术人员。

本次调查的卫生技术人员中，5 人表示总是感到困难堆积越来越多无法克服，占比为 1.89%；21 人表示经常感到困难堆积越来越多无法克服，占比为 7.95%；49 人表示有时感到困难堆积越来越多无法克服，占比为 18.56%；107 人表示很少感到困难堆积越来越多无法克服，占比为 40.53%；82 人表示从不感到困难堆积越来越多无法克服，占比为 31.06%。该类科技工作者中，90.15%的卫生技术人员表示总是感到困难堆积越来越多的频繁程度较低，9.84%的卫生技术人员表示总是感到困难堆积越来越多的频繁程度较高（见图 4-86）。

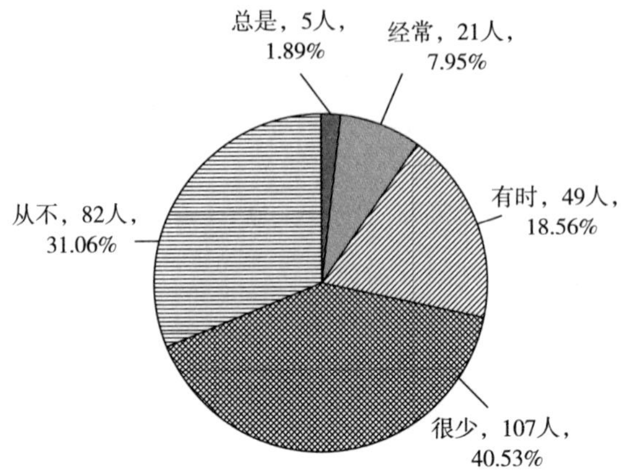

图 4-86　卫生技术人员压力知觉情况

2）农业技术人员。

本次调查的农业技术人员中，5 人表示总是感到困难堆积越来越多无法克服，占比为 1.30%；34 人表示经常感到困难堆积越来越多无法克服，占比为 8.85%；78 人表示有时感到困难堆积越来越多无法克服，占比为 20.31%；133 人表示很少感到困难堆积越来越多无法克服，占比为 34.64%；134 人表示从不感到困难堆积越来越多无法克服，占比为 34.90%。该类科技工作者中，89.85% 的农业技术人员表示总是感到困难堆积越来越多的频繁程度较低，10.15%的农业技术人员表示总是感到困难堆积越来越多的频繁程度较高（见图 4-87）。

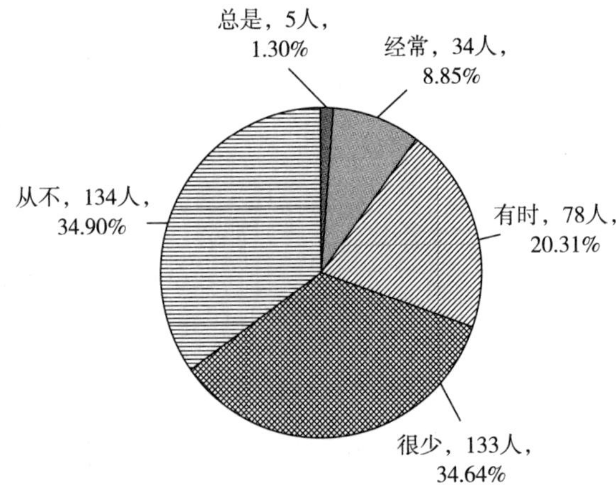

图 4-87　农业技术人员压力知觉情况

3）科学研究人员。

本次调查的科学研究人员中，3 人表示总是感到困难堆积越来越多无法克服，占比为 2. 17%；19 人表示经常感到困难堆积越来越多无法克服，占比为 13. 77%；26 人表示有时感到困难堆积越来越多无法克服，占比为 18. 84%；41 人表示很少感到困难堆积越来越多无法克服，占比为 29. 71%；49 人表示从不感到困难堆积越来越多无法克服，占比为 35. 51%。该类科技工作者中，84. 06%的科学研究人员表示总是感到困难堆积越来越多的频繁程度较低，15. 94%的科学研究人员表示总是感到困难堆积越来越多的频繁程度较高（见图 4-88）。

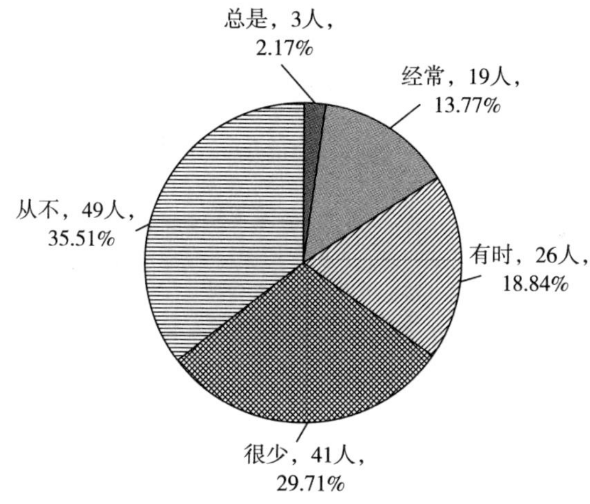

图 4-88　科学研究人员压力知觉情况

4）自科教学人员。

本次调查的自科教学人员中，19 人表示总是感到困难堆积越来越多无法克服，占比为 2. 75%；62 人表示经常感到困难堆积越来越多无法克服，占比为 8. 99%；135 人表示有时感到困难堆积越来越多无法克服，占比为 19. 57%；246 人表示很少感到困难堆积越来越多无法克服，占比为 35. 65%；228 人表示从不感到困难堆积越来越多无法克服，占比为 33. 04%。该类科技工作者中，88. 26%的自科教学人员表示总是感到困难堆积越来越多的频繁程度较低，11. 74%的自科教学人员表示总是感到困难堆积越来越多的频繁程度较高（见图 4-89）。

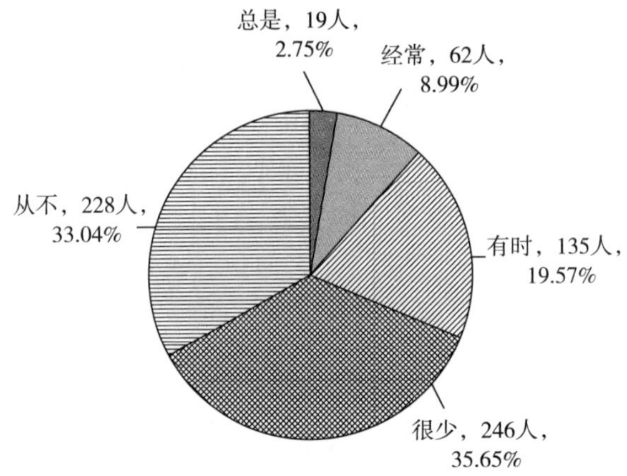

图 4-89　自科教学人员压力知觉情况

5）工程技术人员。

本次调查的工程技术人员中，12 人表示总是感到困难堆积越来越多无法克服，占比为 2. 16%；52 人表示经常感到困难堆积越来越多无法克服，占比为 9. 37%；80 人表示有时感到困难堆积越来越多无法克服，占比为 14. 41%；238 人表示很少感到困难堆积越来越多无法克服，占比为 42. 88%；173 人表示从不感到困难堆积越来越多无法克服，占比为 31. 17%。该类科技工作者中，88. 46%的工程技术人员表示总是感到困难堆积越来越多的频繁程度较低，11. 53%的工程技术人员表示总是感到困难堆积越来越多的频繁程度较高（见图 4-90）。

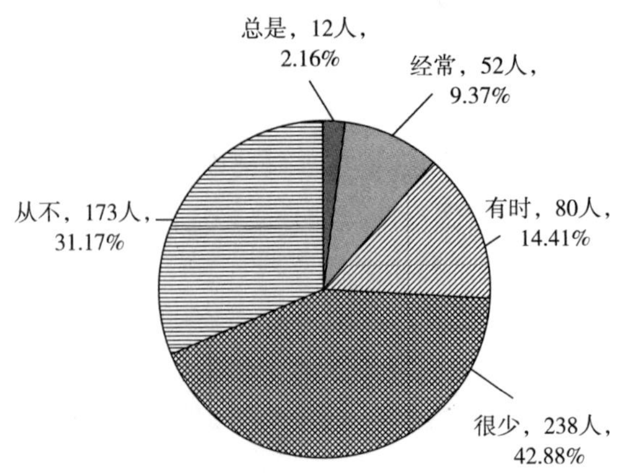

图 4-90　工程技术人员压力知觉情况

各类科技工作者之间的社会地位认知差距不大、分布相似，与整体情况相同超 80%的科技工作者表示总是感到困难堆积越来越多的频繁程度较低。

4.4.3　体育锻炼情况

体育锻炼是指人们根据身体需要进行自我选择，运用各种体育手段，并结合自然力和卫生措施，以发展身体，增进健康，增强体质，调节精神，丰富文化生活和支配余暇时间为目的的体育活动。体育运动能够促进身体健康，增强体质，体能和技巧，提高工作效率。因此，对新疆科技工作者每周参加体育锻炼活动次数进行调查（见表 4-15）。

表 4-15　新疆科技工作者体育锻炼情况　　单位：人，%

科技工作者类型		0 次	1 次	2 次	3 次	4 次	5 次	6 次	7 次	总计	均值
卫生技术人员	人数	94	30	33	33	28	16	17	13	264	2. 20
	占比	35. 61	11. 36	12. 50	12. 50	10. 61	6. 06	6. 44	4. 92	100. 00	
农业技术人员	人数	131	47	50	43	53	22	16	22	384	2. 21
	占比	34. 11	12. 24	13. 02	11. 20	13. 80	5. 73	4. 17	5. 73	100. 00	
科学研究人员	人数	44	17	10	16	20	9	14	8	138	2. 57
	占比	31. 88	12. 32	7. 25	11. 59	14. 49	6. 52	10. 14	5. 80	100. 00	
自然教学人员	人数	199	85	103	101	84	49	41	28	690	2. 34
	占比	28. 84	12. 32	14. 93	14. 64	12. 17	7. 1	5. 94	4. 06	100. 00	
工程技术人员	人数	184	64	81	65	70	33	32	26	555	2. 23
	占比	33. 15	11. 53	14. 59	11. 71	12. 61	5. 95	5. 77	4. 68	100. 00	
总计	人数	652	243	277	258	255	129	120	97	2031	2. 28
	占比	32. 10	11. 96	13. 64	12. 70	12. 56	6. 35	5. 91	4. 78	100. 00	

4. 4. 3. 1　体育锻炼情况整体性描述

本次调查的科技工作者中，652 人每周参加体育锻炼 0 次，占比为 32. 10%；243 人每周参加体育锻炼 1 次，占比为 11. 96%；277 人每周参加体育锻炼 2 次，占比为 13. 64%；258 人每周参加体育锻炼 3 次，占比为 12. 70%；255 人每周参加体育锻炼 4 次，占比为 12. 56%；129 人每周参加体育锻炼 5 次，占比为 6. 35%；120 人每周参加体育锻炼 6 次，占比为 5. 91%；97 人每周参加体育锻炼 7 次，占比为 4. 78%。总体来看，科技工作者每周参加体育锻炼活动次数均值为 2. 28，科技工作者每周参加体育锻炼次数介于 2~3 次，但约 1/3 的科技工作者未参加体育锻炼（见图 4-91）。

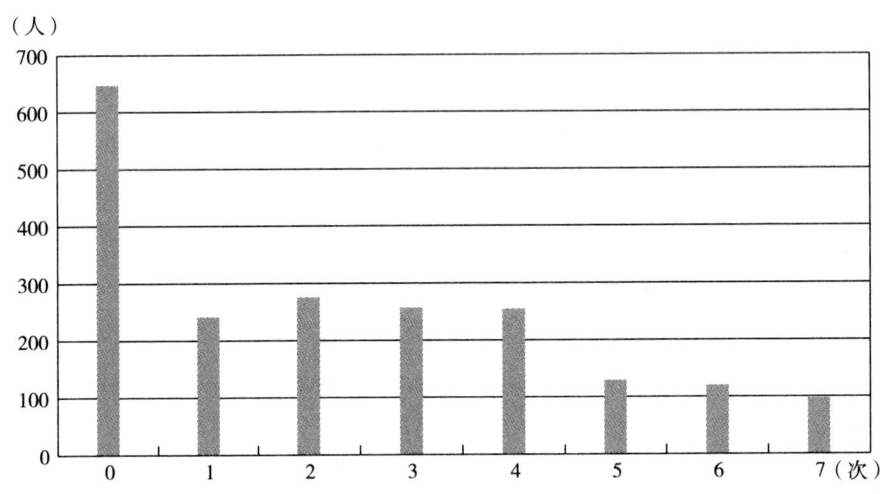

图 4-91　新疆科技工作人员体育锻炼情况

4.4.3.2　体育锻炼情况的分类型描述

针对五类新疆科技工作者，分别分析其体育锻炼情况，具体如下：

（1）卫生技术人员。

本次调查的卫生技术人员中，94 人每周参加体育锻炼 0 次，占比为 35.61%；30 人每周参加体育锻炼 1 次，占比为 11.36%；33 人每周参加体育锻炼 2 次，占比为 12.50%；33 人每周参加体育锻炼 3 次，占比为 12.50%；28 人每周参加体育锻炼 4 次，占比为 10.61%；16 人每周参加体育锻炼 5 次，占比为 6.06%；17 人每周参加体育锻炼 6 次，占比为 6.44%；13 人每周参加体育锻炼 7 次，占比为 4.92%。该类科技工作者中，每周参加体育锻炼活动次数均值为 2.20，卫生技术人员每周参加体育锻炼次数介于 2~3 次，但约 1/3 的卫生技术人员未参加体育锻炼（见图 4-92）。

（2）农业技术人员。

本次调查的农业技术人员中，131 人每周参加体育锻炼 0 次，占比为 34.11%；47 人每周参加体育锻炼 1 次，占比为 12.24%；50 人每周参加体育锻炼 2 次，占比为 13.02%；43 人每周参加体育锻炼 3 次，占比为 11.20%；53 人每周参加体育锻炼 4 次，占比为 13.80%；22 人每周参加体育锻炼 5 次，占比为 5.73%；16 人每周参加体育锻炼 6 次，占比为 4.17%；22 人每周参加体育锻炼 7

次，占比为 5.73%。每周参加体育锻炼活动次数均值为 2.21，农业技术人员每周参加体育锻炼次数介于 2~3 次，但约 1/3 的农业技术人员未参加体育锻炼（见图 4-93）。

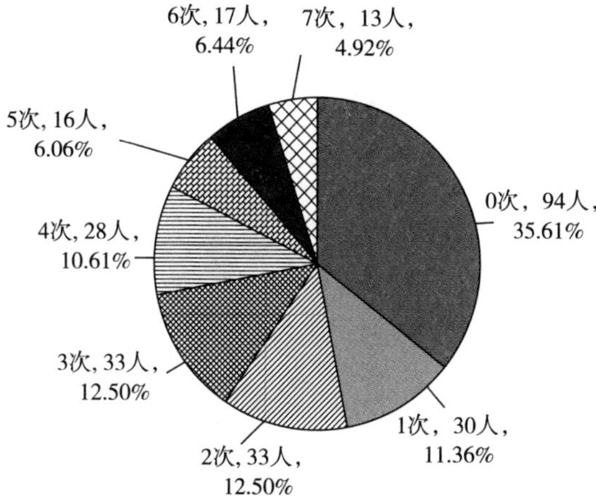

图 4-92　卫生技术人员体育锻炼情况

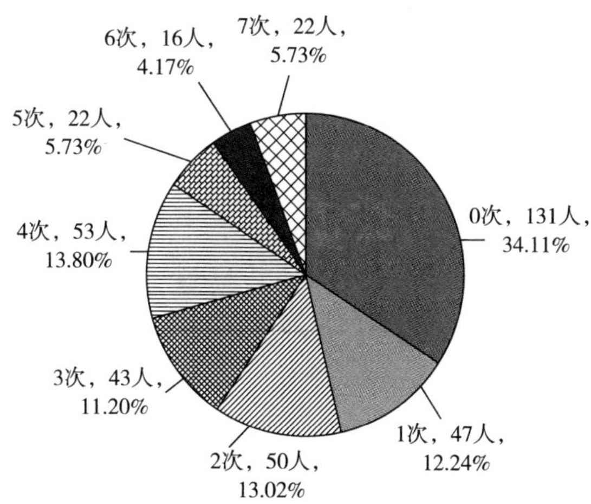

图 4-93　农业技术人员体育锻炼情况

（3）科学研究人员。

本次调查的科学研究人员中，44 人每周参加体育锻炼 0 次，占比为 31.88%；17 人每周参加体育锻炼 1 次，占比为 12.32%；10 人每周参加体育锻炼 2 次，占比为 7.25%；16 人每周参加体育锻炼 3 次，占比为 11.59%；20 人每周参加体育锻炼 4 次，占比为 14.49%；9 人每周参加体育锻炼 5 次，占比为 6.52%；14 人每周参加体育锻炼 6 次，占比为 10.14%；8 人每周参加体育锻炼 7 次，占比为 5.80%。每周参加体育锻炼活动次数均值为 2.57，科学研究人员每周参加体育锻炼次数介于 2～3 次，但约 1/3 的科学研究人员未参加体育锻炼（见图 4-94）。

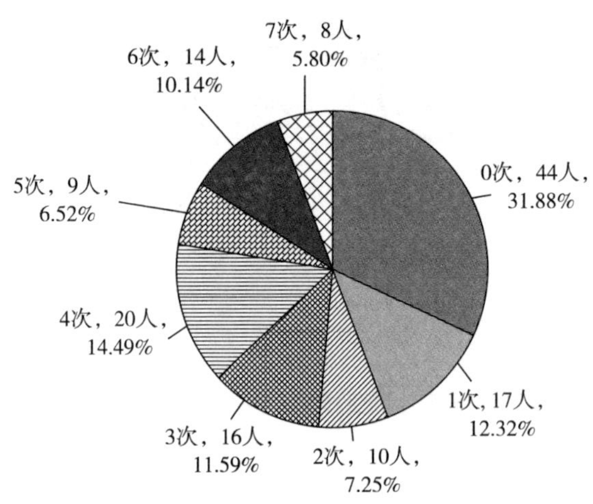

图 4-94　科学研究人员体育锻炼情况

（4）自科教学人员。

本次调查的自科教学人员中，199 人每周参加体育锻炼 0 次，占比为 28.84%；85 人每周参加体育锻炼 1 次，占比为 12.32%；103 人每周参加体育锻炼 2 次，占比为 14.93%；101 人每周参加体育锻炼 3 次，占比为 14.64%；84 人每周参加体育锻炼 4 次，占比为 12.17%；49 人每周参加体育锻炼 5 次，占比为 7.10%；41 人每周参加体育锻炼 6 次，占比为 5.94%；28 人每周参加体育锻炼 7 次，占比为 4.06%。每周参加体育锻炼活动次数均值为 2.34，自科教学人员每周参加体育锻炼次数介于 2～3 次，但约 1/3 的自科教学人员未参加体育锻炼（见图 4-95）。

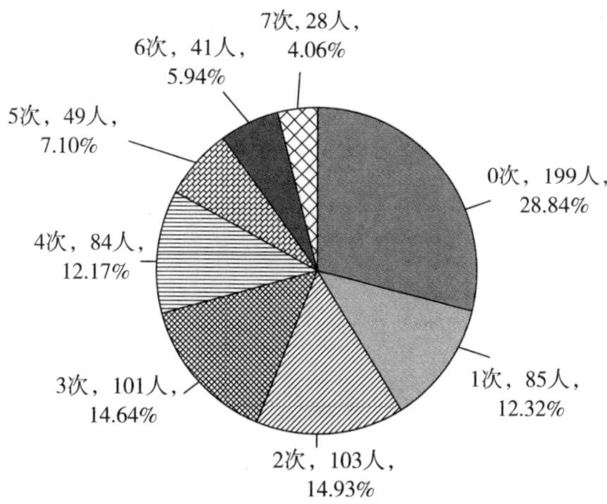

图 4-95　自科教学人员体育锻炼情况

（5）工程技术人员。

本次调查的工程技术人员中，184 人每周参加体育锻炼 0 次，占比为 33. 15%；64 人每周参加体育锻炼 1 次，占比为 11. 53%；81 人每周参加体育锻炼 2 次，占比为 14. 59%；65 人每周参加体育锻炼 3 次，占比为 11. 71%；70 人每周参加体育锻炼 4 次，占比为 12. 61%；33 人每周参加体育锻炼 5 次，占比为 5. 95%；32 人每周参加体育锻炼 6 次，占比为 5. 77%；26 人每周参加体育锻炼 7 次，占比为 4. 68%。每周参加体育锻炼活动次数均值为 2. 23，工程技术人员每周参加体育锻炼次数介于 2~3 次，但约 1/3 的工程技术人员未参加体育锻炼（见图 4-96）。

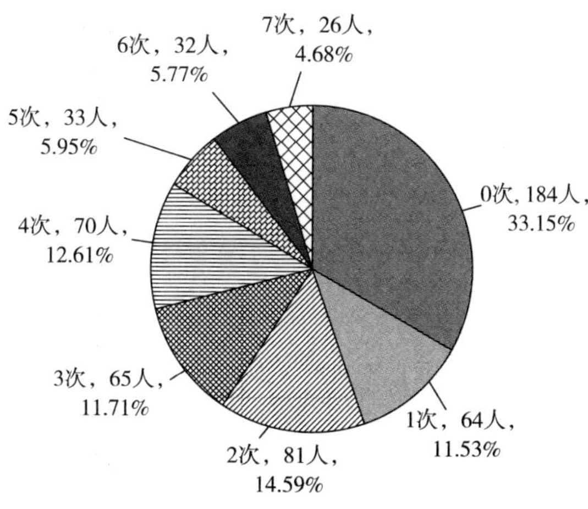

图 4-96　工程技术人员体育锻炼情况

各类科技工作者之间的社会地位认知差距不大、分布相似，大部分科技工作者每周参加体育锻炼 2~3 次，但约 1/3 的科技工作者未参加体育锻炼。

4.4.4 身心健康对工作的综合影响

对新疆科技工作者的身心健康对工作的综合影响进行调查。

4.4.4.1 工作受健康影响频率

对新疆科学工作者健康问题影响工作频率进行调查（见表 4-16）。

表 4-16 新疆科技工作者工作受健康影响频率情况 单位：人，%

科技工作者类型		总是	经常	有时	很少	从不	总计	均值
卫生技术人员	人数	11	32	36	78	107	264	3.90
	占比	4.17	12.12	13.64	29.55	40.53	100.00	
农业技术人员	人数	7	40	63	142	132	384	3.92
	占比	1.82	10.42	16.41	36.98	34.38	100.00	
科学研究人员	人数	5	9	17	53	54	138	4.03
	占比	3.62	6.52	12.32	38.41	39.13	100.00	
自科教学人员	人数	25	48	106	235	276	690	4.00
	占比	3.62	6.96	15.36	34.06	40.00	100.00	
工程技术人员	人数	17	31	91	208	208	555	4.01
	占比	3.06	5.59	16.40	37.48	37.48	100.00	
总计	人数	65	160	313	716	777	2031	3.97
	占比	3.20	7.88	15.41	35.25	38.26	100.00	

（1）工作受健康影响频率整体性描述。

本次调查的科技工作者中，65 人表示工作总是受到健康问题影响，占比为 3.20%；160 人表示工作经常受到健康问题影响，占比为 7.88%；313 人表示工作有时受到健康问题影响，占比为 15.41%；716 人表示工作很少受到健康问题影响，占比为 35.25%；777 人表示工作从不受到健康问题影响，占比为 38.26%。总体来看，科技工作者工作受健康影响频率均值为 3.97，科技工作者整体工作很少受健康问题影响（见图 4-97）。

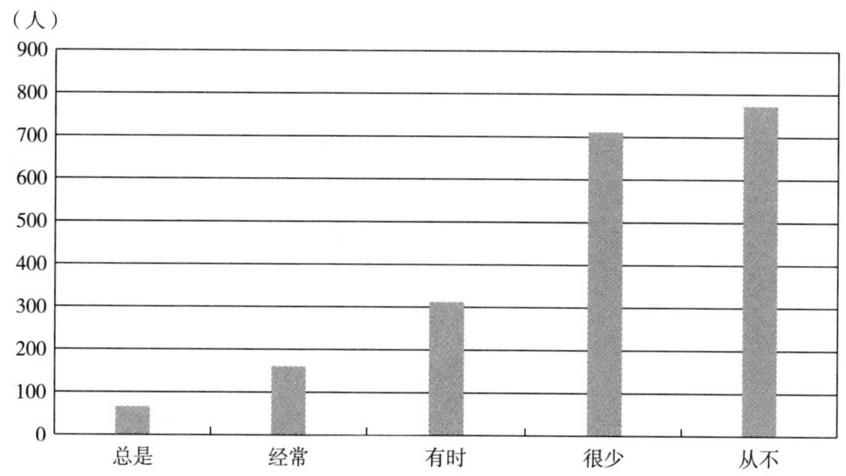

图4-97 新疆科技工作人员工作受健康影响频率情况

（2）工作受健康影响频率的分类型描述。

针对五类新疆科技工作者，分别分析其工作受健康影响频率，具体如下：

1）卫生技术人员。

本次调查的卫生技术人员中，11人表示工作总是受到健康问题影响，占比为4.17%；32人表示工作经常受到健康问题影响，占比为12.12%；36人表示工作有时受到健康问题影响，占比为13.64%；78人表示工作很少受到健康问题影响，占比为29.55%；107人表示工作从不受到健康问题影响，占比为40.53%。该类科技工作者中，工作受健康影响频率均值为3.90，卫生技术人员工作很少受健康问题影响（见图4-98）。

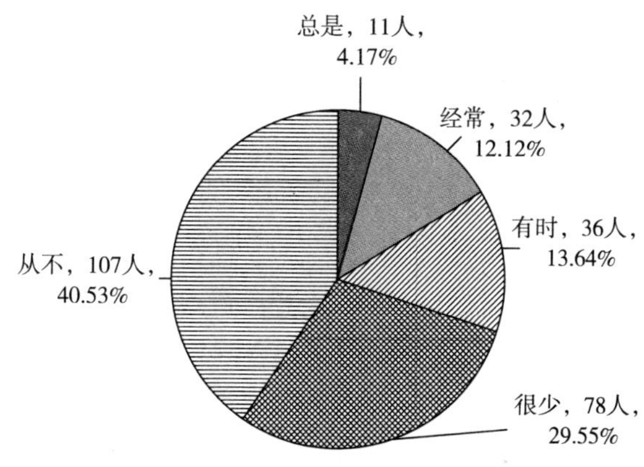

图4-98 卫生技术人员工作受健康影响频率情况

2）农业技术人员。

本次调查的农业技术人员中，7 人表示工作总是受到健康问题影响，占比为 1. 82%；40 人表示工作经常受到健康问题影响，占比为 10. 42%；63 人表示工作有时受到健康问题影响，占比为 16. 41%；142 人表示工作很少受到健康问题影响，占比为 36. 98%；132 人表示工作从不受到健康问题影响，占比为 34. 38%。该类科技工作者中，工作受健康影响频率均值为 3. 92，农业技术人员工作很少受健康问题影响（见图 4-99）。

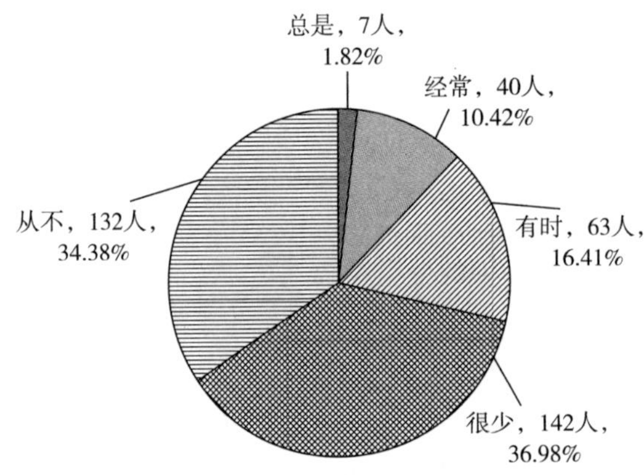

图 4-99　农业技术人员工作受健康影响频率情况

3）科学研究人员。

本次调查的科学研究人员中，5 人表示工作总是受到健康问题影响，占比为 3. 62%；9 人表示工作经常受到健康问题影响，占比为 6. 52%；17 人表示工作有时受到健康问题影响，占比为 12. 32%；53 人表示工作很少受到健康问题影响，占比为 38. 41%；54 人表示工作从不受到健康问题影响，占比为 39. 13%。该类科技工作者中，工作受健康影响频率均值为 4. 03，科学研究人员工作很少受健康问题影响（见图 4-100）。

4）自科教学人员。

本次调查的自科教学人员中，25 人表示工作总是受到健康问题影响，占比为 3. 62%；48 人表示工作经常受到健康问题影响，占比为 6. 96%；106 人表示工作有时受到健康问题影响，占比为 15. 36%；235 人表示工作很少受到健康问题影响，占比为 34. 06%；276 人表示工作从不受到健康问题影响，占比为 40. 00%。该类科技工作者中，工作受健康影响频率均值为 4. 00，自科教学人员

工作很少受健康问题影响（见图 4-101）。

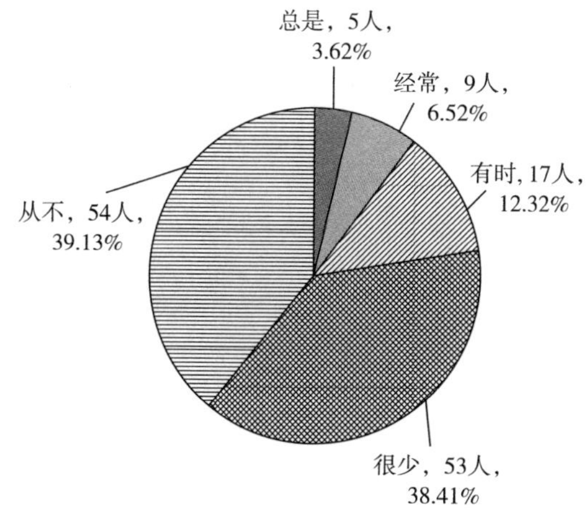

图 4-100　科学研究人员工作受健康影响频率情况

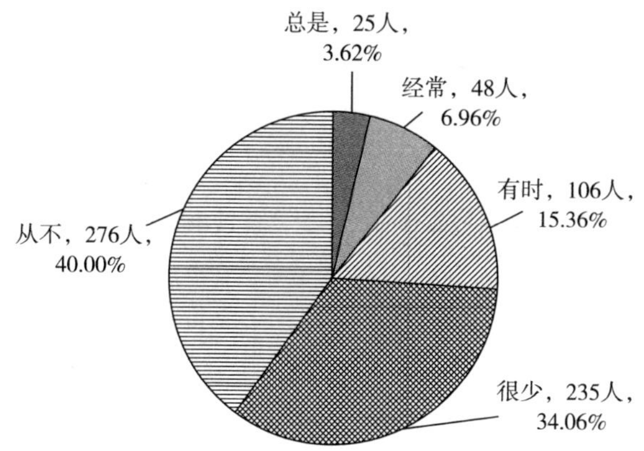

图 4-101　自科教学人员工作受健康影响频率情况

5）工程技术人员。

本次调查的工程技术人员中，17 人表示工作总是受到健康问题影响，占比为 3.06%；31 人表示工作经常受到健康问题影响，占比为 5.59%；91 人表示工作有时受到健康问题影响，占比为 16.40%；208 人表示工作很少受到健康问题影响，占比为 37.48%；208 人表示工作从不受到健康问题影响，占比为 37.48%。该类科技工作者中，工作受健康影响频率均值为 4.01，工程技术人员工作很少受健康问题影响（见图 4-102）。

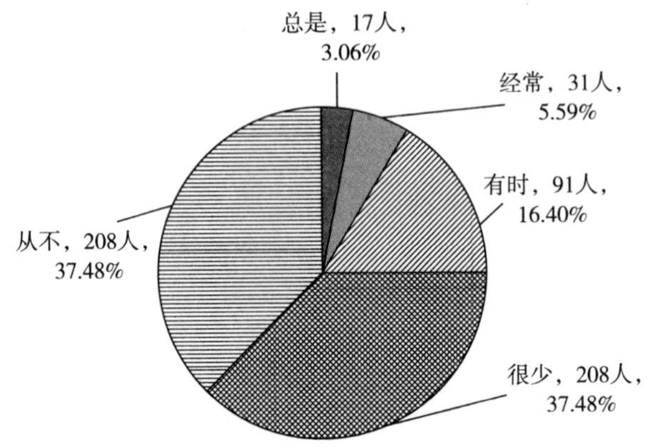

图 4-102　工程技术人员工作受健康影响频率情况

各类科技工作者之间的社会地位认知差距不大、分布相似，与整体相同科技工作者工作很少受健康影响。

4.4.4.2　工作受身体健康状况影响程度

对新疆科学工作者身体健康状况对工作的影响程度进行调查（见表 4-17）。

表 4-17　新疆科技工作者工作受身体健康状况影响程度情况 单位：人，%

科技工作者类型		非常小	比较小	一般	比较大	非常大	总计	均值
卫生技术人员	人数	4	5	14	49	192	264	4.59
	占比	1.52	1.89	5.30	18.56	72.73	100.00	
农业技术人员	人数	4	11	24	73	272	384	4.56
	占比	1.04	2.86	6.25	19.01	70.83	100.00	
科学研究人员	人数	0	5	7	23	103	138	4.62
	占比	0.00	3.62	5.07	16.67	74.64	100.00	
自科教学人员	人数	7	21	34	137	491	690	4.57
	占比	1.01	3.04	4.93	19.86	71.16	100.00	
工程技术人员	人数	11	13	24	113	394	555	4.56
	占比	1.98	2.34	4.32	20.36	70.99	100.00	
总计	人数	26	55	103	395	1452	2031	4.57
	占比	1.28	2.71	5.07	19.45	71.49	100.00	

（1）工作受身体健康状况影响程度整体性描述。

本次调查的科技工作者中，26 人表示工作受身体健康状况影响非常小，占比为 1.28%；55 人表示工作受身体健康状况影响比较小，占比为 2.71%；103 人表示工作受身体健康状况影响一般，占比为 5.07%；395 人表示工作受身体健康状况影响比较大，占比为 19.45%；1452 人表示工作受身体健康状况影响非常大，占比为 71.49%。科技工作者受身体健康状况影响程度均值为 4.57，科技工作者整体认为身体健康状况对工作影响程度介于比较大和非常大之间，其中超 70%的科技工作者认为影响非常大（见图 4-103）。

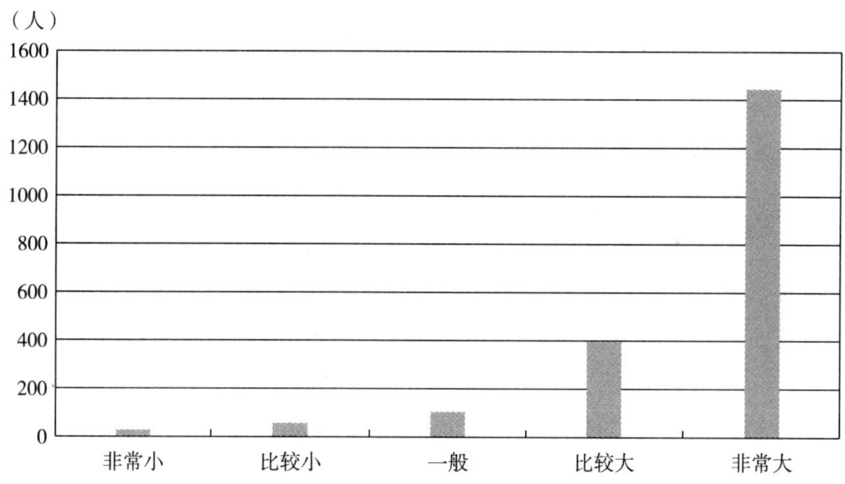

图 4-103 新疆科技工作人员工作受身体健康状况影响程度情况

（2）工作受身体健康状况影响程度的分类型描述。

针对五类新疆科技工作者，分别分析其工作受身体健康状况影响程度，具体如下：

1）卫生技术人员。

本次调查的卫生技术人员中，4 人表示工作受身体健康状况影响非常小，占比为 1.52%；5 人表示工作受身体健康状况影响比较小，占比为 1.89%；14 人表示工作受身体健康状况影响一般，占比为 5.30%；49 人表示工作受身体健康状况影响比较大，占比为 18.56%；192 人表示工作受身体健康状况影响非常大，占比为 72.73%。该类科技工作者中，受身体健康状况影响程度均值为 4.59，卫生技术人员整体认为身体健康状况对工作影响程度介于比较大和非常大之间，其中超 70%的卫生技术人员认为影响非常大（见图 4-104）。

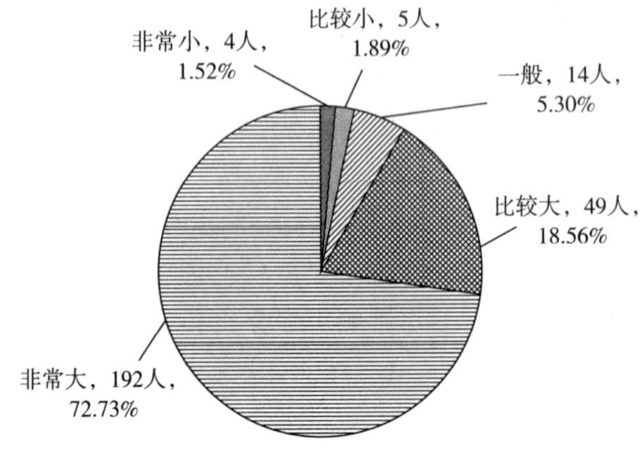

图 4-104　卫生技术人员工作受身体健康状况影响程度情况

2）农业技术人员。

本次调查的农业技术人员中，4 人表示工作受身体健康状况影响非常小，占比为 1.04%；11 人表示工作受身体健康状况影响比较小，占比为 2.86%；24 人表示工作受身体健康状况影响一般，占比为 6.25%；73 人表示工作受身体健康状况影响比较大，占比为 19.01%；272 人表示工作受身体健康状况影响非常大，占比为 70.83%。该类科技工作者中，受身体健康状况影响程度均值为 4.56，农业技术人员整体认为身体健康状况对工作影响程度介于比较大和非常大之间，其中超 70%的农业技术人员认为影响非常大（见图 4-105）。

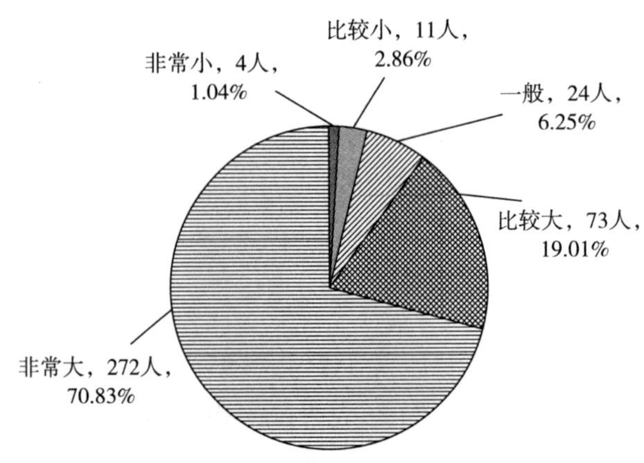

图 4-105　农业技术人员工作受身体健康状况影响程度情况

3）科学研究人员。

本次调查的科学研究人员中，0 人表示工作受身体健康状况影响非常小，占比为 0.00%；5 人表示工作受身体健康状况影响比较小，占比为 3.62%；7 人表示工作受身体健康状况影响一般，占比为 5.07%；23 人表示工作受身体健康状况影响比较大，占比为 16.67%；103 人表示工作受身体健康状况影响非常大，占比为 74.64%。该类科技工作者中，受身体健康状况影响程度均值为 4.62，科学研究人员整体认为身体健康状况对工作影响程度介于比较大和非常大之间，其中超 70%的科学研究人员认为影响非常大（见图 4-106）。

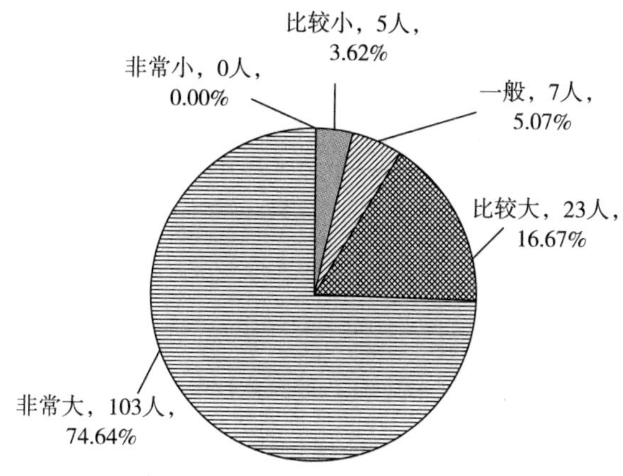

图 4-106　科学研究人员工作受身体健康状况影响程度情况

4）自科教学人员。

本次调查的自科教学人员中，7 人表示工作受身体健康状况影响非常小，占比为 1.01%；21 人表示工作受身体健康状况影响比较小，占比为 3.04%；34 人表示工作受身体健康状况影响一般，占比为 4.93%；137 人表示工作受身体健康状况影响比较大，占比为 19.86%；491 人表示工作受身体健康状况影响非常大，占比为 71.16%。该类科技工作者中，受身体健康状况影响程度均值为 4.57，自科教学人员整体认为身体健康状况对工作影响程度介于比较大和非常大之间，其中超 70%的自科教学人员认为影响非常大（见图 4-107）。

5）工程技术人员。

本次调查的工程技术人员中，11 人表示工作受身体健康状况影响非常小，占比为 1.98%；13 人表示工作受身体健康状况影响比较小，占比为 2.34%；24

人表示工作受身体健康状况影响一般，占比为4.32%；113人表示工作受身体健康状况影响比较大，占比为20.36%；394人表示工作受身体健康状况影响非常大，占比为70.99%。该类科技工作者中，受身体健康状况影响程度均值为4.56，工程技术人员整体认为身体健康状况对工作影响程度介于比较大和非常大之间，其中超70%的工程技术人员认为影响非常大（见图4-108）。

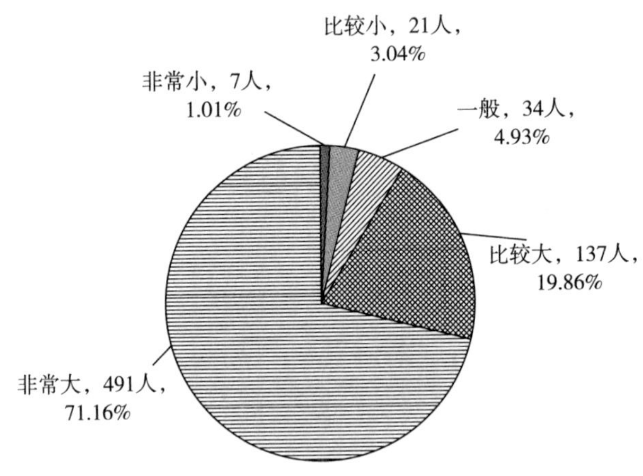

图4-107　自科教学人员工作受身体健康状况影响程度情况

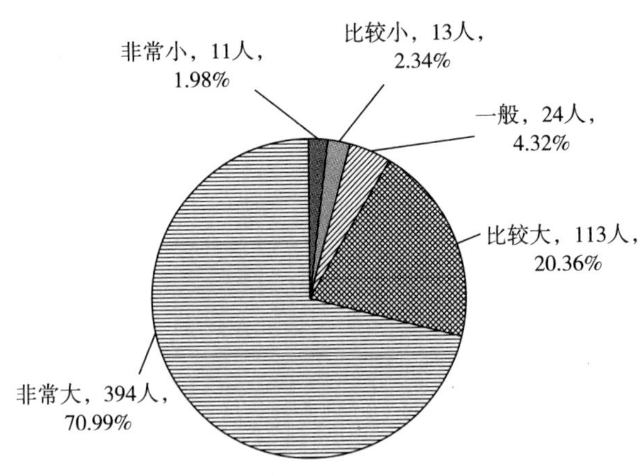

图4-108　工程技术人员工作受身体健康状况影响程度情况

各类科技工作者之间的社会地位认知差距不大、分布相似，与整体相同工作受身体健康状况影响程度均值在4.50左右，影响程度介于比较大和非常大之间，

且超 70%的科技工作者认为影响非常大。

4.4.4.3 工作受心理健康状况影响程度

对新疆科学工作者心理健康状况对工作的影响程度进行调查（见表 4-18）。

表 4-18 新疆科技工作者工作受心理健康状况影响程度情况 单位：人，%

科技工作者类型		非常小	比较小	一般	比较大	非常大	总计	均值
卫生技术人员	人数	2	0	6	107	149	264	4.52
	占比	0.76	0.00	2.27	40.53	56.44	100.00	
农业技术人员	人数	2	4	22	123	233	384	4.51
	占比	0.52	1.04	5.73	32.03	60.68	100.00	
科学研究人员	人数	0	0	6	48	84	138	4.57
	占比	0.00	0.00	4.35	34.78	60.87	100.00	
自科教学人员	人数	2	5	31	261	391	690	4.5
	占比	0.29	0.72	4.49	37.83	56.67	100.00	
工程技术人员	人数	0	6	27	204	318	555	4.5
	占比	0.00	1.08	4.86	36.76	57.30	100.00	
总计	人数	6	15	92	743	1175	2031	4.51
	占比	0.30	0.74	4.53	36.58	57.85	100.00	

（1）工作受心理健康状况影响程度整体性描述。

本次调查的科技工作者中，6 人表示工作受心理健康状况影响非常小，占比为 0.30%；15 人表示工作受心理健康状况影响比较小，占比为 0.74%；92 人表示工作受心理健康状况影响一般，占比为 4.53%；743 人表示工作受心理健康状况影响比较大，占比为 36.58%；1175 人表示工作受心理健康状况影响非常大，占比为 57.85%。科技工作者受心理健康状况影响程度均值为 4.51，科技工作者整体认为心理健康状况对工作影响程度介于比较大和非常大之间，其中近 60%的科技工作者认为影响程度非常大（见图 4-109）。

（2）工作受心理健康状况影响程度的分类型描述。

针对五类新疆科技工作者，分别分析其工作受心理健康状况影响程度，具体如下：

1）卫生技术人员。

本次调查的卫生技术人员中，2 人表示工作受心理健康状况影响非常小，占比为 0.76%；0 人表示工作受心理健康状况影响比较小，占比为 0.00%；6 人表示工作受心理健康状况影响一般，占比为 2. 27%；107 人表示工作受心理健康状况影响比较大，占比为 40. 53%；149 人表示工作受心理健康状况影响非常大，占比为 56. 44%。该类科技工作者中，受心理健康状况影响程度均值为 4. 52，卫生技术人员整体认为心理健康状况对工作影响程度介于比较大和非常大之间，其中近 60%的卫生技术人员认为影响程度非常大（见图 4-110）。

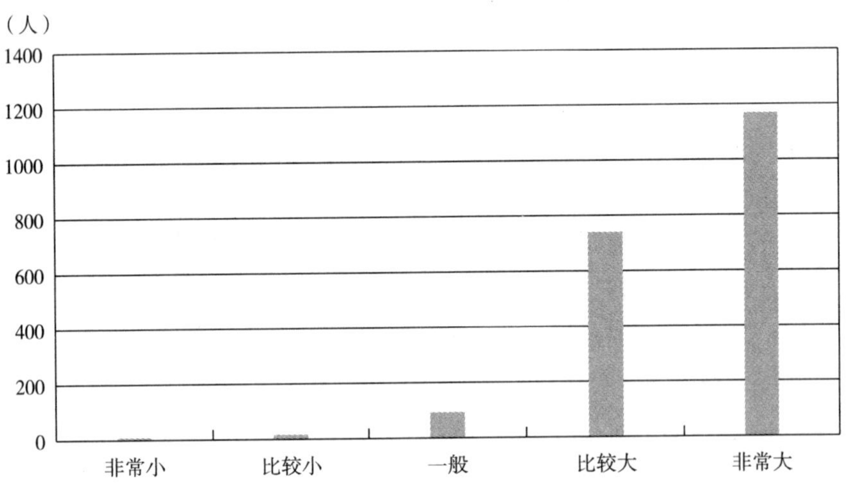

图 4-109　新疆科技工作人员工作受心理健康状况影响程度情况

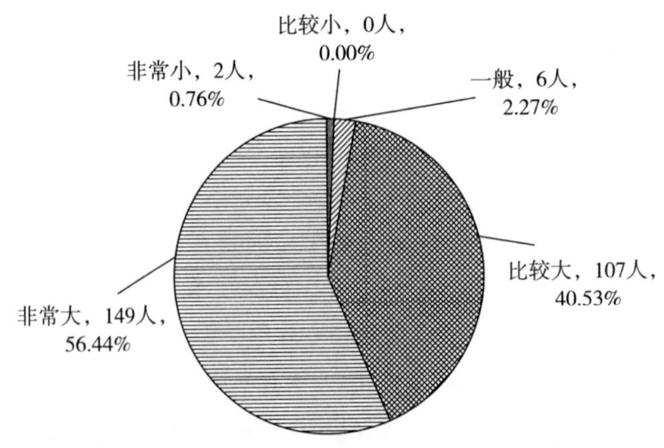

图 4-110　卫生技术人员工作受心理健康状况影响程度情况

2）农业技术人员。

本次调查的农业技术人员中，2 人表示工作受心理健康状况影响非常小，占

比为0.52%；4人表示工作受心理健康状况影响比较小，占比为1.04%；22人表示工作受心理健康状况影响一般，占比为5.73%；123人表示工作受心理健康状况影响比较大，占比为32.03%；233人表示工作受心理健康状况影响非常大，占比为60.68%。该类科技工作者中，受心理健康状况影响程度均值为4.51，农业技术人员整体认为心理健康状况对工作影响程度介于比较大和非常大之间，其中近60%的农业技术人员认为影响程度非常大（见图4-111）。

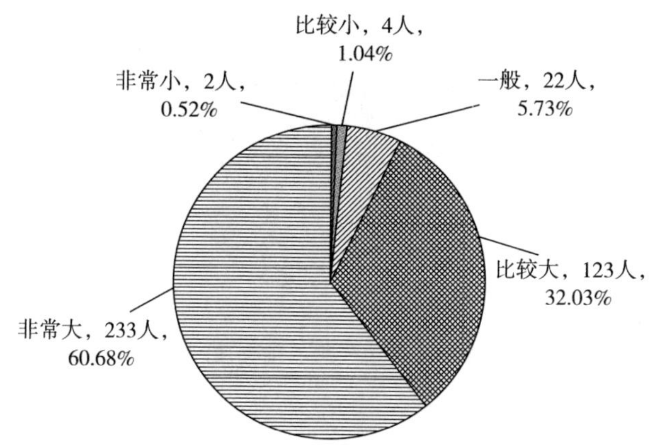

图4-111　农业技术人员工作受心理健康状况影响程度情况

3）科学研究人员。

本次调查的科学研究人员中，0人表示工作受心理健康状况影响非常小，占比为0.00%；0人表示工作受心理健康状况影响比较小，占比为0.00%；6人表示工作受心理健康状况影响一般，占比为4.35%；48人表示工作受心理健康状况影响比较大，占比为34.78%；84人表示工作受心理健康状况影响非常大，占比为60.87%。该类科技工作者中，受心理健康状况影响程度均值为4.57，科学研究人员整体认为心理健康状况对工作影响程度介于比较大和非常大之间，其中近60%的科学研究人员认为影响程度非常大（见图4-112）。

4）自科教学人员。

本次调查的自科教学人员中，0人表示工作受心理健康状况影响非常小，占比为0.00%；6人表示工作受心理健康状况影响比较小，占比为1.08%；27人表示工作受心理健康状况影响一般，占比为4.88%；204人表示工作受心理健康状况影响比较大，占比为36.76%；318人表示工作受心理健康状况影响非常大，占比为 57. 30%。该类科技工作者中，受心理健康状况影响程度均值为 4. 50，自科教学人员整体认为心理健康状况对工作影响程度介于比较大和非常大之间，其中近 60%的自科教学人员认为影响程度非常大（见图 4-113）。

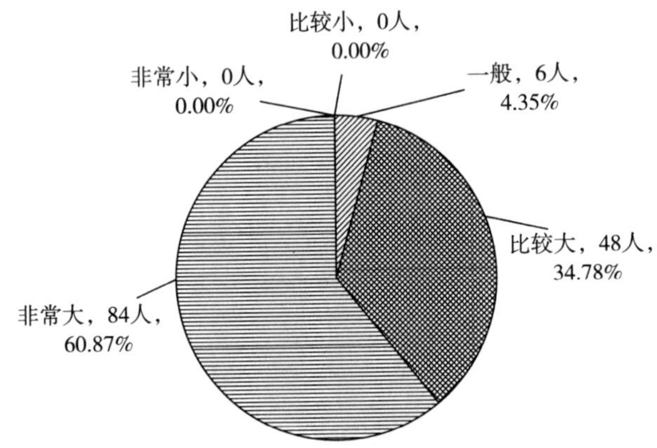

图 4-112　科学研究人员工作受心理健康状况影响程度情况

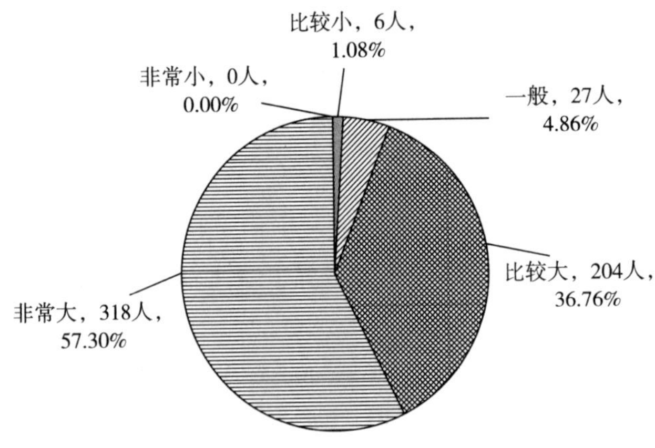

图 4-113　自科教学人员工作受心理健康状况影响程度情况

5）工程技术人员。

本次调查的工程技术人员中，0 人表示工作受心理健康状况影响非常小，占比为 0. 00%；6 人表示工作受心理健康状况影响比较小，占比为 1. 08%；27 人表示工作受心理健康状况影响一般，占比为 4. 86%；204 人表示工作受心理健康状况影响比较大，占比为 36. 76%；318 人表示工作受心理健康状况影响非常大，

占比为 57.30%。该类科技工作者中，受心理健康状况影响程度均值为 4.50，工程技术人员整体认为心理健康状况对工作影响程度介于比较大和非常大之间，其中近 60%的工程技术人员认为影响程度非常大（见图 4-114）。

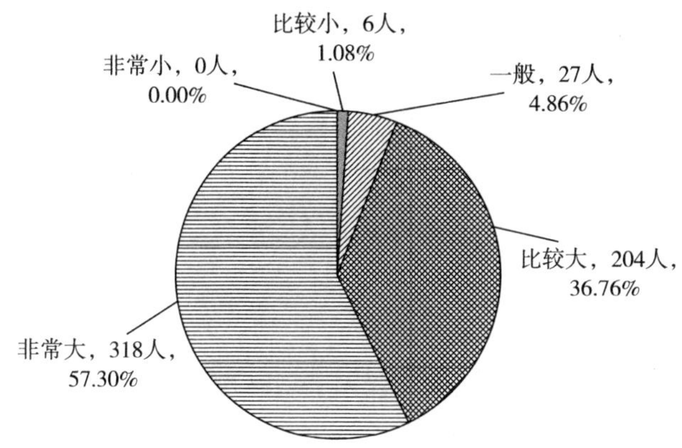

图 4-114　工程技术人员工作受心理健康状况影响程度情况

各类科技工作者之间的社会地位认知差距不大、分布相似，与整体相同工作受心理健康状况影响程度均值在 4.50 左右，影响程度介于比较大和非常大之间，且近 60%的科技工作者认为影响非常大。

4.4.5　科技工作者身心健康状况分析

本次调查基于新疆科技工作者的抽样调查数据，全面了解科技工作者在身体健康、心理健康、体育锻炼、身心健康对工作的综合影响四个方面的情况。调查结果显示，新疆各类科技工作者的身心健康状况特点基本与整体特点一致，在身体健康、心理健康、体育锻炼、身心健康方面均有体现，具体分析如下：

在身体健康方面，近一半的科技工作者认为自己的身体比较健康，约 1/3 的科技工作者认为自己的身体很健康。总体来看，科技工作者整体认为不存在身体健康问题，但也应定期组织科技工作者进行身体体检以避免出现潜在健康问题，为科技工作者保障身体健康提供健身器材、参加体育活动机会。

在心理健康方面，过半数的科技工作者表示从未感到心情抑郁或沮丧，同时科学工作者表示感到困难堆积得越来越多无法克服它们的频率很低。综合科技工作者的抑郁情绪情况和压力知觉情况来看，科技工作者整体出现心理问题的较少。但心理健康问题不容忽视，应增加心理健康知识讲座、鼓励科技人才参加心理教育相关活动，多方面促进心理健康问题重视度提高。

在体育锻炼方面，科技工作者每周参加体育锻炼活动次数介于2~3次，约1/3的科技工作者不参加体育锻炼活动。这说明体育锻炼活动参与度低，这可能是由于对体育锻炼重视程度较低，工作繁忙缺乏参与体育锻炼活动的时间与精力。

在身心健康对工作的综合影响方面，科技工作者整体表示很少受健康问题影响，同时科技工作者认为工作受身体和心理健康状况影响非常，但认为身体健康非常重要的比例低于认为心理健康非常重要的比例。总体来看，科技工作者认可身心健康对于工作的重要性，但对心理健康的重视还有提高空间。

4.5 职业发展情况

本次调查从科技人才的工作产出、进修学习、资源分配、成果评价、工作困扰、收入水平、职业倦怠、科技知识普及等方面对新疆科技工作者的职业发展情况进行了调查，基本情况如下：

4.5.1 工作产出

了解科技工作者对各类工作产出的态度，有利于建立更有效更个性化的激励措施，进而提高科技人才的工作积极性。本次调查通过了解科技工作者最看重的工作产出方面，来了解新疆科技工作者的工作产出状况，调查结果如下文所述。

4.5.1.1 工作产出认识状况整体性描述

本次调查的新疆科技工作者中，看重获得产业界认可的有18人，占比为0.89%；看重获得政府部门认可的有123人，占比为6.06%；看重发表论文或出版专著的有326人，占比为16.05%；看重科研项目级别和经费的有614人，占比为30.23%；看重成果转化能力的有507人，占比为24.96%；看重获得科技奖励的有307人，占比为15.12%；看重科研能力的有101人，占比为4.97%；看重科普贡献的有32人，占比为1.58%。总体来看，受本次调查的新疆科技工作者中，科研项目级别和经费最受重视，其次是成果转化能力（见图4-115）。

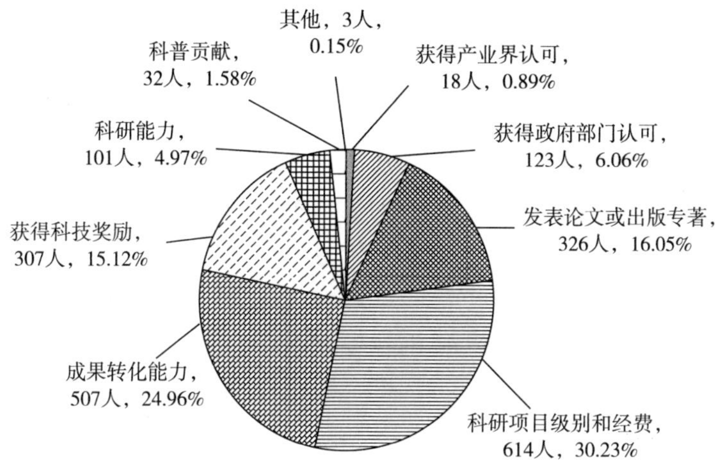

图 4-115　新疆科技工作者工作产出状况分布情况

4.5.1.2　工作产出认识状况分类型描述

本次调查的卫生技术人员中，看重获得产业界认可的有 5 人，占比为 1.89%；看重获得政府部门认可的有 20 人，占比为 7.58%；看重发表论文或出版专著的有 44 人，占比为 16.67%；看重科研项目级别和经费的有 81 人，占比为 30.68%；看重成果转化能力的有 61 人，占比为 23.11%；看重获得科技奖励的有 35 人，占比为 13.26%；看重科研能力的有 14 人，占比为 5.30%；看重科普贡献的有 4 人，占比为 1.52%（见图 4-116）。

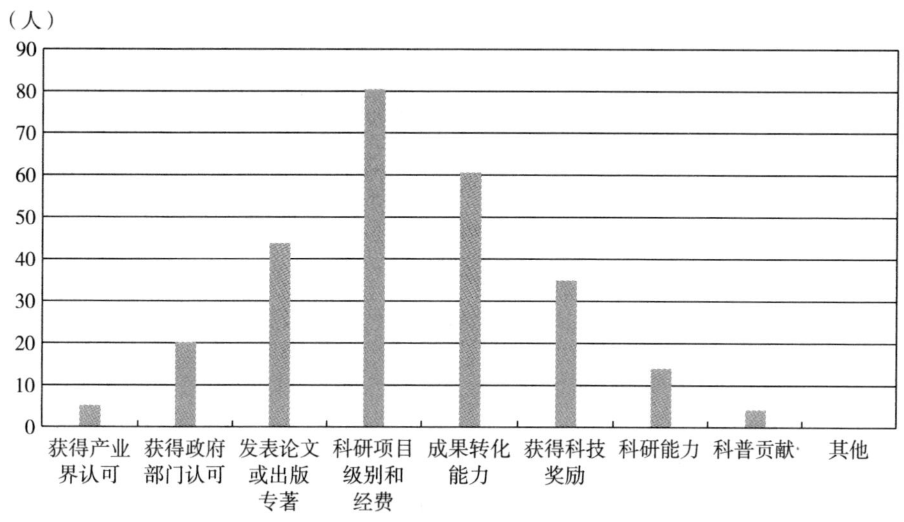

图 4-116　卫生技术人员工作产出状况分布情况

本次调查的农业技术人员中，看重获得产业界认可的有 1 人，占比为 0.26%；看重获得政府部门认可的有 19 人，占比为 4.95%；看重发表论文或出版专著的有 61 人，占比为 15.89%；看重科研项目级别和经费的有 115 人，占比为 29.95%；看重成果转化能力的有 101 人，占比为 26.30%；看重获得科技奖励的有 63 人，占比为 16.41%；看重科研能力的有 17 人，占比为 4.43%；看重科普贡献的有 5 人，占比为 1.30%（见图 4-117）。

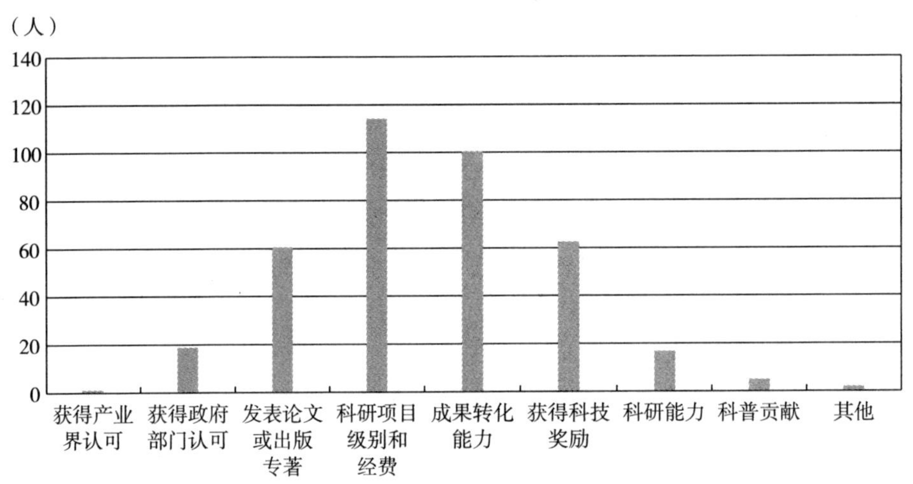

图 4-117　农业技术人员工作产出状况分布情况

本次调查的科学研究人员中，看重获得产业界认可的有 1 人，占比为 0.72%；看重获得政府部门认可的有 9 人，占比为 6.52%；看重发表论文或出版专著的有 25 人，占比为 18.12%；看重科研项目级别和经费的有 39 人，占比为 28.26%；看重成果转化能力的有 29 人，占比为 21.01%；看重获得科技奖励的有 27 人，占比为 19.57%；看重科研能力的有 5 人，占比为 3.62%；看重科普贡献的有 3 人，占比为 2.17%（见图 4-118）。

本次调查的自科教学人员中，看重获得产业界认可的有 9 人，占比为 1.30%；看重获得政府部门认可的有 43 人，占比为 6.23%；看重发表论文或出版专著的有 107 人，占比为 15.51%；看重科研项目级别和经费的有 188 人，占比为 27.25%；看重成果转化能力的有 194 人，占比为 28.12%；看重获得科技奖励的有 98 人，占比为 14.20%；看重科研能力的有 41 人，占比为 5.94%；看重科普贡献的有 9 人，占比为 1.30%（见图 4-119）。

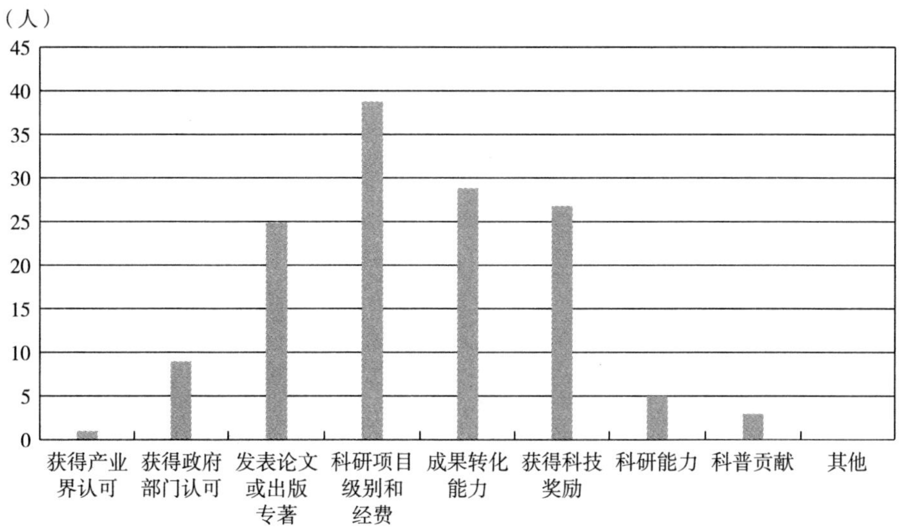

图 4-118　科学研究人员工作产出状况分布情况

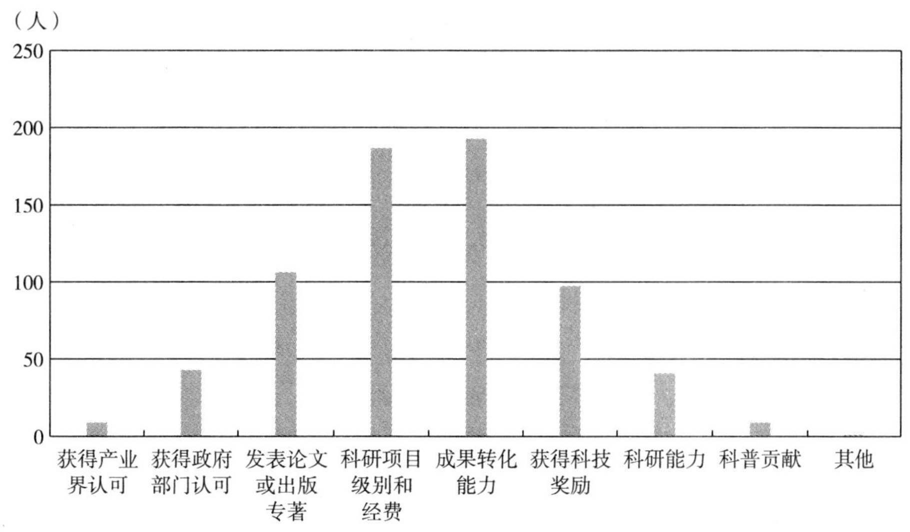

图 4-119　自科教学人员工作产出状况分布情况

本次调查的工程技术人员中，看重获得产业界认可的有 2 人，占比为 0.36%；看重获得政府部门认可的有 32 人，占比为 5.77%；看重发表论文或出版专著的有 89 人，占比为 16.04%；看重科研项目级别和经费的有 191 人，占比为 34.41%；看重成果转化能力的有 122 人，占比为 21.98%；看重获得科技奖励的有 84 人，占比为 15.14%；看重科研能力的有 24 人，占比为 4.32%；看重科普贡献的有 11 人，占比为 1.98%（见图 4-120）。

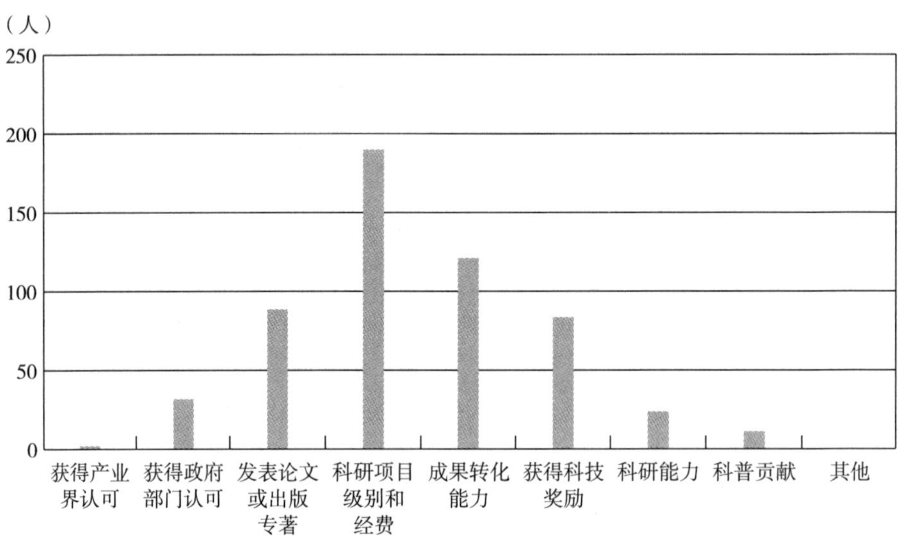

图 4-120　工程技术人员工作产出状况分布情况

本次调查的各类科学工作者中，各类科技工作者之间的关于工作产出的认知差距不大，对产业界认可和科普贡献的重视度都不高，都最看重科研项目级别和经费，尤其是工程技术人员。

4.5.2　进修学习

进修学习能够进一步提高科技人才的素质，调查科技工作者对进修学习的态度，可以了解科技人才的职业发展规划、工作积极性等方面的情况。本次调查选取问题“您觉得自己目前是否需要进修或学习?”来了解新疆科技工作者对进修学习的态度状况，调查结果如表 4-19 所示。

表 4-19　新疆科技工作者进修学习状况分布情况　　单位：人，%

科技工作者类型		非常需要	比较需要	一般	不太需要	完全不需要	总计	均值
卫生技术人员	人数	212	30	15	7	0	264	1.31
	占比	80.30	11.36	5.68	2.65	0.00	100.00	

续表

科技工作者类型		非常需要	比较需要	一般	不太需要	完全不需要	总计	均值
农业技术人员	人数	293	61	18	10	2	384	1.35
	占比	76.30	15.89	4.69	2.60	0.52	100.00	
科学研究人员	人数	117	13	6	2	0	138	1.22
	占比	84.78	9.42	4.35	1.45	0.00	100.00	
自科教学人员	人数	534	84	44	19	9	690	1.38
	占比	77.39	12.17	6.38	2.75	1.30	100.00	
工程技术人员	人数	441	68	27	11	8	555	1.34
	占比	79.46	12.25	4.86	1.98	1.44	100.00	
总计	人数	1597	256	110	49	19	2031	1.34
	占比	78.63	12.60	5.42	2.41	0.94	100.00	

4.5.2.1　进修学习状况整体性描述

本次调查的新疆科技工作者中，认为当前自己非常需要进修学习的有 1597 人，占比为 78.63%；认为比较需要进修学习的有 256 人，占比为 12.60%；认为一般需要进修学习的有 110 人，占比为 5.42%；认为不太需要进修学习的有 49 人，占比为 2.41%；认为完全不需要进修学习的有 19 人，占比为 0.94%。总体来看，在本次调查的新疆科技工作者中，除很少一部分对进修学习持消极态度，其余科技工作者均认可进修学习的必要性，约八成的科技工作者认为进修学习非常必要（见图 4-121）。

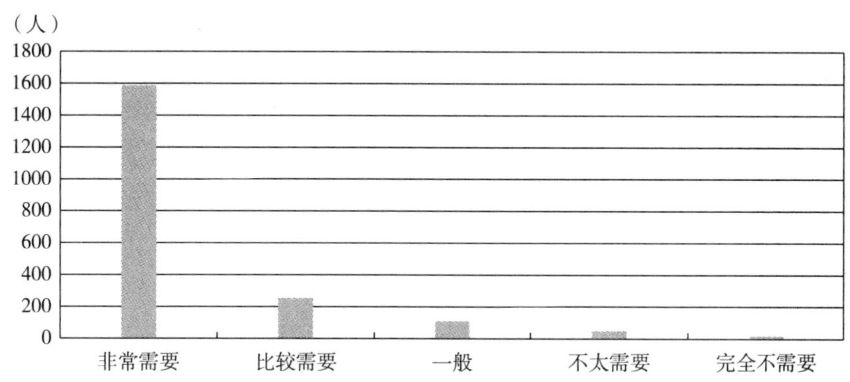

图 4-121　新疆科技工作者进修学习状况分布情况

4.5.2.2　进修学习状况分类型描述

本次调查的卫生技术人员中，认为当前自己非常需要进修学习的有 212 人，占比为 80.30%；认为比较需要进修学习的有 30 人，占比为 11.36%；认为一般的有 15 人，占比为 5.68%；认为不太需要进修学习的有 7 人，占比为 2.65%；认为完全不需要进修学习的有 0 人，占比为 0.00%（见图 4-122）。

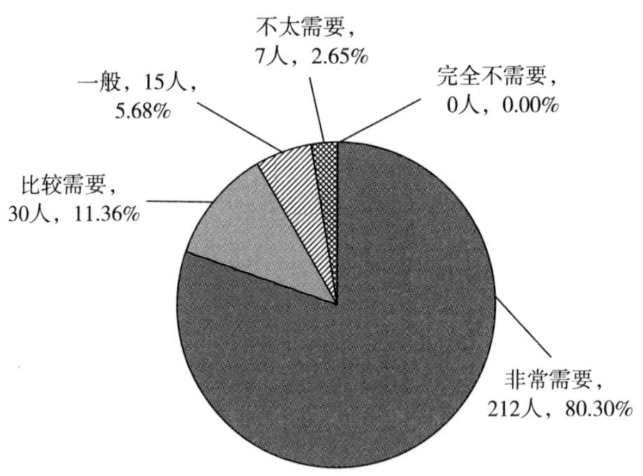

图 4-122　卫生技术人员进修学习状况分布情况

本次调查的农业技术人员中，认为当前自己非常需要进修学习的有 293 人，占比为 76.30%；认为比较需要进修学习的有 61 人，占比为 15.89%；认为一般的有 18 人，占比为 4.69%；认为不太需要进修学习的有 10 人，占比为 2.60%；认为完全不需要进修学习的有 2 人，占比为 0.52%（见图 4-123）。

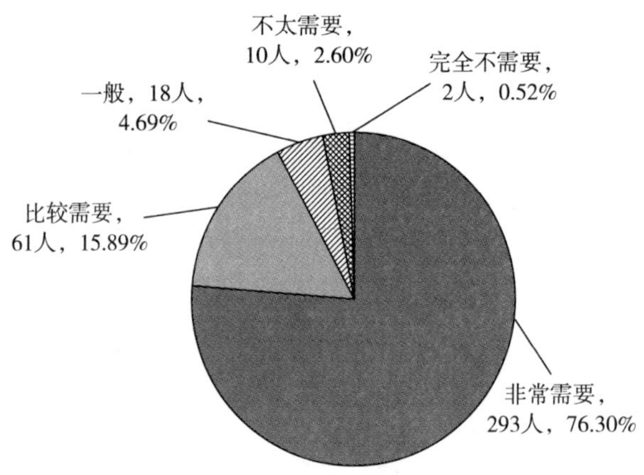

图 4-123　农业技术人员进修学习状况分布情况

本次调查的科学研究人员中，认为当前自己非常需要进修学习的有 117 人，占比为 84. 78%；认为比较需要进修学习的有 13 人，占比为 9. 42%；认为一般的有 6 人，占比为 4. 35%；认为不太需要进修学习的有 2 人，占比为 1. 45%；认为完全不需要进修学习的有 0 人，占比为 0. 00%（见图 4-124）。

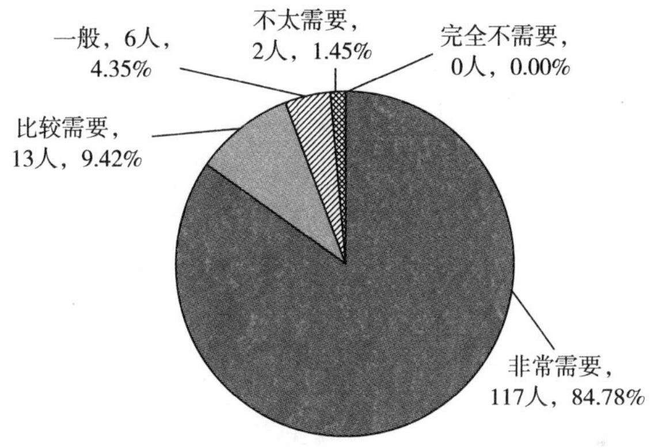

图 4-124　科学研究人员进修学习状况分布情况

本次调查的自科教学人员中，认为当前自己非常需要进修学习的有 534 人，占比为 77. 39%；认为比较需要进修学习的有 84 人，占比为 12. 17%；认为一般的有 44 人，占比为 6. 38%；认为不太需要进修学习的有 19 人，占比为 2. 75%；认为完全不需要进修学习的有 9 人，占比为 1. 30%（见图 4-125）。

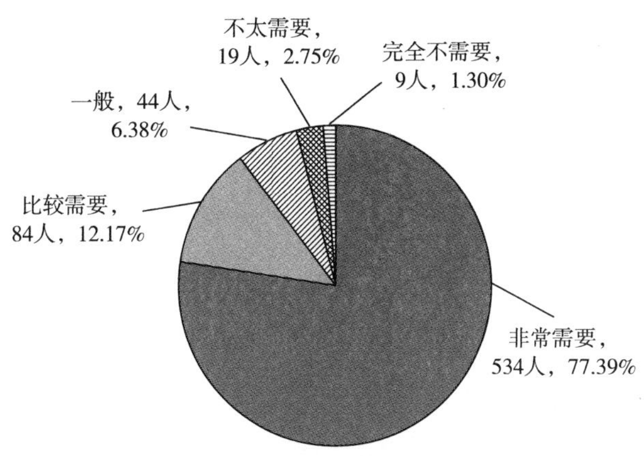

图 4-125　自科教学人员进修学习状况分布情况

本次调查的工程技术人员中，认为当前自己非常需要进修学习的有 441 人，占比为 79.46%；认为比较需要进修学习的有 68 人，占比为 12.25%；认为一般的有 27 人，占比为 4.86%；认为不太需要进修学习的有 11 人，占比为 1.98%；认为完全不需要进修学习的有 8 人，占比为 1.44%（见图 4-126）。

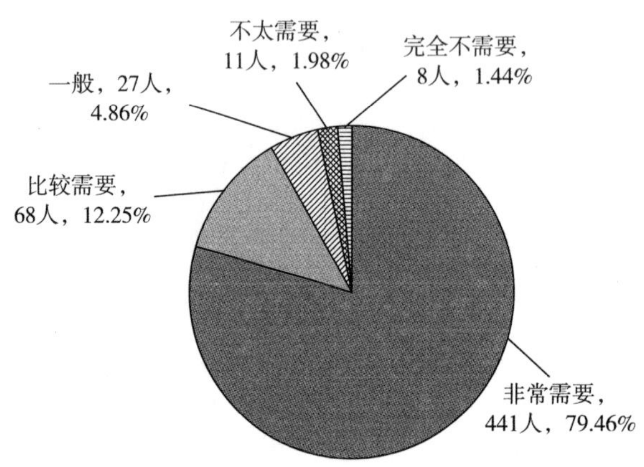

图 4-126　工程技术人员进修学习状况分布情况

本次调查的各类科学工作者中，其进修学习的态度调查结果的均值落在非常需要与比较需要之间，均有约 90%的科技人才对进修学习表示出不同程度的需求，大部分科技人才认为自己非常需要进行进修学习，其中科学研究人员对进修学习的需求更突出。

4.5.3　资源分配

资源分配即对现有科技资源的配置，科技资源是科技创新活动的基础，科技人才对资源分配的态度直接影响其工作动机和工作行为。本次调查通过科技人才对单位的科技资源分配情况的态度，来了解新疆科技工作者的资源分配状况，调查结果如表 4-20 所示：

表 4-20　新疆科技工作者资源分配状况分布情况　　单位：人，%

科技工作者类型		非常不满意	比较不满意	一般	比较满意	非常满意	总计	均值
卫生技术人员	人数	23	67	55	102	17	264	3.09
	占比	8.71	25.38	20.83	38.64	6.44	100.00	
农业技术人员	人数	37	103	61	146	37	384	3.11
	占比	9.64	26.82	15.89	38.02	9.64	100.00	

续表

科技工作者类型		非常不满意	比较不满意	一般	比较满意	非常满意	总计	均值
科学研究人员	人数	9	42	25	49	13	138	3.11
	占比	6.52	30.43	18.12	35.51	9.42	100.00	
自科教学人员	人数	62	194	129	235	70	690	3.08
	占比	8.99	28.12	18.7	34.06	10.14	100.00	
工程技术人员	人数	38	148	105	214	50	555	3.16
	占比	6.85	26.67	18.92	38.56	9.01	100.00	
总计	人数	169	554	375	746	187	2031	3.11
	占比	8.32	27.28	18.46	36.73	9.21	100.00	

4.5.3.1 资源分配状况整体性描述

本次调查的新疆科技工作者中，对单位科技资源分配非常不满意的有169人，占比为8.32%；对单位科技资源分配比较不满意的有554人，占比为27.28%；认为单位科技资源分配一般的有375人，占比为18.46%；对单位科技资源分配比较满意的有746人，占比为36.73%；对单位科技资源分配非常满意的有187位，占比为9.21%。总体来看，受本次调查的新疆科技工作者中，对资源分配比较满意的科学工作者占比最高，其次是对资源分配比较不满意的人员，对资源分配感到非常满意或非常不满意的人数占比均不超过10%（见图4-127）。

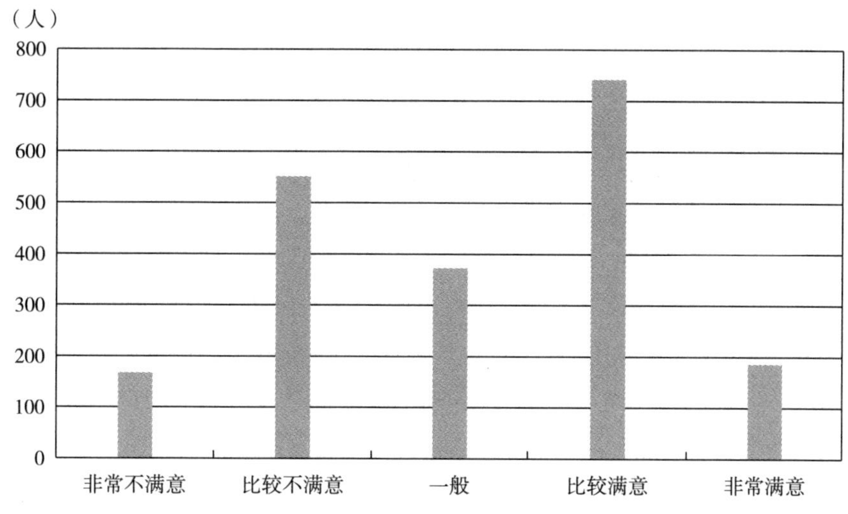

图4-127 新疆科技工作者资源分配状况分布情况

4.5.3.2　资源分配状况分类型描述

本次调查的卫生技术人员中，对单位科技资源分配非常不满意的有 23 人，占比为 8.71%；对单位科技资源分配比较不满意的有 67 人，占比为 25.38%；认为单位科技资源分配一般的有 55 人，占比为 20.83%；对单位科技资源分配比较满意的有 102 人，占比为 38.64%；对单位科技资源分配非常满意的有 17 人，占比为 6.44%（见图 4-128）。

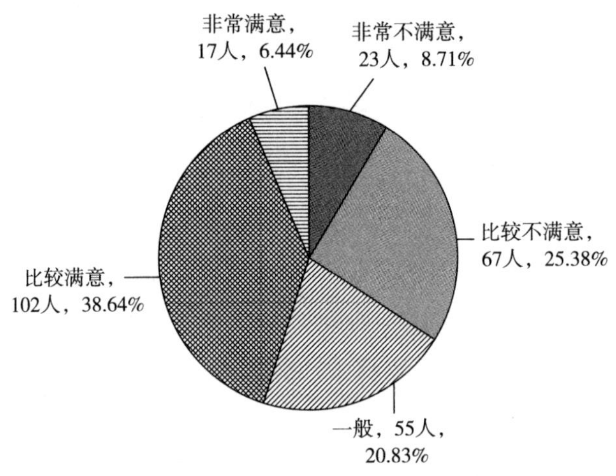

图 4-128　卫生技术人员资源分配状况分布情况

本次调查的农业技术人员中，对单位科技资源分配非常不满意的有 37 人，占比为 9.64%；对单位科技资源分配比较不满意的有 103 人，占比为 26.82%；认为单位科技资源分配一般的有 61 人，占比为 15.89%；对单位科技资源分配比较满意的有 146 人，占比为 38.02%；对单位科技资源分配非常满意的有 37 人，占比为 9.64%（见图 4-129）。

本次调查的科学研究人员中，对单位科技资源分配非常不满意的有 9 人，占比为 6.52%；对单位科技资源分配比较不满意的有 42 人，占比为 30.43%；认为单位科技资源分配一般的有 25 人，占比为 18.12%；对单位科技资源分配比较满意的有 49 人，占比为 35.51%；对单位科技资源分配非常满意的有 13 人，占比为 9.42%（见图 4-130）。

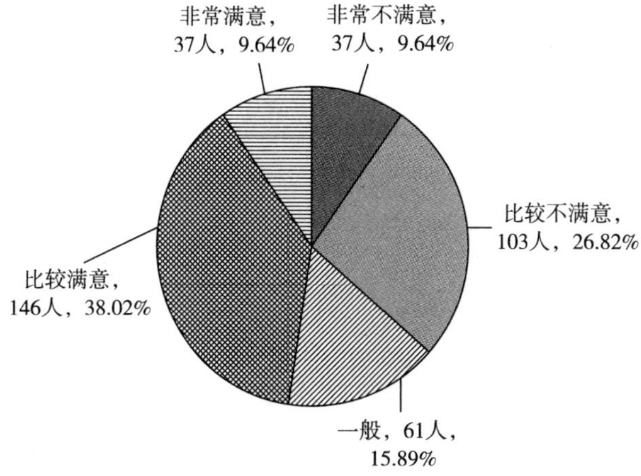

图4-129 农业技术人员资源分配状况分布情况

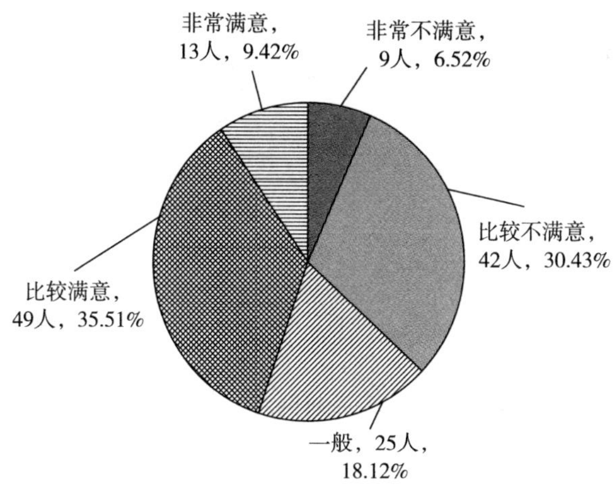

图4-130 科学研究人员资源分配状况分布情况

本次调查的自科教学人员中，对单位科技资源分配非常不满意的有62人，占比为8.99%；对单位科技资源分配比较不满意的有194人，占比为28.12%；认为单位科技资源分配一般的有129人，占比为18.70%；对单位科技资源分配比较满意的有235人，占比为34.06%；对单位科技资源分配非常满意的有70人，占比为10.14%（见图4-131）。

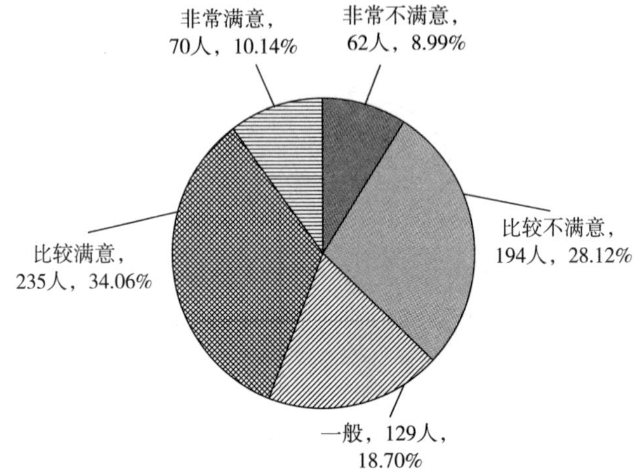

图 4-131 自科教学人员资源分配状况分布情况

本次调查的工程技术人员中，对单位科技资源分配非常不满意的有 38 人，占比为 6.85%；对单位科技资源分配比较不满意的有 148 人，占比为 26.67%；认为单位科技资源分配一般的有 105 人，占比为 18.92%；对单位科技资源分配比较满意的有 214 人，占比为 38.56%；对单位科技资源分配非常满意的有 50 人，占比为 9.01%（见图 4-132）。

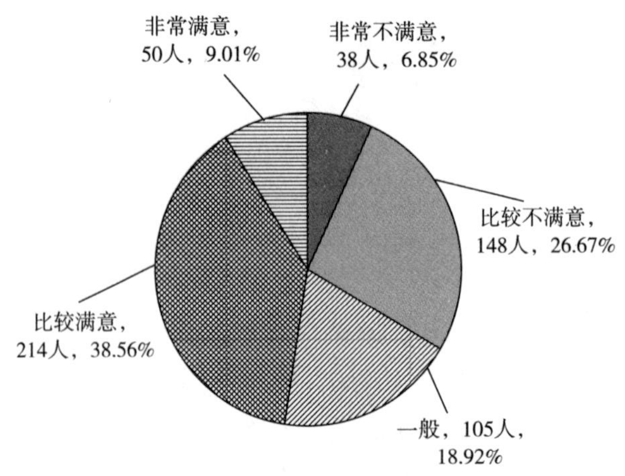

图 4-132 工程技术人员资源分配状况分布情况

本次调查的各类科学工作者对单位科技资源分配的满意程度的均值都落在一

般与比较满意之间，其分布特征与整体情况类似，即人数占比最多的是比较满意类人员、其次是比较不满意类人员非常不满意类的科学工作者占比最少。

4.5.4　成果评价

成果评价指对科技成果的工作质量、学术水平、实际应用和成熟程度等予以客观的、具体的、恰当的评价，其有一套完整的科技成果评价制度。本次调查通过科技人才对科技成果评价制度的评价，来了解新疆科技工作者的成果评价状况，调查结果如表 4-21 所示。

表 4-21　新疆科技工作者成果评价状况分布情况　　单位：人，%

科技工作者类型		非常不科学	比较不科学	一般	比较科学	非常科学	总计	均值
卫生技术人员	人数	45	35	44	56	84	264	3.38
	占比	17.05	13.26	16.67	21.21	31.82	100.00	
农业技术人员	人数	59	67	56	86	116	384	3.35
	占比	15.36	17.45	14.58	22.40	30.21	100.00	
科学研究人员	人数	29	15	33	29	32	138	3.14
	占比	21.01	10.87	23.91	21.01	23.19	100.00	
自科教学人员	人数	106	99	125	132	228	690	3.40
	占比	15.36	14.35	18.12	19.13	33.04	100.00	
工程技术人员	人数	99	77	104	103	172	555	3.31
	占比	17.84	13.87	18.74	18.56	30.99	100.00	
总计	人数	338	293	362	406	632	2031	3.35
	占比	16.64	14.43	17.82	19.99	31.12	100.00	

4.5.4.1　成果评价状况整体性描述

本次调查的新疆科技工作者中，认为科技成果评价制度非常不科学的有 338 人，占比为 16.64%；认为科技成果评价制度比较不科学的有 293 人，占比为 14.43%；对科技成果评价制度持一般态度的有 362 人，占比为 17.82%；认为科技成果评价制度比较科学的有 406 人，占比为 19.99%；认为科技成果评价制度非常科学的有 632 人，占比为 31.12%。总体来看，受本次调查的新疆科技工作者中，认为科技成果评价制度非常科学的人数占比最高，均值落在一般与比较科学的区间（见图 4-133）。

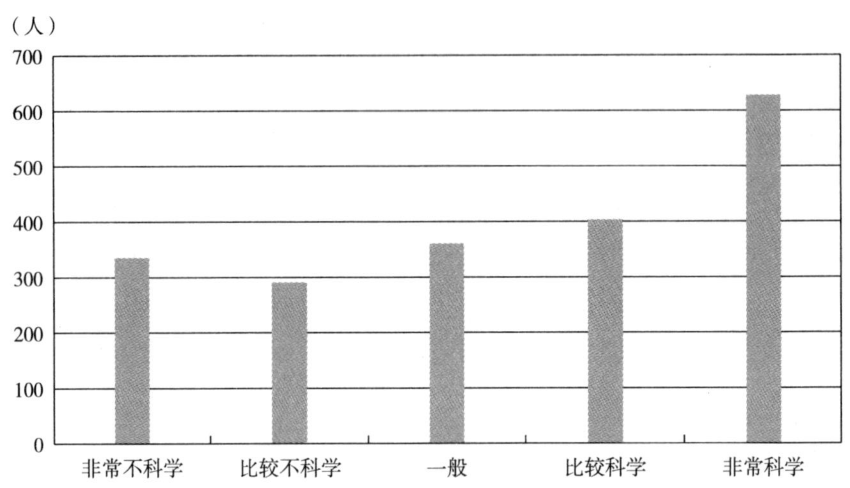

图 4-133　新疆科技工作者成果评价状况分布情况

4.5.4.2　成果评价状况分类型描述

本次调查的卫生技术人员中，认为科技成果评价制度非常不科学的有 45 人，占比为 17.05%；认为科技成果评价制度比较不科学的有 35 人，占比为 13.26%；对科技成果评价制度持一般态度的有 44 人，占比为 16.67%；认为科技成果评价制度比较科学的有 56 人，占比为 21.21%；认为科技成果评价制度非常科学的有 84 人，占比为 31.82%（见图 4-134）。

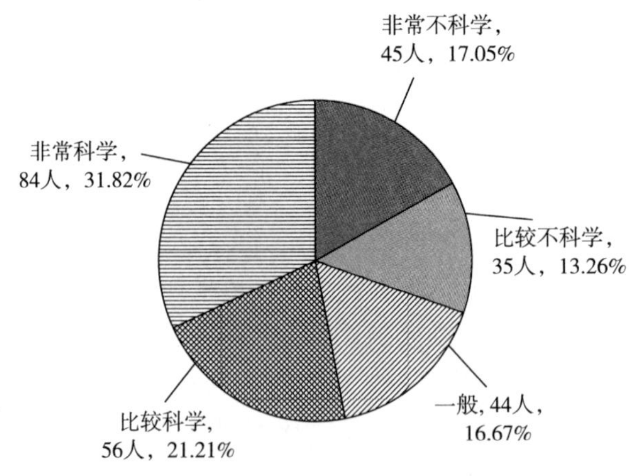

图 4-134　卫生技术人员成果评价状况分布情况

本次调查的农业技术人员中，认为科技成果评价制度非常不科学的有 59 人，

占比为 15. 36%；认为科技成果评价制度比较不科学的有 67 人，占比为 17. 45%；对科技成果评价制度持一般态度的有 56 人，占比为 14. 58%；认为科技成果评价制度比较科学的有 86 人，占比为 22. 40%；认为科技成果评价制度非常科学的有 116 人，占比为 30. 21%（见图 4-135）。

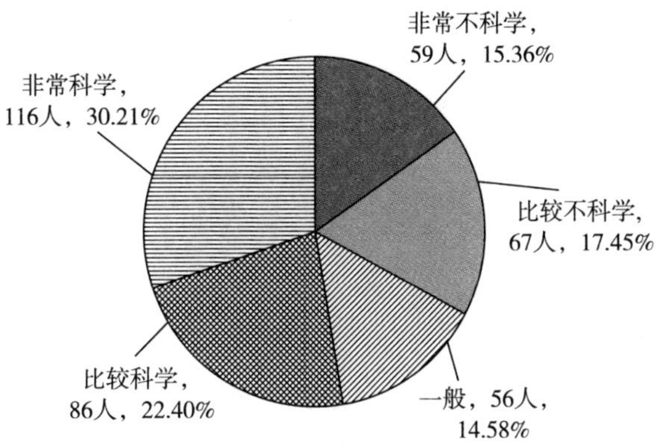

图 4-135　农业技术人员成果评价状况分布情况

本次调查的科学研究人员中，认为科技成果评价制度非常不科学的有 29 人，占比为 21. 01%；认为科技成果评价制度比较不科学的有 15 人，占比为 10. 87%；对科技成果评价制度持一般态度的有 33 人，占比为 23. 91%；认为科技成果评价制度比较科学的有 29 人，占比为 21. 01%；认为科技成果评价制度非常科学的有 32 人，占比为 23. 19%（见图 4-136）。

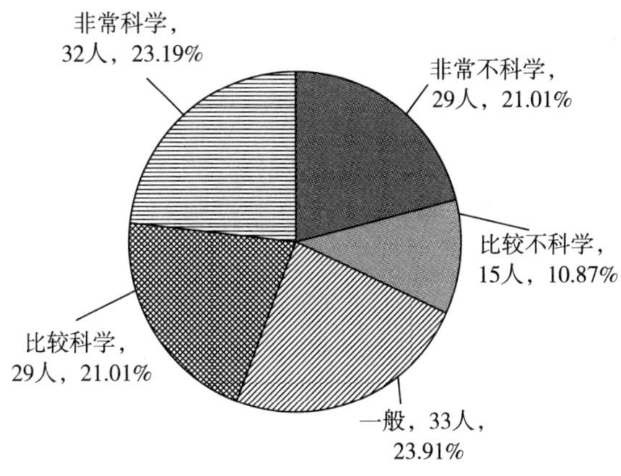

图 4-136　科学研究人员成果评价状况分布情况

本次调查的自科教学人员中，认为科技成果评价制度非常不科学的有 106 人，占比为 15. 36%；认为科技成果评价制度比较不科学的有 99 人，占比为 14. 35%；对科技成果评价制度持一般态度的有 125 人，占比为 18. 12%；认为科技成果评价制度比较科学的有 132 人，占比为 19. 13%；认为科技成果评价制度非常科学的有 228 人，占比为 33. 04%（见图 4-137）。

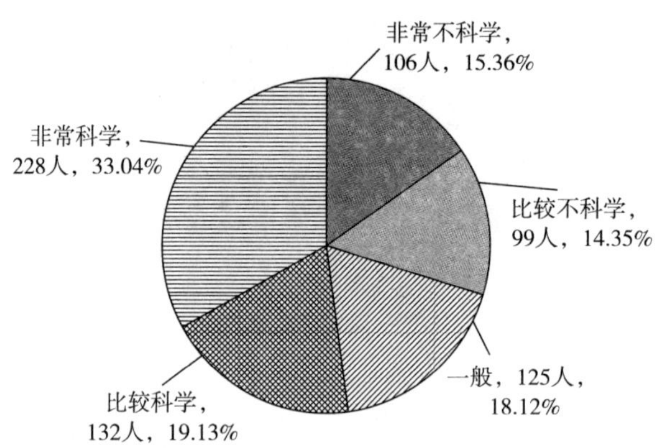

图 4-137　自科教学人员成果评价状况分布情况

本次调查的工程技术人员中，认为科技成果评价制度非常不科学的有 99 人，占比为 17. 84%；认为科技成果评价制度比较不科学的有 77 人，占比为 13. 87%；对科技成果评价制度持一般态度的有 104 人，占比为 18. 74%；认为科技成果评价制度比较科学的有 103 人，占比为 18. 56%；认为科技成果评价制度非常科学的有 172 人，占比为 30. 99%（见图 4-138）。

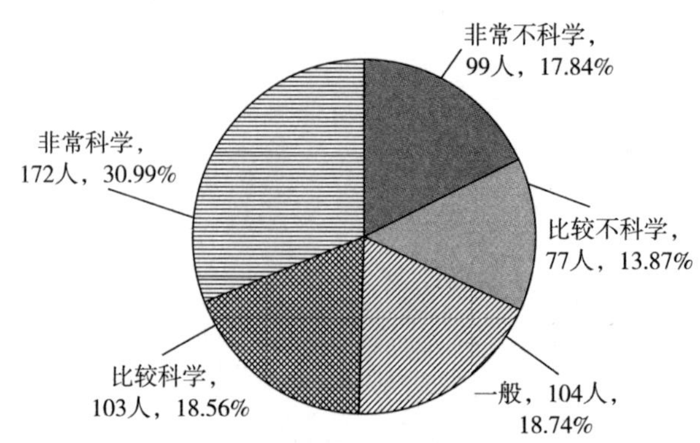

图 4-138　工程技术人员成果评价状况分布情况

本次调查的各类科学工作者，对科技成果评价制度的评价均值均落在一般与比较科学之间。除科学研究类人员之外，其他各类科学工作者对科技成果评价制度的评价更倾向于“非常科学”。科学研究人员对此类制度的评价褒贬不一，各类评价的人数占比较为均衡。

4.5.5　工作困扰

本调查的工作困扰主要是指科技工作者在工作中遇到的难题或困境。通过对科技人才工作困扰的了解，可以更好地掌握其行为或表现原因，从而对症下药，采取有效措施帮助科技工作者解决工作困扰问题，提高其工作积极性、效益产出等。本次调查了解了科技工作者工作中的困扰，调查结果如下文所述。

4.5.5.1　工作困扰状况整体性描述

本次调查的新疆科技工作者中，受人际关系不和谐问题困扰的有 1 人，占比为 0.05%；受工作不受重视问题困扰的有 9 人，占比为 0.44%；受业务或科研时间不充分问题困扰的有 16 人，占比为 0.79%；受跟不上知识更新速度问题困扰的有 97 人，占比为 4.78%；受缺乏业务或学术交流问题困扰的有 538 人，占比为 26.49%；受职称或职务晋升问题困扰的有 797 人，占比为 39.24%；受加班或出差太多问题困扰的有 265 人，占比为 13.05%；受工作业绩压力问题困扰的有 230 人，占比为 11.32%。此外，有 78 人受其他问题困扰，占比为 3.84%。总体来看，受本次调查的新疆科技工作者中，面临的最主要问题是职称或职务晋升难的问题，其次是缺乏业务或学术交流的问题，接着是加班或出差太多的问题、工作业绩压力大的问题（见图 4-139）。

4.5.5.2　工作困扰状况分类型描述

本次调查的卫生技术人员中，受人际关系不和谐问题困扰的有 0 人，占比为 0.00%；受工作不受重视问题困扰的有 3 人，占比为 1.14%；受业务或科研时间不充分问题困扰的有 4 人，占比为 1.52%；受跟不上知识更新速度问题困扰的有 17 人，占比为 6.44%；受缺乏业务或学术交流问题困扰的有 75 人，占比为 28.41%；受职称或职务晋升问题困扰的有 98 人，占比为 37.12%；受加班或出差太多问题困扰的有 33 人，占比为 12.50%；受工作业绩压力问题困扰的有 23 人，占比为 8.71%。此外，有 11 人受其他问题困扰，占比为 4.17%（见图 4-140）。

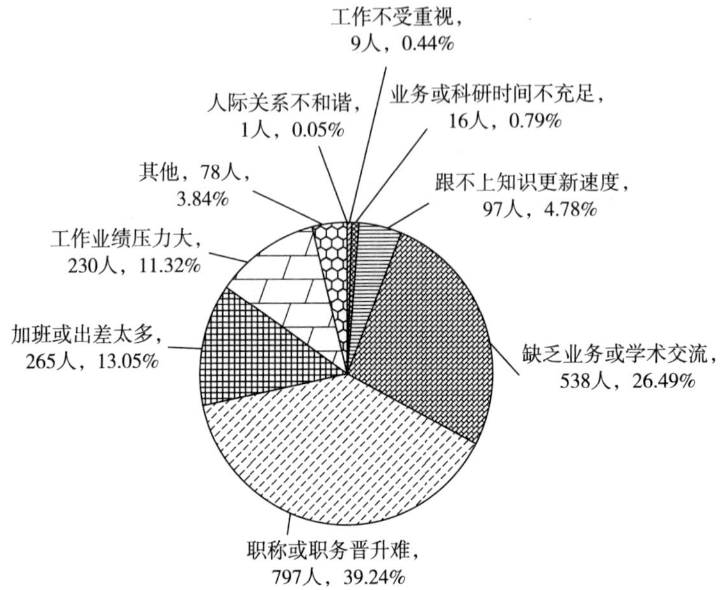

图 4-139　新疆科技工作者工作困扰状况分布情况

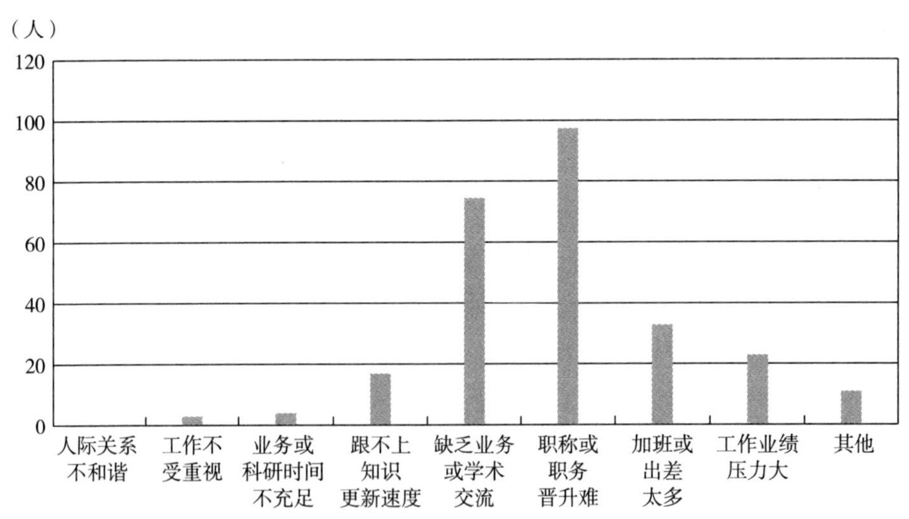

图 4-140　卫生技术人员工作困扰状况分布情况

本次调查的农业技术人员中，受人际关系不和谐问题困扰的有 0 人，占比为 0.00%；受工作不受重视问题困扰的有 3 人，占比为 0.78%；受业务或科研时间不充分问题困扰的有 3 人，占比为 0.78%；受跟不上知识更新速度问题困扰的有

14人，占比为3.65%；受缺乏业务或学术交流问题困扰的有108人，占比为28.13%；受职称或职务晋升问题困扰的有138人，占比为35.94%；受加班或出差太多问题困扰的有52人，占比为13.54%；受工作业绩压力问题困扰的有50人，占比为13.02%。此外，有16人受其他问题困扰（见图4-141）。

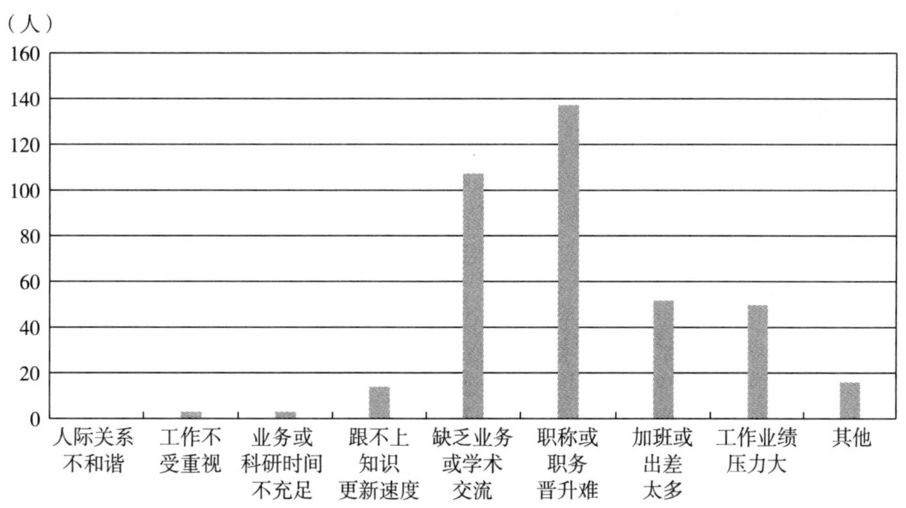

图4-141 农业技术人员工作产出状况分布情况

本次调查的科学研究人员中，受人际关系不和谐问题、工作不受重视问题、业务或科研时间不充分问题困扰的有0人，占比为0.00%；受跟不上知识更新速度问题困扰的有8人，占比为5.80%；受缺乏业务或学术交流问题困扰的有39人，占比为28.26%；受职称或职务晋升问题困扰的有48人，占比为34.78%；受加班或出差太多问题困扰的有18人，占比为13.04%；受工作业绩压力问题困扰的有17人，占比为12.32%。此外，有8人受其他问题困扰（见图4-142）。

本次调查的自科教学人员中，受人际关系不和谐问题困扰的有0人，占比为0.00%；受工作不受重视问题困扰的有1人，占比为0.14%；受业务或科研时间不充分问题困扰的有5人，占比为0.72%；受跟不上知识更新速度问题困扰的有30人，占比为4.35%；受缺乏业务或学术交流问题困扰的有175人，占比为25.36%；受职称或职务晋升问题困扰的有290人，占比为42.03%；受加班或出差太多问题困扰的有92人，占比为13.33%；受工作业绩压力问题困扰的有73人，占比为10.58%。此外，有24人受其他问题困扰（见图4-143）。

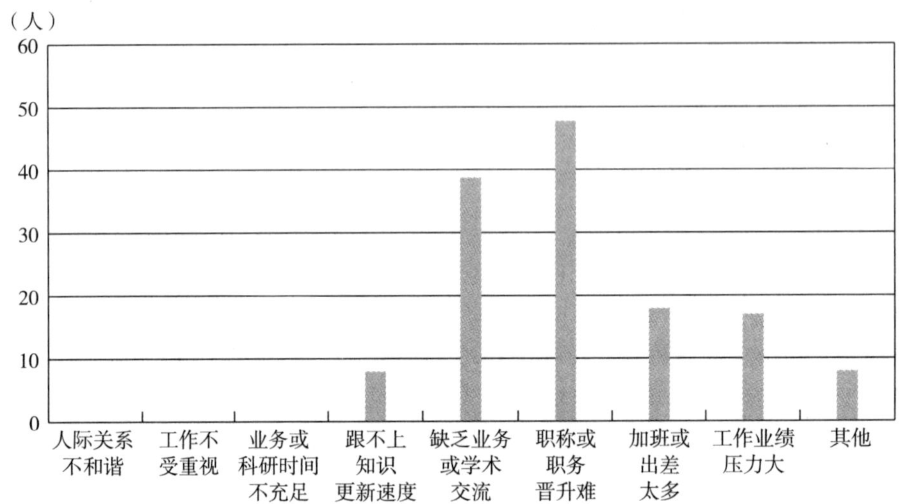

图 4-142　科学研究人员工作产出状况分布情况

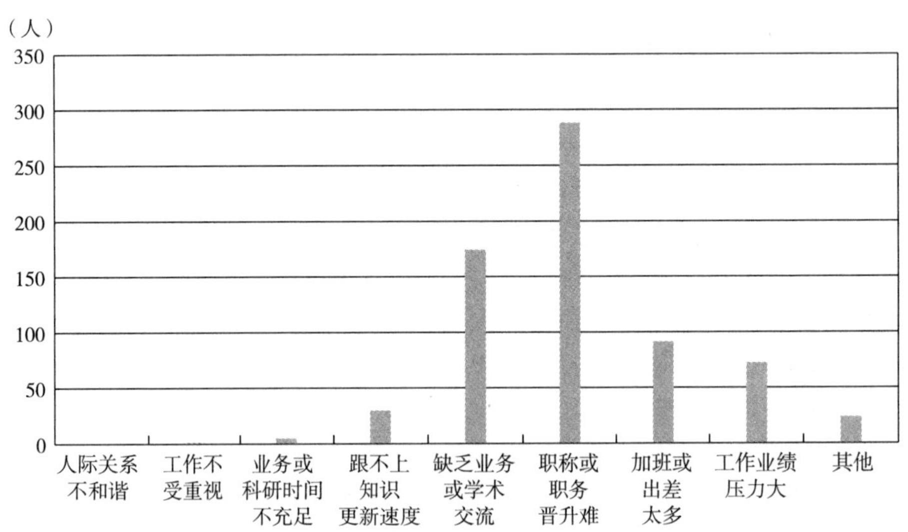

图 4-143　自科教学人员工作产出状况分布情况

本次调查的工程技术人员中，受人际关系不和谐问题困扰的有 1 人，占比为 0.18%；受工作不受重视问题困扰的有 2 人，占比为 0.36%；受业务或科研时间不充分问题困扰的有 4 人，占比为 0.72%；受跟不上知识更新速度问题困扰的有 28 人，占比为 5.05%；受缺乏业务或学术交流问题困扰的有 141 人，占比为

25.41%；受职称或职务晋升问题困扰的有223人，占比为40.18%；受加班或出差太多问题困扰的有70人，占比为12.61%；受工作业绩压力问题困扰的有67人，占比为12.07%。此外，有19人受其他问题困扰（见图4-144）。

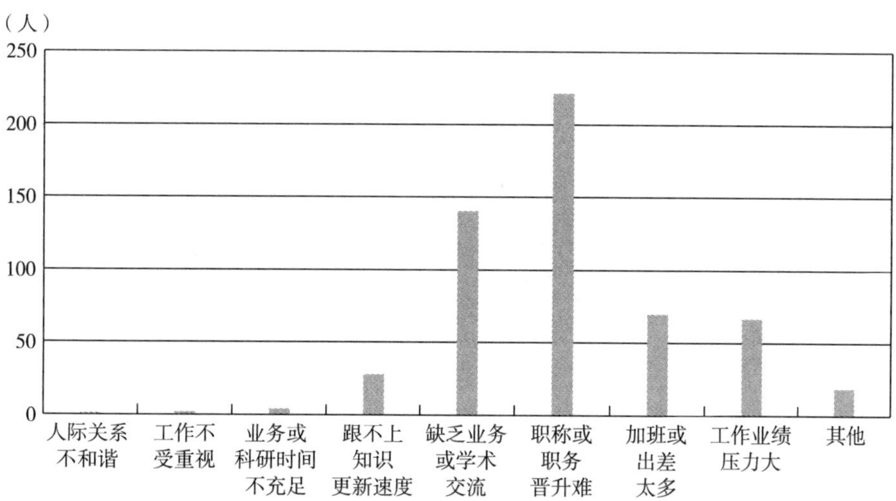

图4-144 工程技术人员工作产出状况分布情况

本次调查的各类科学工作者的工作困扰主要在职称或职务晋升难、缺乏业务或学术交流上面。其中，自科教学人员、工程技术人员中受职称或职务晋升难问题困扰的人数尤其多，占比甚至超过40%。

4.5.6 收入水平

收入水平是科技工作者获得的报酬水平，收入水平与科技人才存量息息相关，从人才供给角度而言，收入水平是人口迁移决策的一个重要参考因素，高收入水平会对人才产生更大的吸引力，从而增加人才的供给。通过了解科技工作者在当地的收入层次，可以了解新疆科学工作者的收入水平状况，具体调查结果如表4-22所示。

表4-22 新疆科技工作者收入水平状况分布情况 单位：人，%

科技工作者类型		上层	中上层	中层	中下层	下层	总计	均值
卫生技术人员	人数	4	49	81	111	19	264	3.35
	占比	1.52	18.56	30.68	42.05	7.20	100.00	

续表

科技工作者类型		上层	中上层	中层	中下层	下层	总计	均值
农业技术人员	人数	12	69	115	156	32	384	3.33
	占比	3.13	17.97	29.95	40.63	8.33	100.00	
科学研究人员	人数	8	34	37	46	13	138	3.16
	占比	5.80	24.64	26.81	33.33	9.42	100.00	
自科教学人员	人数	25	112	202	282	69	690	3.37
	占比	3.62	16.23	29.28	40.87	10.00	100.00	
工程技术人员	人数	24	117	161	224	29	555	3.21
	占比	4.32	21.08	29.01	40.36	5.23	100.00	
总计	人数	73	381	596	819	162	2031	3.30
	占比	3.59	18.76	29.35	40.32	7.98	100.00	

4.5.6.1 收入水平状况整体性描述

本次调查的新疆科技工作者中，在当地收入水平属于上层的有 73 人，占比为 3.59%；在当地收入水平属于中上层的有 381 人，占比为 18.76%；在当地收入水平属于中层的有 596 人，占比为 29.35%；在当地收入水平属于中下层的有 819 人，占比为 40.32%；在当地收入水平属于下层的有 162 人，占比为 7.98%。总体来看，受本次调查的新疆科技工作者中，约有一半的科技工作者的收入低于当地的中等收入水平，总体收入水平的均值在中层与中下层之间的区间（见图 4-145）。

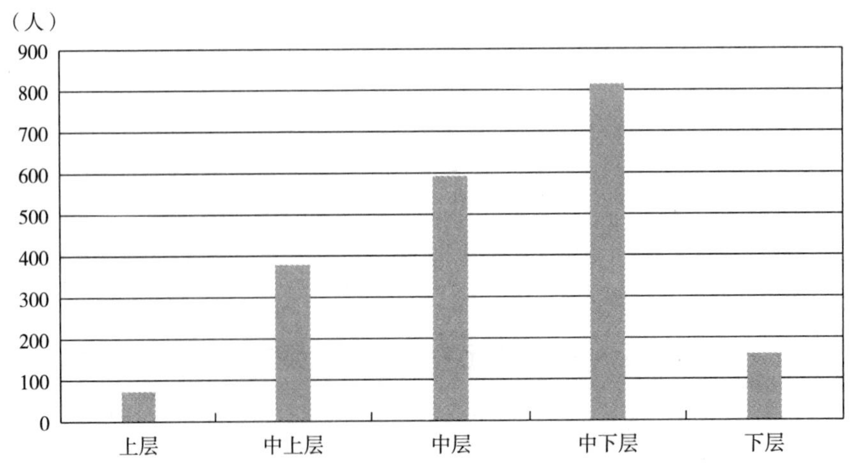

图 4-145 新疆科技工作者收入水平状况分布情况

4.5.6.2　收入水平状况分类型描述

本次调查的卫生技术人员中，在当地收入水平属于上层的有 4 人，占比为 1.52%；在当地收入水平属于中上层的有 49 人，占比为 18.56%；在当地收入水平属于中层的有 81 人，占比为 30.68%；在当地收入水平属于中下层的有 111 人，占比为 42.05%；在当地收入水平属于下层的有 19 人，占比为 7.20%（见图 4-146）。

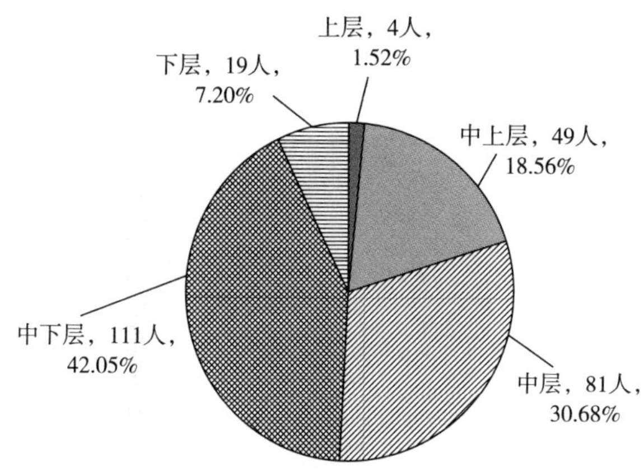

图 4-146　卫生技术人员收入水平状况分布情况

本次调查的农业技术人员中，在当地收入水平属于上层的有 12 人，占比为 3.13%；在当地收入水平属于中上层的有 69 人，占比为 17.97%；在当地收入水平属于中层的有 115 人，占比为 29.95%；在当地收入水平属于中下层的有 156 人，占比为 40.63%；在当地收入水平属于下层的有 32 人，占比为 8.33%（见图 4-147）。

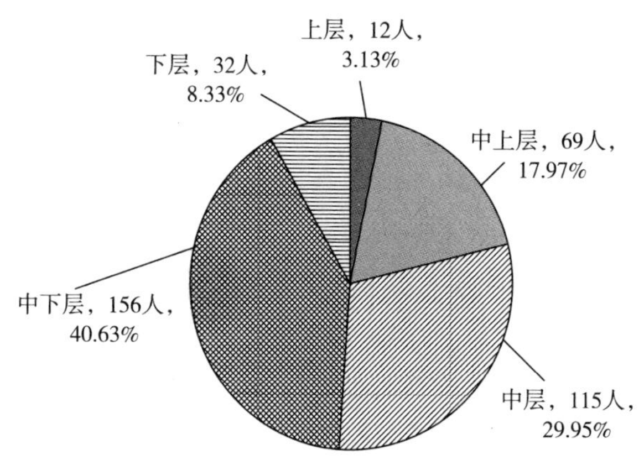

图 4-147　农业技术人员收入水平状况分布情况

本次调查的科学研究人员中，在当地收入水平属于上层的有 8 人，占比为 5.80%；在当地收入水平属于中上层的有 34 人，占比为 24.64%；在当地收入水平属于中层的有 37 人，占比为 26.81%；在当地收入水平属于中下层的有 46 人，占比为 33.33%；在当地收入水平属于下层的有 13 人，占比为 9.42%（见图 4-148）。

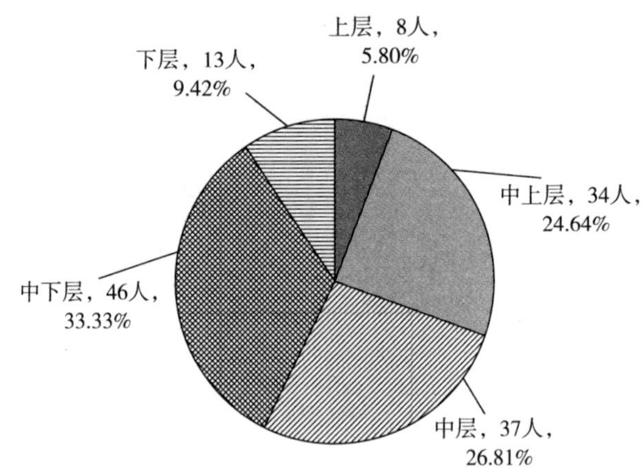

图 4-148　科学研究人员收入水平状况分布情况

本次调查的自科教学人员中，在当地收入水平属于上层的有 25 人，占比为 3.62%；在当地收入水平属于中上层的有 112 人，占比为 16.23%；在当地收入水平属于中层的有 202 人，占比为 29.28%；在当地收入水平属于中下层的有 282 人，占比为 40.87%；在当地收入水平属于下层的有 69 人，占比为 10.00%（见图 4-149）。

本次调查的工程技术人员中，在当地收入水平属于上层的有 24 人，占比为 4.32%；在当地收入水平属于中上层的有 117 人，占比为 21.08%；在当地收入水平属于中层的有 161 人，占比为 29.01%；在当地收入水平属于中下层的有 224 人，占比为 40.36%；在当地收入水平属于下层的有 29 人，占比为 5.23%（见图 4-150）。

本次调查的各类科学工作者收入水平的均值都落在中层与中下层水平之间，其中科学研究人员的收入水平标准差最大，差异最大。各类科技工作者中，收入水平处于中下层的占比最多，其次是中层、中上层水平。

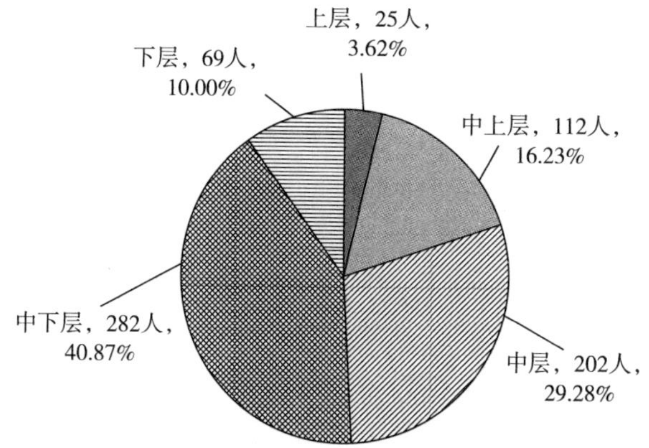

图 4-149 自科教学人员收入水平状况分布情况

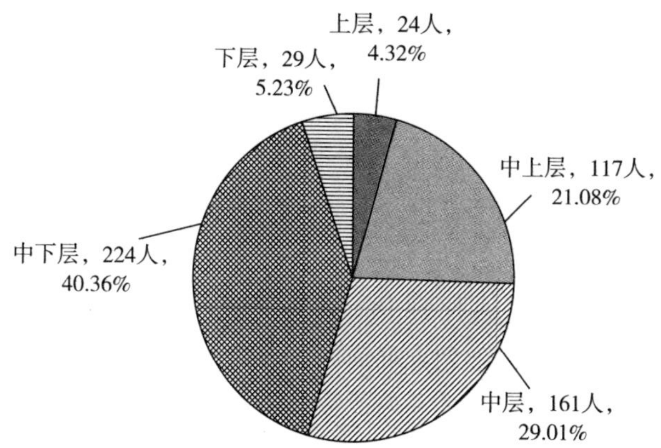

图 4-150 工程技术人员收入水平状况分布情况

4. 5. 7 职业倦怠

职业倦怠指在工作重压下产生的身心疲劳与耗竭的状态，是一种情绪耗竭的状态。了解职业倦怠情况能有效帮助衡量科技人才的工作压力问题，针对职业倦怠的问题，提出预防和解除职业倦怠的可行性策略。本次调查选取问题“如果有机会，您是否会选择其他职业？”来了解新疆科技工作者的职业倦怠情况，具体调查结果如表 4-23 所示。

表 4-23　新疆科技工作者职业倦怠状况分布情况　　　单位：人，%

科技工作者类型		从未考虑	有时候会	经常考虑	无所谓	总计
卫生技术人员	人数	58	155	43	8	264
	占比	21.97	58.71	16.29	3.03	100.00
农业技术人员	人数	74	217	75	18	384
	占比	19.27	56.51	19.53	4.69	100.00
科学研究人员	人数	24	73	37	4	138
	占比	17.39	52.90	26.81	2.90	100.00
自科教学人员	人数	161	376	123	30	690
	占比	23.33	54.49	17.83	4.35	100.00
工程技术人员	人数	102	333	93	27	555
	占比	18.38	60.00	16.76	4.86	100.00
总计	人数	419	1154	371	87	2031
	占比	20.63	56.82	18.27	4.28	100.00

4.5.7.1　职业倦怠状况整体性描述

本次调查的新疆科技工作者中，从未考虑选择其他职业的有 419 人，占比为 20.63%；有时候会考虑选择其他职业的有 1154 人，占比为 56.82%；经常考虑选择其他职业的有 371 人，占比为 18.27%；对此持无所谓态度的有 87 人，占比为 4.28%。总体来看，受本次调查的新疆科技工作者中，一半以上的科技工作者会考虑选择其他职业，只有 20%左右的科技工作者从未考虑过选择其他职业（见图 4-151）。

4.5.7.2　职业倦怠状况分类型描述

本次调查的卫生技术人员中，从未考虑选择其他职业的有 58 人，占比为 21.97%；有时候会考虑选择其他职业的有 155 人，占比为 58.71%；经常考虑选择其他职业的有 43 人，占比为 16.29%；对此持无所谓态度的有 8 人，占比为 3.03%（见图 4-152）。

本次调查的农业技术人员中，从未考虑选择其他职业的有 74 人，占比为 19.27%；有时候会考虑选择其他职业的有 217 人，占比为 56.51%；经常考虑选择其他职业的有 75 人，占比为 19.53%；对此持无所谓态度的有 18 人，占比为 4.69%（见图 4-153）。

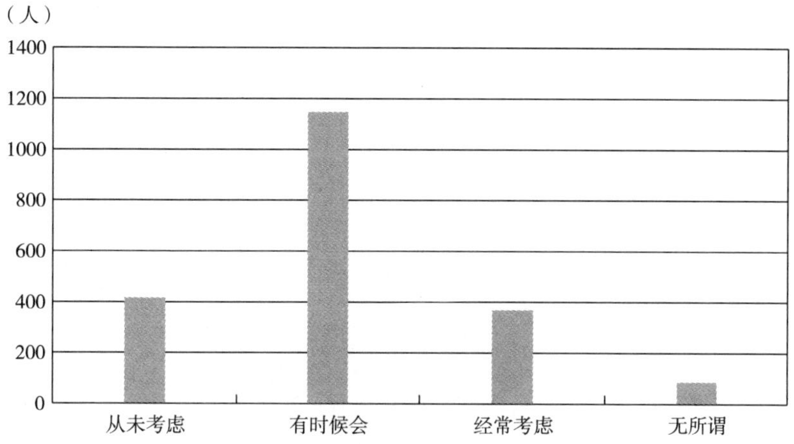

图 4-151 新疆科技工作者职业倦怠状况分布情况

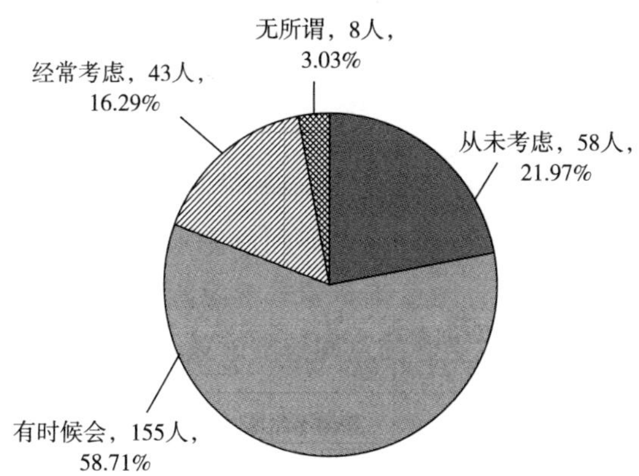

图 4-152 卫生技术人员职业倦怠状况分布情况

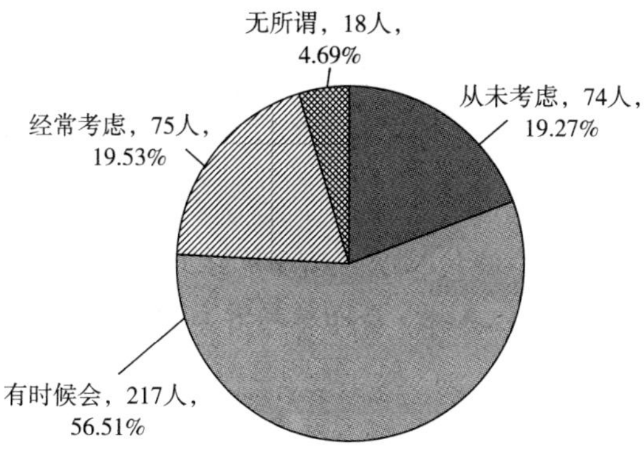

图 4-153 农业技术人员职业倦怠状况分布情况

本次调查的科学研究人员中，从未考虑选择其他职业的有 24 人，占比为 17.39%；有时候会考虑选择其他职业的有 73 人，占比为 52.90%；经常考虑选择其他职业的有 37 人，占比为 26.81%；对此持无所谓态度的有 4 人，占比为 2.90%（见图 4-154）。

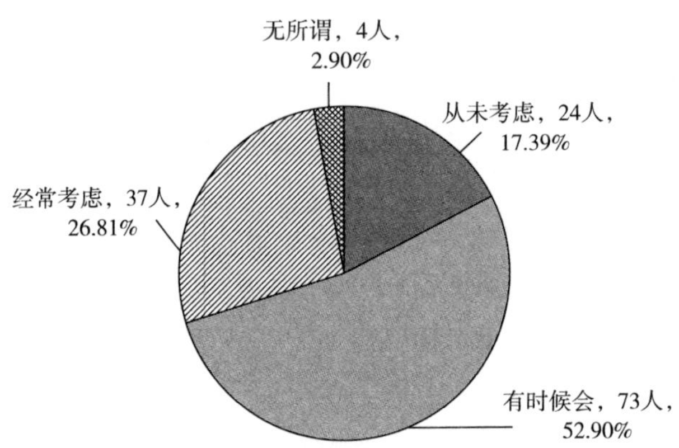

图 4-154　科学研究人员职业倦怠状况分布情况

本次调查的自科教学人员中，从未考虑选择其他职业的有 161 人，占比为 23.33%；有时候会考虑选择其他职业的有 376 人，占比为 54.49%；经常考虑选择其他职业的有 123 人，占比为 17.83%；对此持无所谓态度的有 30 人，占比为 4.35%（见图 4-155）。

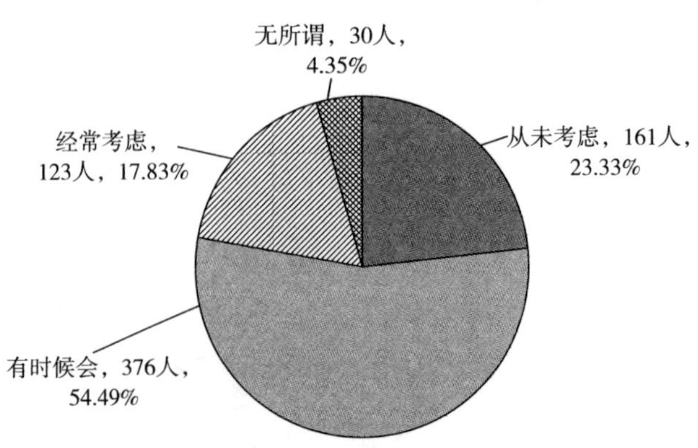

图 4-155　自科教学人员职业倦怠状况分布情况

本次调查的工程技术人员中，从未考虑选择其他职业的有 102 人，占比为 18.38%；有时候会考虑选择其他职业的有 333 人，占比为 60.00%；经常考虑选择其他职业的有 93 人，占比为 16.76%；对此持无所谓态度的有 27 人，占比为 4.86%（见图 4-156）。

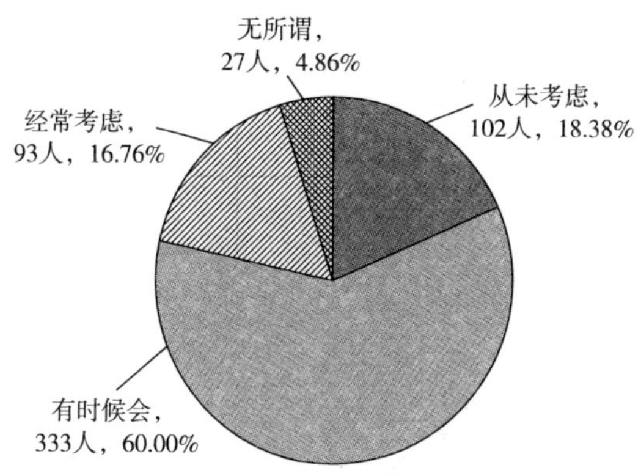

图 4-156　工程技术人员职业倦怠状况分布情况

本次调查的各类科学工作者职业倦怠的均值都落在有时候会考虑选择其他职业的区间，各类科技工作者中，有时候会考虑选择其他职业的人数占比最大。另外，科学研究人员的职业倦怠情况最突出，从未考虑选择其他工作的人数占比不到 20%，低于其他各类科技工作者。

4.5.8　科技知识普及

科技工作者也承担着科技知识普及的工作，是要勇于承担的社会责任。了解科技工作者在工作中的科技知识普及状况，本就是科技工作者工作情况考察的一方面。科普工作做得好，不仅对公众、对社会有益，对促进科技人员自身的科研工作也有帮助。本次调查了解了新疆科技工作者在承担科技知识普及责任过程中遇到的问题，具体科技知识普及状况如下文所述。

4.5.8.1　科技知识普及状况整体性描述

本次调查的新疆科技工作者中，科技知识普及时遇到缺乏经费问题的有 13 人，占比为 0.64%；没有时间或精力问题的有 167 人，占比为 8.22%；单位不重视问题的有 411 人，占比为 20.24%；缺乏相关渠道问题的有 438 人，占比为 21.57%；缺乏评价激励手段问题的有 466 人，占比为 22.94%；公众缺乏兴趣问题的有 357 人，占比为 17. 58%；缺乏科普设施问题的有 166 人，占比为 8. 17%；其他问题的有 13 人，占比为 0. 64%。总体来看，受本次调查的新疆科技工作者开展科普活动时，面临的最主要问题有缺乏评价激励手段、缺乏相关渠道、单位不重视、公众缺乏兴趣等（见图 4-157）。

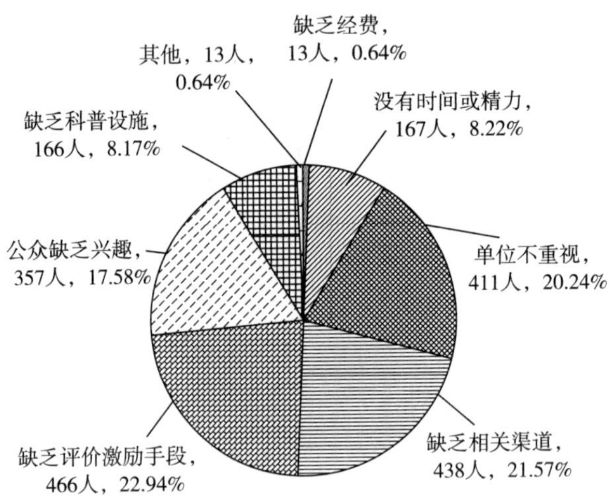

图 4-157　新疆科技工作者科技知识普及状况分布情况

4. 5. 8. 2　科技知识普及状况分类型描述

本次调查的卫生技术人员中，科技知识普及时遇到缺乏经费问题的有 6 人，占比为 2. 27%；没有时间或精力问题的有 27 人，占比为 10. 23%；单位不重视问题的有 51 人，占比为 19. 32%；缺乏相关渠道问题的有 54 人，占比为 20. 45%；缺乏评价激励手段问题的有 59 人，占比为 22. 35%；公众缺乏兴趣问题的有 46 人，占比为 17. 42%；缺乏科普设施问题的有 20 人，占比为 7. 58%；其他问题的有 1 人，占比为 0. 38%（见图 4-158）。

本次调查的农业技术人员中，科普时遇到缺乏经费问题的有 2 人，占比为 0. 52%；没有时间或精力问题的有 29 人，占比为 7. 55%；单位不重视问题的有 70 人，占比为 18. 23%；缺乏相关渠道问题的有 76 人，占比为 19. 79%；缺乏评价激励手段问题的有 93 人，占比为 24. 22%；公众缺乏兴趣问题的有 78 人，占比为 20. 31%；缺乏科普设施问题的有 34 人，占比为 8. 85%；其他问题的有 2 人，占比为 0. 52%（见图 4-159）。

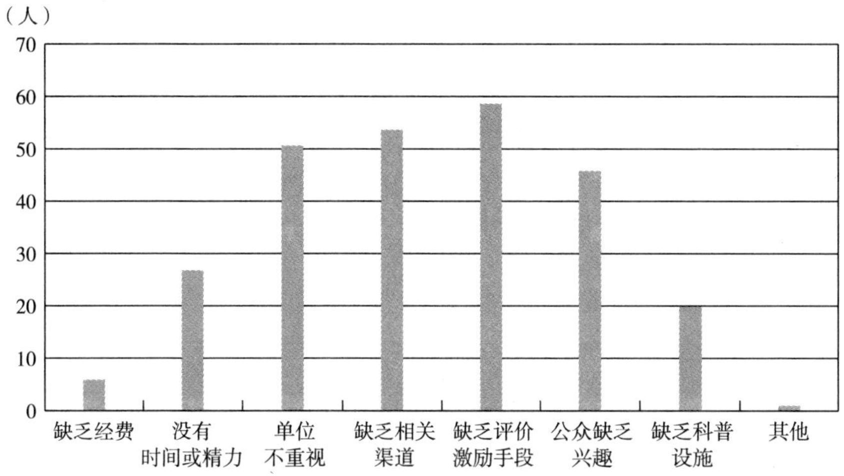

图 4-158 卫生技术人员科技知识普及状况分布情况

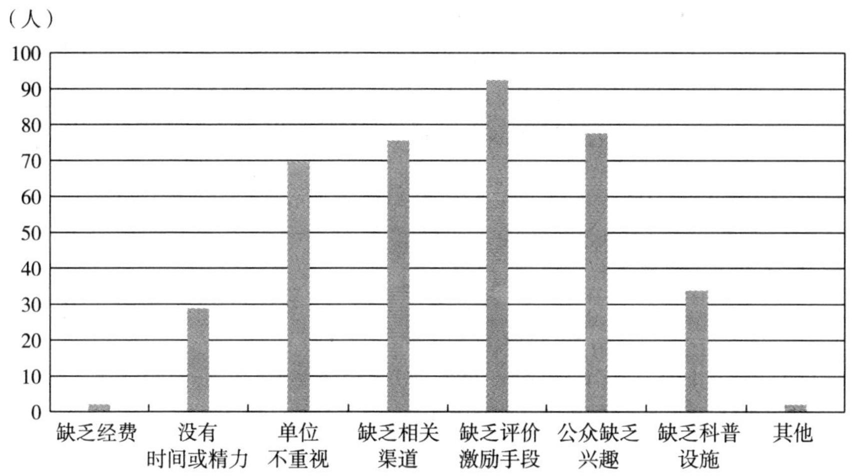

图 4-159 农业技术人员科技知识普及状况分布情况

本次调查的科学研究人员中，科技知识普及时遇到缺乏经费问题的有 1 人，占比为 0.72%；没有时间或精力问题的有 13 人，占比为 9.42%；单位不重视问题的有 24 人，占比为 17.39%；缺乏相关渠道问题的有 31 人，占比为 22.46%；缺乏评价激励手段问题的有 33 人，占比为 23.91%；公众缺乏兴趣问题的有 23 人，占比为 16.67%；缺乏科普设施问题的有 12 人，占比为 8.70%；其他问题的有 1 人，占比为 0.72%（见图 4-160）。

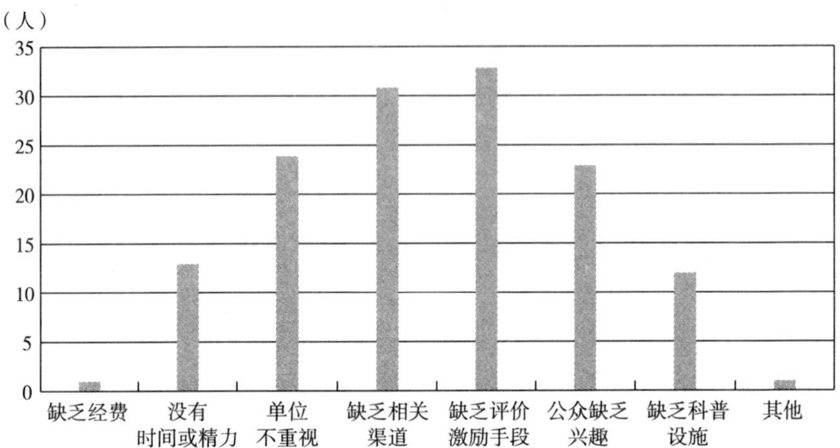

图 4-160　科学研究人员科技知识普及状况分布情况

本次调查的自科教学人员中，科技知识普及时遇到缺乏经费问题的有 3 人，占比为 0.43%；没有时间或精力问题的有 63 人，占比为 9.13%；单位不重视问题的有 152 人，占比为 22.03%；缺乏相关渠道问题的有 150 人，占比为 21.74%；缺乏评价激励手段问题的有 156 人，占比为 22.61%；公众缺乏兴趣问题的有 109 人，占比为 15.80%；缺乏科普设施问题的有 51 人，占比为 7.39%；其他问题的有 6 人，占比为 0.87%（见图 4-161）。

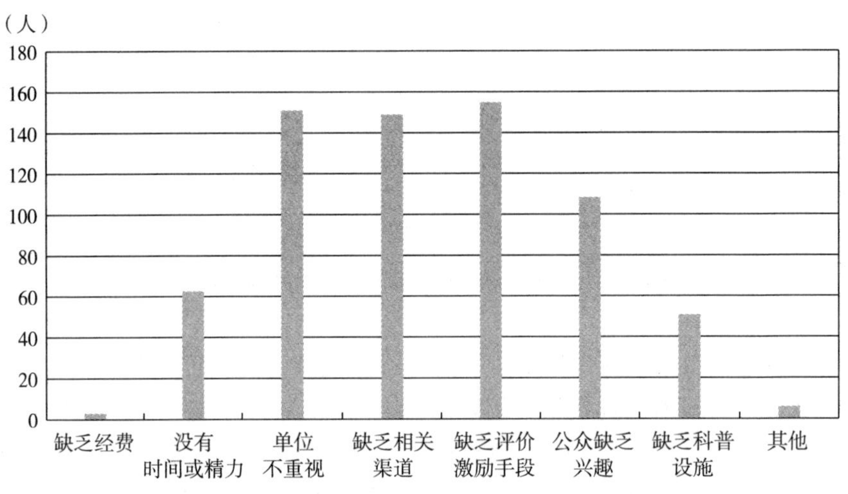

图 4-161　自科教学人员科技知识普及状况分布情况

本次调查的工程技术人员中，科技知识普及时遇到缺乏经费问题的有 1 人，占比为 0. 18%；没有时间或精力问题的有 35 人，占比为 6. 31%；单位不重视问题的有 114 人，占比为 20. 54%；缺乏相关渠道问题的有 127 人，占比为 22. 88%；缺乏评价激励手段问题的有 125 人，占比为 22. 52%；公众缺乏兴趣问题的有 101 人，占比为 18. 20%；缺乏科普设施问题的有 49 人，占比为 8. 83%；其他问题的有 3 人，占比为 0. 54%（见图 4-162）。

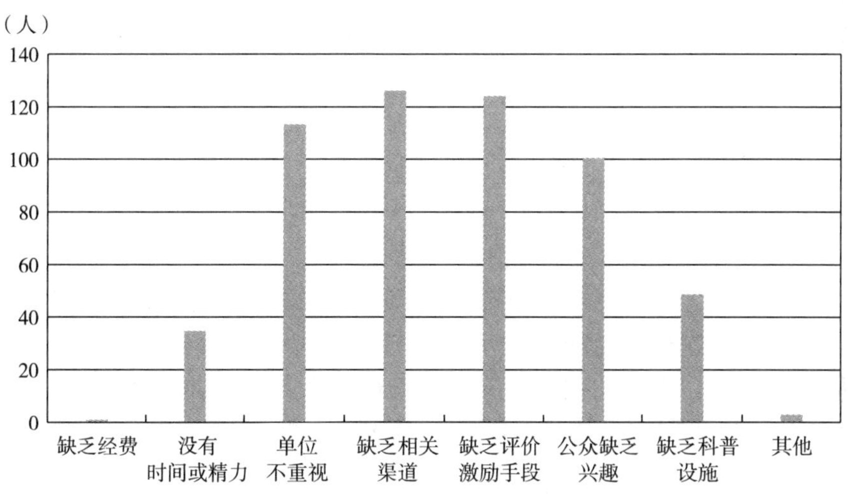

图 4-162　工程技术人员工作科技知识普及状况分布情况

本次调查的各类科学工作者开展科普活动时，遇到的主要问题有缺乏评价激励手段、缺乏相关渠道、单位不重视、公众缺乏兴趣等。

4. 5. 9　科技工作者职业发展整体情况分析

本次调查基于新疆科技工作者的抽样调查数据，全面了解科技工作者在工作产出、进修学习、资源分配、成果评价、工作困扰、收入水平、职业倦怠、科技知识普及方面的职业发展情况。对新疆科技工作者的整体情况分析如下：

在工作产出方面，最受科技工作者重视的工作产出依次是科研项目级别和经费、成果转化能力、发表论文或出版专著、获得科技奖励、获得政府部门认可、科研能力、科普贡献、获得产业界认可、其他等。受评价制度影响，大部分科技工作者关注科研项目级别和经费、论文及专著等切实可量化的产出，对科普贡献、产业界认可等关注度不高。

在进修学习方面，90%以上的科技工作者对进修学习有强烈或比较强烈的需求。当前知识更新的速度很快，科技工作者在实际工作中也需要不断进修学习、保持自身进步，所以科技工作者对进修学习的需求较高。

在资源分配方面，对科技资源分配感到比较满意的人数占比最多，其次是感到不满意的人员占比，对资源分配满意的科技工作者和不满意的科技工作者都很多，科技人员对资源分配情况的满意度有较大差异。由于对资源分配的满意度是基于科技工作者的自身感受和看法，所以评价结果有很大的主观性，有可能出现较大差异。但整体来看，对资源评价满意的人数占比高于不满意的人数占比，对资源分配满意度均值在一般与比较满意之间。

在成果评价方面，认为科技成果评价制度比较科学和非常科学的科技工作者人数在50%以上，认为科技成果评价制度非常不科学和比较不科学的科技工作者人数占比在30%左右。整体来看，科技工作者对现有的科技成果评价制度评价较好，评价结果的均值也落在一般与比较科学之间。

在工作困扰方面，科技人才的工作困扰问题主要集中在职称或职务晋升难、缺乏业务或学术交流、加班或出差太多、工作业绩压力大等方面。各类科技工作者的工作困扰也主要集中在职称或职务晋升难、缺乏业务或学术交流两个方面。

在收入水平方面，七成以上的科技工作者认为自己的收入低于当地中层收入水平，将近半数的科技工作者认为自己的收入在中层收入水平之下，说明接近半数的科研人员对自身收入水平并不满意。这部分由于科技人才一般对自身收入水平的评价偏低，也就是主观评价欠缺一定客观性，通常会偏低，但这一比例仍充分说明当前科技工作者薪酬收入存在的问题。

在职业倦怠方面，虽然大部分科技工作者都会出现考虑选择其他职业的情况，但整体职业倦怠度不高。此外，值得重视的是，已有约18%的科技工作者中出于较高的职业倦怠状况、经常考虑选择其他工作。

在科技知识普及方面，科技工作者遇到的主要问题有缺乏评价激励手段、缺乏相关渠道、单位不重视、公众缺乏兴趣等。科技知识普及属于公益事业，对科技工作者的科普工作没有硬性规定，且有诸多困难，使得科技工作者开展科普工作的难度较大。应着力挖掘当前科普工作面临的突出问题、短板和不足，努力破解科普事业发展的堵点、难点、痛点。

4.6　工作满意度情况

4.6.1　工作收入满意度

工作收入状况是影响科技工作者工作、思想和行为的重要因素，较高的工作收入能够满足科技工作者的生存安全需要，提升他们的积极性，增加主观幸福感。经调查：2031 个样本对于工作收入满意度情况如表 4-24 所示。

表 4-24　新疆科技工作者工作收入满意度情况　　　单位：人，%

科技工作者类型		非常不满意	比较不满意	一般	比较满意	非常满意	合计	均值
卫生技术人员	人数	29	61	48	100	26	264	3.13
	占比	10.98	23.11	18.18	37.88	9.85	100.00	
农业技术人员	人数	40	104	75	136	29	384	3.03
	占比	10.42	27.08	19.53	35.42	7.55	100.00	
科学研究人员	人数	12	49	24	39	14	138	2.96
	占比	8.70	35.51	17.39	28.26	10.14	100.00	
自科教学人员	人数	65	198	127	225	75	690	3.07
	占比	9.42	28.70	18.41	32.61	10.87	100.00	
工程技术人员	人数	55	160	112	187	41	555	3.00
	占比	9.91	28.83	20.18	33.69	7.39	100.00	
合计	人数	201	572	386	687	185	2031	3.04
	占比	9.90	28.16	19.01	33.83	9.11	100.00	

4.6.1.1　工作收入满意度的整体性描述

本次调查的科技工作者对工作收入满意度的分布结构为：对工作收入非常满意的有 185 人，占比为 9.11%；比较满意的有 687 人，占比为 33.83%；满意度一般的有 386 人，占比为 19.01%；比较不满意的有 572 人，占比为 28.16%；非常不满意的有 201 人，占比为 9.90%。总体来看，42.94%的人对工作收入感到满意，整体满意度均值为 3.04，表明整体满意度介于一般和比较满意的程度之间（见图 4-163）。

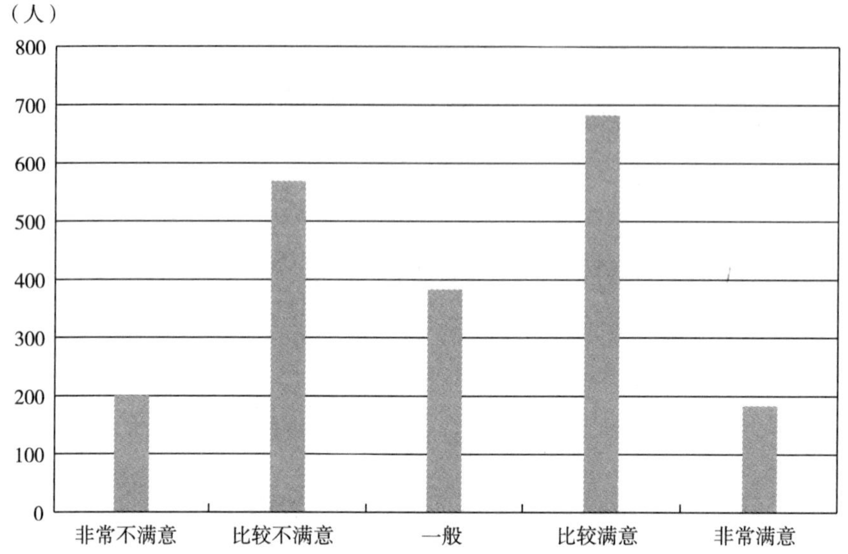

图 4-163　新疆科技工作者工作收入满意度情况

因此，新疆科技工作者的工作收入理应体现他们的价值，把尊重知识、尊重人才落到实处，要让科研人员智力、体力的付出得到合理回报，满足科技工作者的生存安全需要，增强对于工作的责任感，管理组织应当建立合理且合适的奖励机制，在激发科技工作者的热情同时满足科技工作者的利益追求，获得更强烈的归属感。

4.6.1.2　工作收入满意度的分类型描述

通过对五类科技工作者分类型进行工作收入满意度的交叉分析，得出以下结论：

（1）卫生技术人员。

通过数据分析整理可以发现：卫生技术人员对于工作收入，非常满意的有 26 人，占比为 9.85%；比较满意的有 100 人，占比为 37.88%；一般的有 48 人，占比为 18.18%；比较不满意的有 61 人，占比为 23.11%；非常不满意的有 29 人，占比为 10.98%。整体满意度均值为 3.13，介于一般和比较满意的程度之间（见图 4-164）。

（2）农业技术人员。

通过数据分析整理可以发现：农业技术人员对于工作收入，非常满意和比较满意的共有 165 人，占比为 42.97%；一般的有 75 人，占比为 19.53%；比较不满意和非常不满意共有 144 人，占比为 37.50%。整体满意度均值为 3.03，介于一般和比较满意的程度之间（见图 4-165）。

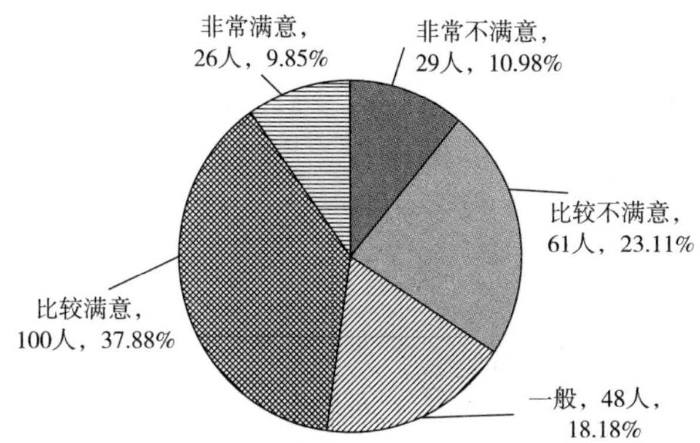

图 4-164　卫生技术人员工作收入满意度情况

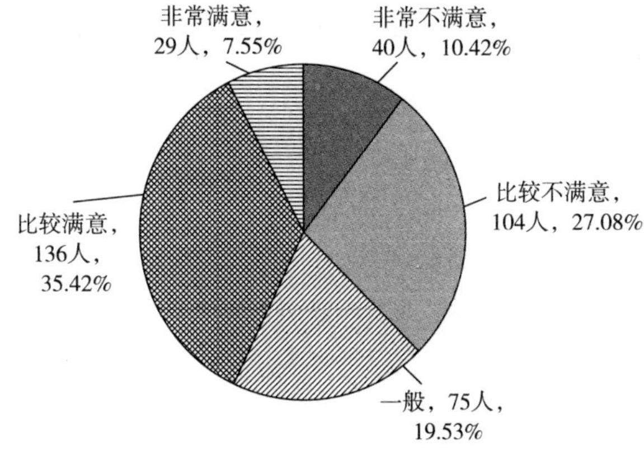

图 4-165　农业技术人员工作收入满意度情况

（3）科学研究人员。

通过数据分析整理可以发现：科学研究人员对于工作收入，非常不满意和比较不满意的有 61 人，占比为 44.21%；非常满意的有 14 人，占比为 10.14%；比较满意的有 39 人，占比为 28.26%；一般的有 24 人，占比为 17.39%。整体满意度均值为 2.96，介于比较不满意和一般程度之间（见图 4-166）。

（4）自科教学人员。

通过数据分析整理可以发现：自科教学人员对于工作收入，非常满意的有 75 人，占比为 10.87%。比较满意的有 225 人，占比为 32.61%；一般的有 127

人，占比为 18. 41%；比较不满意和非常不满意的有 263 人，占比为 38. 12%。整体满意度均值为 3. 07，介于一般和比较满意的程度之间（见图 4-167）。

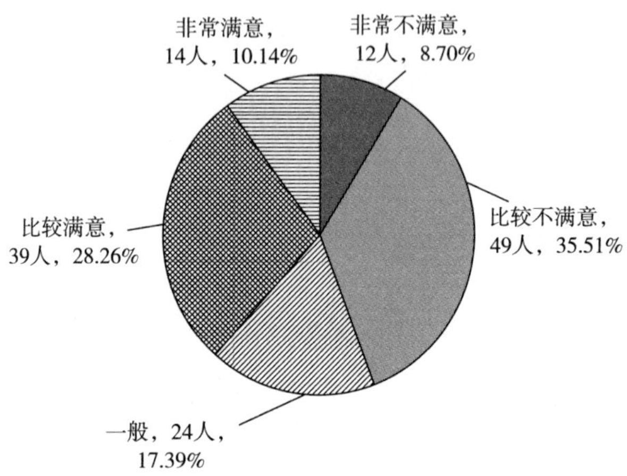

图 4-166　科学研究人员工作收入满意度情况

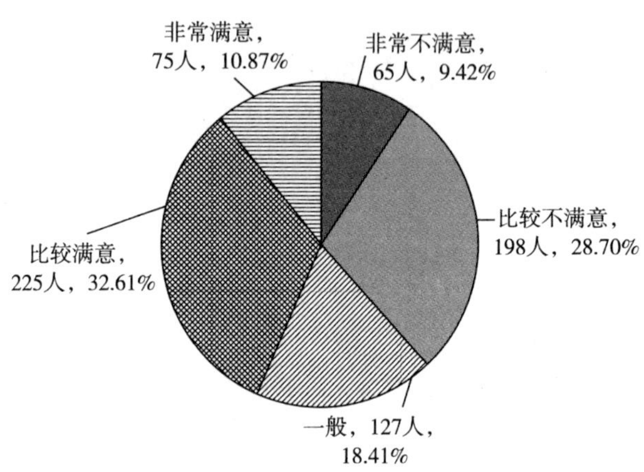

图 4-167　自科教学人员工作收入满意度情况

（5）工程技术人员。

通过数据分析整理可以发现：工程技术人员对于工作收入，比较满意和非常满意的有 228 人，占比为 41. 08%；比较不满意和非常不满意的有 215 人，占比为 38. 74%；一般的有 112 人，占比为 20. 18%。整体满意度均值为 3. 00，介于一般程度（见图 4-168）。

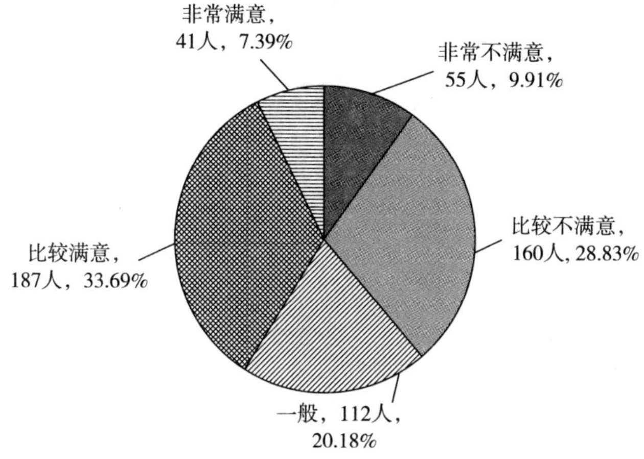

图 4-168　工程技术人员工作收入满意度情况

各类科技工作者对工作收入满意度差距不大、分布相似，与工作收入整体满意度情况基本相同，除科学研究人员外满意度均介于一般和比较的区间，科学研究人员对工作收入满意度介于比较不满意和一般的程度之间。

4.6.2　社会声望满意度

社会声望是指包括个人和群体所享受到的、来自所在社会范围内的、对他们杰出的表现、伟大的事迹、崇高的品质表现出的认可、尊敬和推崇，社会地位和职业声望的自我评价会影响科技工作者的职业忠诚度，社会声望会影响科技工作者对社会地位的自我评价。经调查，2031 个样本对于社会声望满意度情况如表 4-25 所示。

表 4-25　新疆科技工作者社会声望满意度情况　　单位：人，%

科技工作者类型		非常不满意	比较不满意	一般	比较满意	非常满意	合计	均值
卫生技术人员	人数	2	14	65	127	56	264	3. 84
	占比	0. 76	5. 30	24. 62	48. 11	21. 21	100. 00	
农业技术人员	人数	1	22	99	168	94	384	3. 86
	占比	0. 26	5. 73	25. 78	43. 75	24. 48	100. 00	
科学研究人员	人数	0	8	30	68	32	138	3. 90
	占比	0. 00	5. 80	21. 74	49. 28	23. 19	100. 00	

续表

科技工作者类型		非常不满意	比较不满意	一般	比较满意	非常满意	合计	均值
自科教学人员	人数	10	55	147	308	170	690	3.83
	占比	1.45	7.97	21.3	44.64	24.64	100.00	
工程技术人员	人数	4	24	143	260	124	555	3.86
	占比	0.72	4.32	25.77	46.85	22.34	100.00	
合计	人数	17	123	484	931	476	2031	3.85
	占比	0.84	6.06	23.83	45.84	23.44	100.00	

4.6.2.1 社会声望满意度的整体性描述

本次调查的科技工作者对社会声望满意度的分布结构为：对社会声望非常满意的有 476 人，占比为 23.44%；比较满意的有 931 人，占比为 45.84%；一般的有 484 人，占比为 23.83%；比较不满意的有 123 人，占比为 6.06%；非常不满意的有 17 人，占比为 0.84%。总体来看，69.28%的人对社会声望感到满意，整体满意度均值为 3.85，表明整体满意度介于一般和比较满意的程度之间（见图 4-169）。

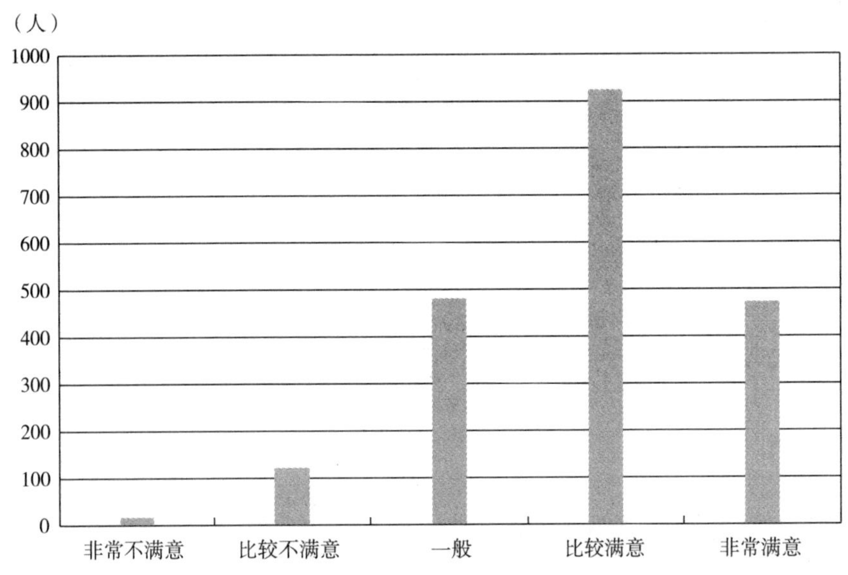

图 4-169 新疆科技工作者社会声望满意度情况

因此，新疆科技工作者的社会声望较高，有利于在全社会塑造丰满立体的科技工作者形象，营造“尊重劳动、尊重知识、尊重人才、尊重创造”的社会风气；有利于突出当代科技工作者对经济发展、社会进步的贡献，增强科技工作者在社会生活中的影响力和美誉度。

4.6.2.2 社会声望满意度的分类型描述

通过对五类科技工作者分类型进行社会声望满意度的交叉分析，得出以下结论：

（1）卫生技术人员。

通过数据分析整理可以发现：卫生技术人员对于社会声望，非常满意和比较满意的有 183 人，占比为 69.32%；一般的有 65 人，占比为 24.62%；比较不满意和非常不满意的有 16 人，占比为 6.06%。整体满意度均值为 3.84，介于一般和比较满意的程度之间（见图 4-170）。

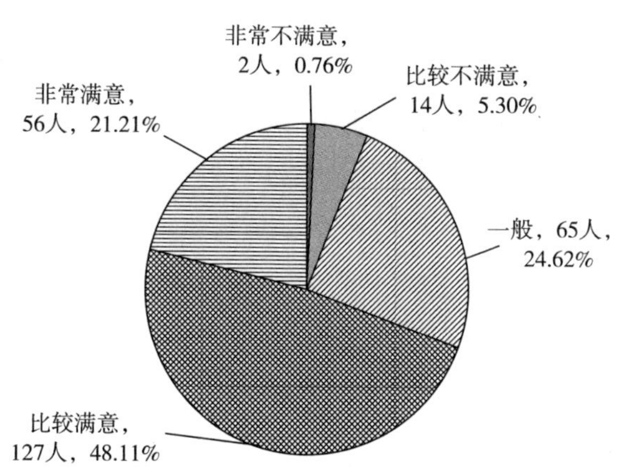

图 4-170 卫生技术人员社会声望满意度情况

（2）农业技术人员。

通过数据分析整理可以发现：农业技术人员对于社会声望，非常满意和比较满意的有 262 人，占比为 68.23%；一般的有 99 人，占比为 25.78%；比较不满意和非常不满意的有 23 人，占比为 5.99%。整体满意度均值为 3.86，介于一般和比较满意的程度之间（见图 4-171）。

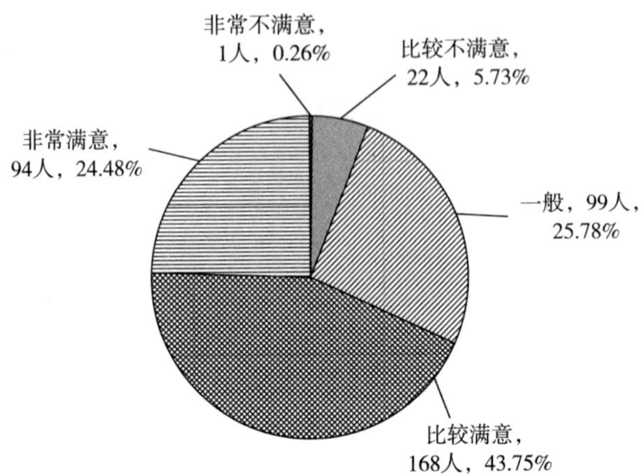

图 4-171　农业技术人员社会声望满意度情况

（3）科学研究人员。

通过数据分析整理可以发现：科学研究人员对于社会声望，非常满意的有 32 人，占比为 23.19%；比较满意的有 68 人，占比为 49.28%；一般的有 30 人，占比为 21.74%；比较不满意的有 8 人，占比为 5.80%。整体满意度均值为 3.90，介于一般和比较满意的程度之间（见图 4-172）。

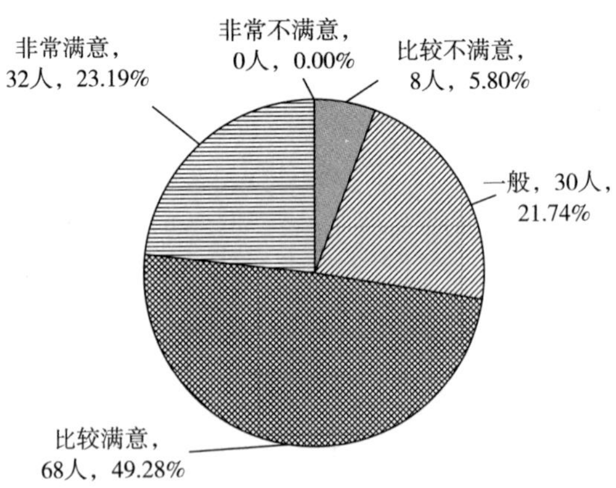

图 4-172　科学研究人员社会声望满意度情况

（4）自科教学人员。

通过数据分析整理可以发现：自科教学人员对于社会声望，非常满意的有

170 人，占比为 24. 64%；比较满意的有 308 人，占比为 44. 64%；一般的有 147 人，占比为 21. 30%；比较不满意和非常不满意的有 65 人，占比为 9. 42%。整体满意度均值为 3. 83，介于一般和比较满意的程度之间（见图 4-173）。

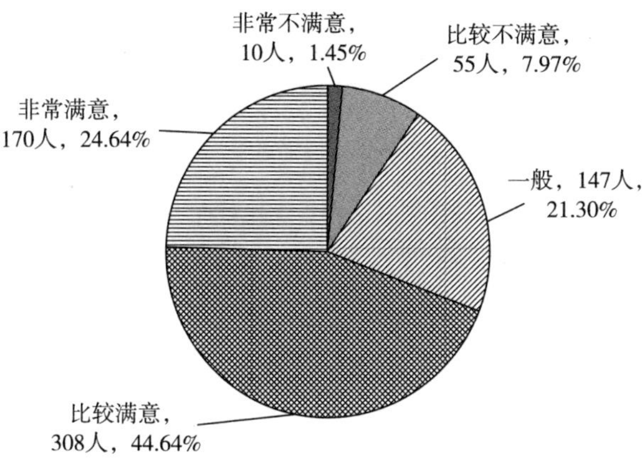

图 4-173　自科教学人员社会声望满意度情况

（5）工程技术人员。

通过数据分析整理可以发现：工程技术人员对于社会声望，比较满意和非常满意的有 384 人，占比为 69. 19%；比较不满意和非常不满意的有 28 人，占比为 5. 04%；一般的有 143 人，占比为 25. 77%。整体满意度均值为 3. 86，介于一般和比较满意的程度之间（见图 4-174）。

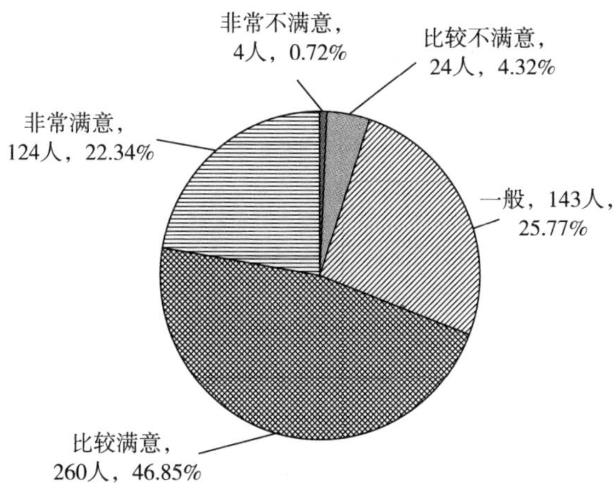

图 4-174　工程技术人员社会声望满意度情况

各类科技工作者对社会声望满意度差距不大、分布相似，与社会声望整体满意度情况相同，满意度均介于一般和比较满意的程度之间。

4.6.3 工作条件满意度

工作条件是指科技工作者在工作中的设施条件、工作环境、劳动强度和工作时间的总和，对科技工作者的效率、思想都有很大的影响。经调查，2031 个样本对于工作条件满意度情况如表 4-26 所示。

表 4-26 新疆科技工作者工作条件满意度情况 单位：人，%

科技工作者类型		非常不满意	比较不满意	一般	比较满意	非常满意	合计	均值
卫生技术人员	人数	6	47	45	123	43	264	3.57
	占比	2.27	17.80	17.05	46.59	16.29	100.00	
农业技术人员	人数	6	62	47	181	88	384	3.74
	占比	1.56	16.15	12.24	47.14	22.92	100.00	
科学研究人员	人数	2	20	19	69	28	138	3.73
	占比	1.45	14.49	13.77	50.00	20.29	100.00	
自科教学人员	人数	32	115	99	313	131	690	3.57
	占比	4.64	16.67	14.35	45.36	18.99	100.00	
工程技术人员	人数	8	86	69	266	126	555	3.75
	占比	1.44	15.50	12.43	47.93	22.70	100.00	
合计	人数	54	330	279	952	416	2031	3.66
	占比	2.66	16.25	13.74	46.87	20.48	100.00	

4.6.3.1 工作条件满意度的整体性描述

本次调查的科技工作者对工作条件满意度的分布结构为：对工作条件非常满意的有 416 人，占比为 20.48%；比较满意的有 952 人，占比为 46.87%；一般的有 279 人，占比为 13.74%；比较不满意的有 330 人，占比为 16.25%；非常不满意的有 54 人，占比为 2.66%。总体来看，67.35%的人对工作条件感到满意，整体满意度均值为 3.66，表明整体满意度介于一般和比较满意的程度之间（见图 4-175）。

因此，良好的工作条件是科技发展的重要保证，是科技工作者进行研究的必需品，营造让科技工作者心无旁骛事业的环境，让他们能够专注科研，使科技生产力得到释放，良好的制度环境至关重要，企业和政府应当为科技工作者提供良好的工作条件，给更多的科研人员提供良好的工作条件是至关重要的。

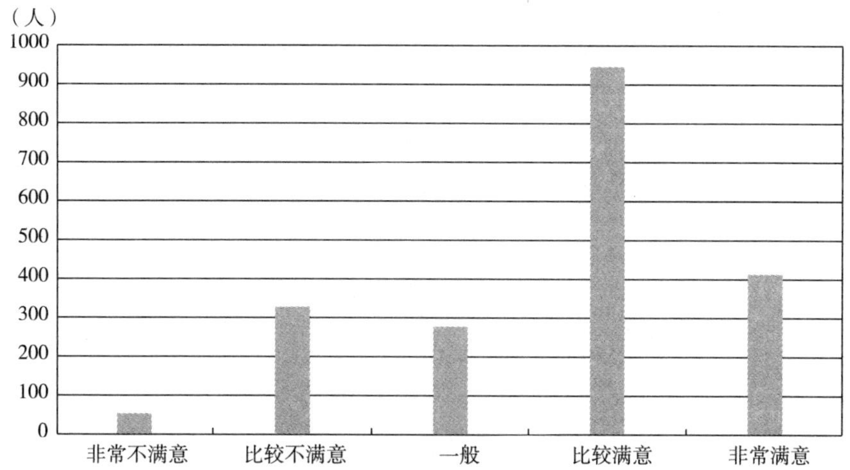

图 4-175　新疆科技工作者工作条件满意度情况

4.6.3.2　工作条件满意度的分类型描述

通过对五类科技工作者分类型进行工作条件满意度的交叉分析，得出以下结论：

（1）卫生技术人员。

通过数据分析整理可以发现：卫生技术人员对于工作条件，非常满意的有 43 人，占比为 16.29%；比较满意的有 123 人，占比为 46.59%；一般的有 45 人，占比为 17.05%；比较不满意的有 47 人，占比为 17.80%；非常不满意的有 6 人，占比为 2.27%。整体满意度均值为 3.57，介于一般和比较满意的程度之间（见图 4-176）。

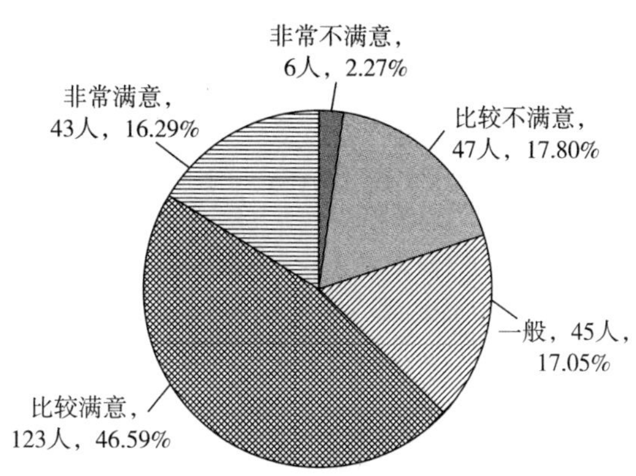

图 4-176　卫生技术人员工作条件满意度情况

（2）农业技术人员。

通过数据分析整理可以发现：农业技术人员对于工作条件，非常满意和比较满意的有 269 人，占比为 70.06%；一般的有 47 人，占比为 12.24%；比较不满意和非常不满意有 68 人，占比为 17.71%。整体满意度均值为 3.74，介于一般和比较满意的程度之间（见图 4-177）。

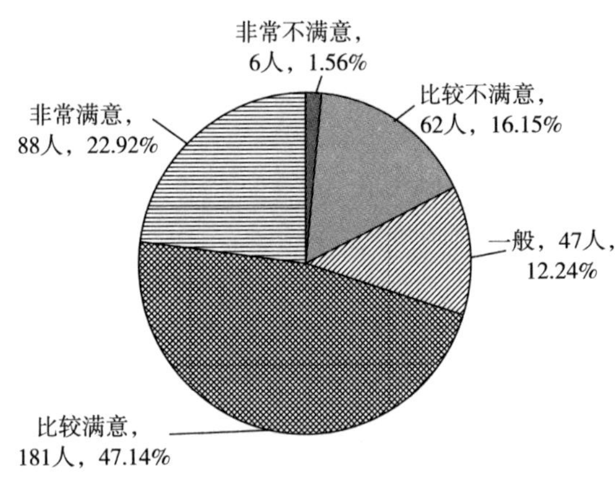

图 4-177　农业技术人员工作条件满意度情况

（3）科学研究人员。

通过数据分析整理可以发现：科学研究人员对于工作条件，非常不满意和比较不满意的有 22 人，占比为 15.94%；非常满意的有 28 人，占比为 20.29%；比较满意的有 69 人，占比为 50.00%；一般的有 19 人，占比为 13.77%。整体满意度均值为 3.73，介于一般和比较满意的程度之间（见图 4-178）。

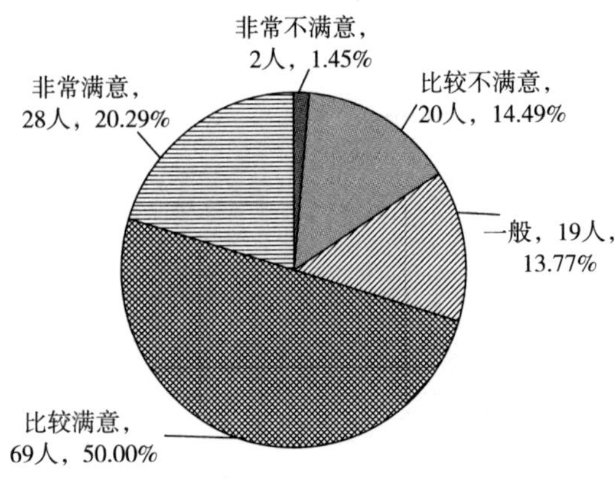

图 4-178　科学研究人员工作条件满意度情况

（4）自科教学人员。

通过数据分析整理可以发现：自科教学人员对于工作条件，非常满意的有 131 人，占比为 18.99%；比较满意的有 313 人，占比为 45.36%；一般的有 99 人，占比为 14.35%；比较不满意和非常不满意的有 147 人，占比为 21.31%。整体满意度均值为 3.57，介于一般和比较满意的程度之间（见图 4-179）。

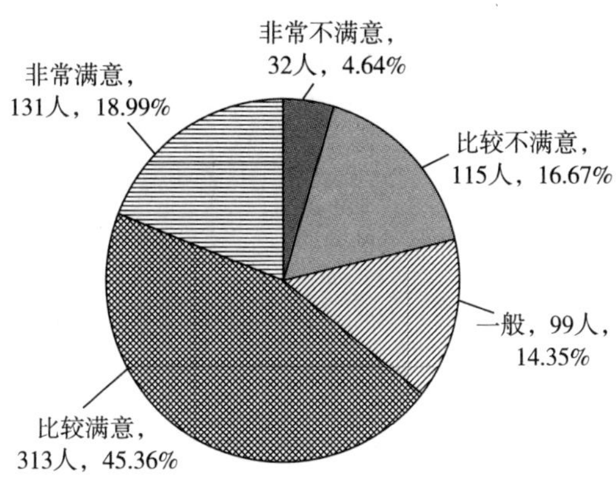

图 4-179　自科教学人员工作条件满意度情况

（5）工程技术人员。

通过数据分析整理可以发现：工程技术人员对于工作条件，比较满意和非常满意的有 392 人，占比为 70.63%；比较不满意和非常不满意的有 94 人，占比为 16.94%；一般的有 69 人，占比为 12.43%。整体满意度均值为 3.75，介于一般和比较满意的程度之间（见图 4-180）。

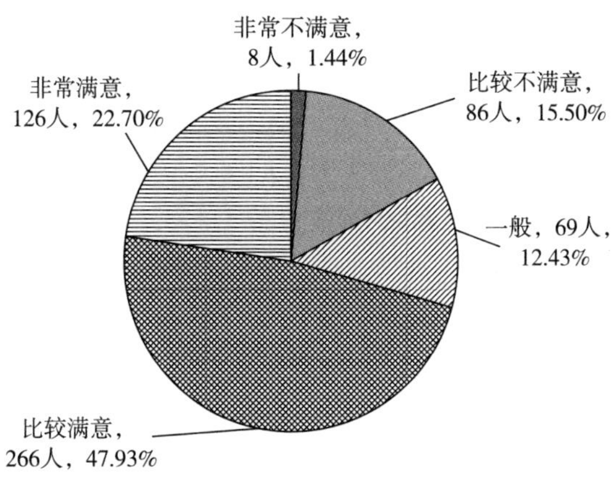

图 4-180　工程技术人员工作条件满意度情况

各类科技工作者对工作条件满意度差距不大、分布相似，与工作条件整体满意度情况相同，满意度均介于一般和比较满意的区间。

4.6.4 工作晋升满意度

工作晋升是指员工向一个比前一个工作岗位挑战性更高、所需承担责任更大以及享有职权更多的工作岗位流动的过程，良好的晋升机制可以给予新疆科技工作者在科学研究中更大的动力，提高工作积极性，具有良好的竞争导向。经调查：2031 个样本对于工作晋升满意度情况如表 4-27 所示：

表 4-27 新疆科技工作者工作晋升满意度情况 单位：人，%

科技工作者类型		非常不满意	比较不满意	一般	比较满意	非常满意	总计	均值
卫生技术人员	人数	10	43	81	84	46	264	3.43
	占比	3.79	16.29	30.68	31.82	17.42	100.00	
农业技术人员	人数	12	57	127	119	69	384	3.46
	占比	3.13	14.84	33.07	30.99	17.97	100.00	
科学研究人员	人数	6	23	39	49	21	138	3.41
	占比	4.35	16.67	28.26	35.51	15.22	100.00	
自科教学人员	人数	25	111	205	225	124	690	3.45
	占比	3.62	16.09	29.71	32.61	17.97	100.00	
工程技术人员	人数	21	77	179	193	85	555	3.44
	占比	3.78	13.87	32.25	34.77	15.32	100.00	
合计	人数	74	311	631	670	345	2031	3.44
	占比	3.64	15.31	31.07	32.99	16.99	100.00	

4.6.4.1 工作晋升满意度的整体性描述

本次调查的科技工作者对工作晋升满意度的分布结构为：对工作晋升非常满意的有 345 人，占比为 16.99%；比较满意的有 670 人，占比为 32.99%；一般的有 631 人，占比为 31.07%；比较不满意的有 311 人，占比为 15.31%；非常不满意的有 74 人，占比为 3.64%。总体来看，49.98%的人对工作晋升感到满意，整体满意度均值为 3.44，表明整体满意度介于一般和比较满意的程度之间（见图 4-181）。

因此，新疆科技工作者对于工作晋升并不是非常满意，工作晋升是激发科技工作者主动性和积极性的一个重要手段，良好的晋升体制不仅可以促进科学研究的发展和进步，也能够为科技工作者提供明确的目标，政府企业应当加强对于工

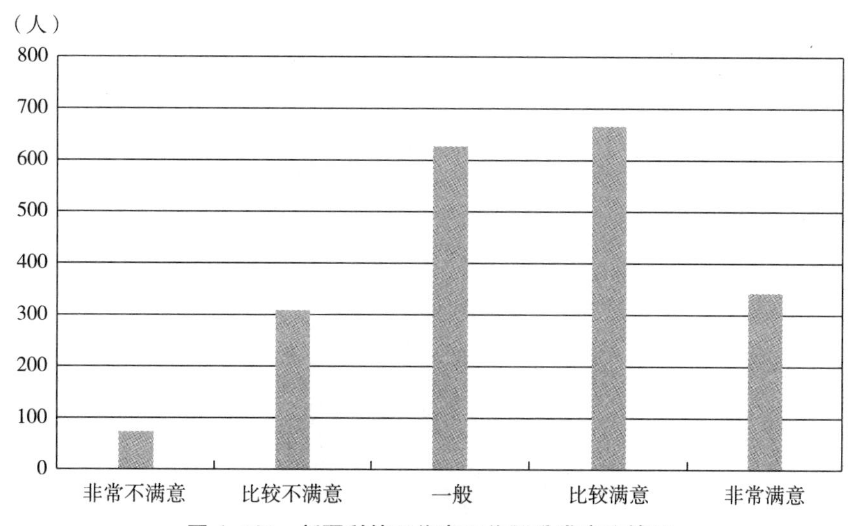

图 4-181 新疆科技工作者工作晋升满意度情况

作晋升体制的完善和改良，激发更多的科技工作者的工作积极性，同时引导形成良性的晋升风气。

4.6.4.2 工作晋升满意度的分类型描述

通过对五类科技工作者分类型进行工作晋升满意度的交叉分析，得出以下结论：

（1）卫生技术人员。

通过数据分析整理可以发现：卫生技术人员对于工作晋升，非常满意的有 46 人，占比为 17.42%；比较满意的有 84 人，占比为 31.82%；一般的有 81 人，占比为 30.68%；比较不满意的有 43 人，占比为 16.29%；非常不满意的有 10 人，占比为 3.79%。整体满意度均值为 3.43，介于一般和比较满意的程度之间（见图 4-182）。

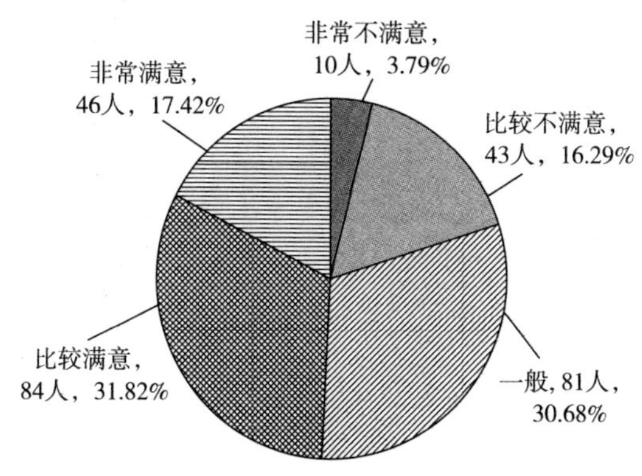

图 4-182 卫生技术人员工作晋升满意度情况

（2）农业技术人员。

通过数据分析整理可以发现：农业技术人员对于工作晋升，非常满意和比较满意的有 188 人，占比为 48. 96%；一般的有 127 人，占比为 33. 07%；比较不满意和非常不满意的有 69 人，占比为 17. 97%。整体满意度均值为 3. 46，介于一般和比较满意的程度之间（见图 4-183）。

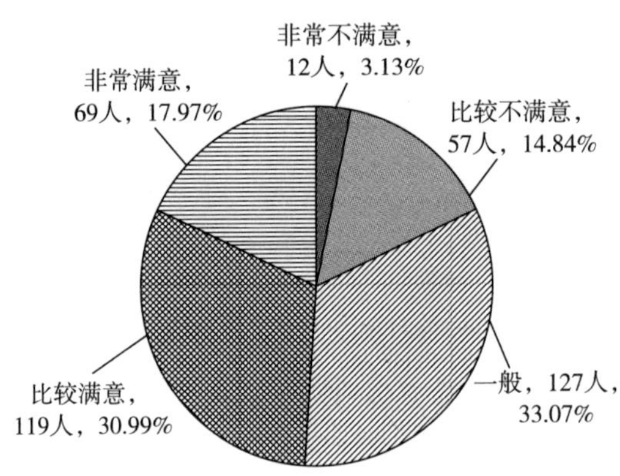

图 4-183　农业技术人员工作晋升满意度情况

（3）科学研究人员。

通过数据分析整理可以发现：科学研究人员对于工作晋升，非常不满意和比较不满意的有 29 人，占比为 21. 02%；非常满意的有 21 人，占比为 15. 22%；比较满意的有 49 人，占比为 35. 51%；一般的有 39 人，占比为 28. 26%。整体满意度均值为 3. 41，介于一般和比较满意的程度之间（见图 4-184）。

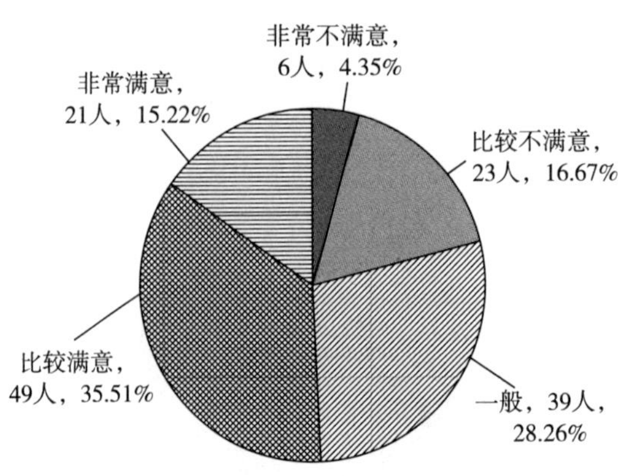

图 4-184　科学研究人员工作晋升满意度情况

（4）自科教学人员。

通过数据分析整理可以发现：自科教学人员对于工作晋升，非常满意的有 124 人，占比为 17.97%；比较满意的有 225 人，占比为 32.61%；一般的有 205 人，占比为 29.71%；比较不满意和非常不满意的有 136 人，占比为 19.71%。整体满意度均值为 3.45，介于一般和比较满意的程度之间（见图 4-185）。

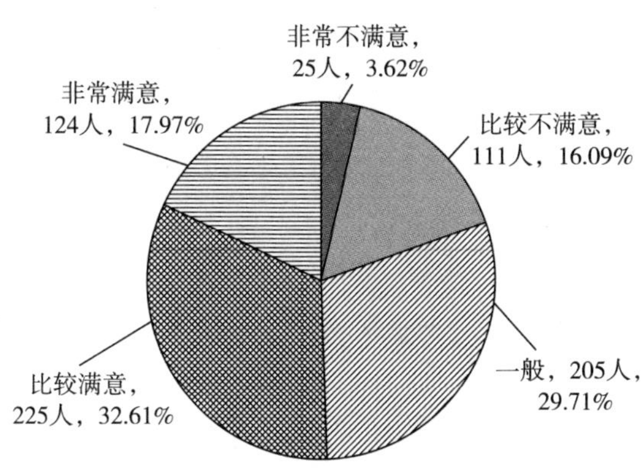

图 4-185　自科教学人员工作晋升满意度情况

（5）工程技术人员。

通过数据分析整理可以发现：工程技术人员对于工作晋升，比较满意和非常满意的有 278 人，占比为 50.09%；比较不满意和非常不满意的有 98 人，占比为 17.65%；一般的有 179 人，占比为 32.25%。整体满意度均值为 3.44，介于一般和比较满意的程度之间（见图 4-186）。

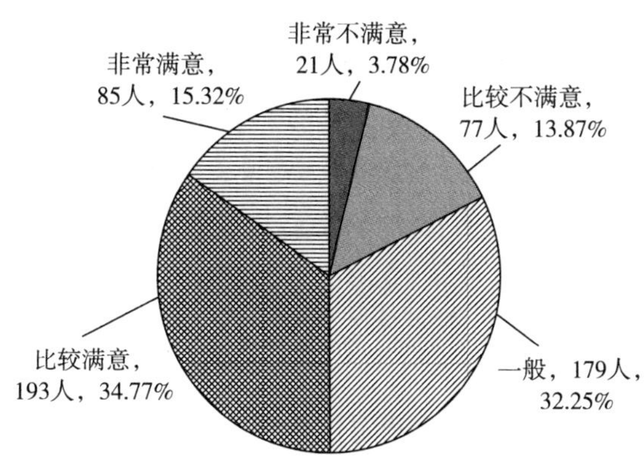

图 4-186　工程技术人员工作晋升满意度情况

各类科技工作者对工作晋升满意度差距不大、分布相似，与工作晋升整体满意度情况相同，满意度均介于一般和比较满意的区间。

4.6.5 工作稳定性满意度

一份稳定的工作不仅可以提供稳定的收入，也可以带给员工安全感，稳定性是科技工作者选择工作时的重要考虑因素，对科技工作者的职业忠诚度影响较大，工作稳定性对于新疆科技工作者有着相关的影响。经调查，2031 个样本对于工作稳定性满意度情况如表 4-28 所示。

表 4-28 新疆科技工作者工作稳定性满意度情况 单位：人，%

科技工作者类型		非常不满意	比较不满意	一般	比较满意	非常满意	总计	均值
卫生技术人员	人数	1	3	18	97	145	264	4.45
	占比	0.38	1.14	6.82	36.74	54.92	100.00	
农业技术人员	人数	1	7	33	134	209	384	4.41
	占比	0.26	1.82	8.59	34.90	54.43	100.00	
科学研究人员	人数	1	0	11	36	90	138	4.55
	占比	0.72	0.00	7.97	26.09	65.22	100.00	
自科教学人员	人数	4	10	50	227	399	690	4.46
	占比	0.58	1.45	7.25	32.90	57.83	100.00	
工程技术人员	人数	0	5	40	194	316	555	4.48
	占比	0.00	0.90	7.21	34.95	56.94	100.00	
合计	人数	7	25	152	688	1159	2031	4.46
	占比	0.34	1.23	7.48	33.87	57.07	100.00	

4.6.5.1 工作稳定性满意度的整体性描述

本次调查的科技工作者对工作稳定性满意度的分布结构为：对工作稳定性非常满意的有 1159 人，占比为 57.07%；比较满意的有 688 人，占比为 33.87%；一般的有 152 人，占比为 7.48%；比较不满意的有 25 人，占比为 1.23%；非常不满意的有 7 人，占比为 0.34%。总体来看，90.94%的人对工作稳定性感到满意，整体满意度均值为4.46，表明整体满意度介于比较满意和非常满意的程度之间（见图 4-187）。

因此，新疆科技工作者的工作稳定性较高，这可以为新疆的科研人员提供良好的生存安全感，应当保持这种良好的稳定性，让更多的新疆科技工作者避免生存危机，将更多的身心投入到科学研究中去。当然，稳定保障不是“大锅饭”，

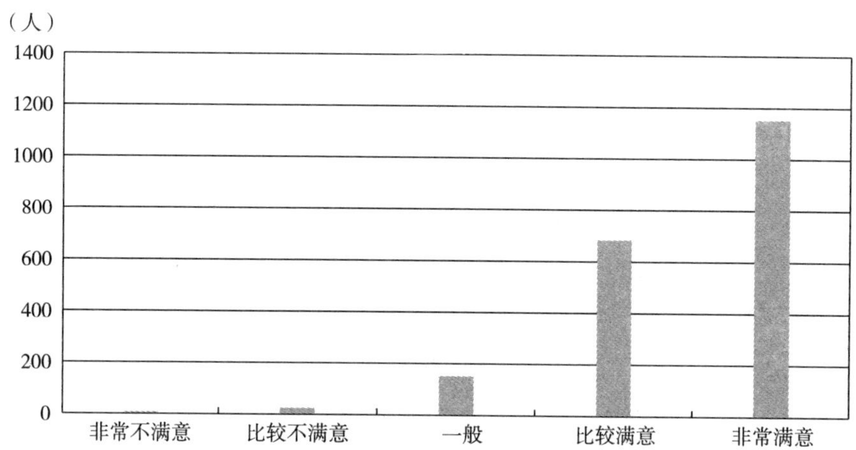

图 4-187　新疆科技工作者工作稳定性满意度情况

更不能大包大揽。科研本身就是一个强竞争领域，需要绝对的专注和投入。当一个人选择科学研究作为毕生职业后，面对竞争就是最基本的要求。

4.6.5.2　工作稳定性满意度的分类型描述

通过对五类科技工作者分类型进行工作稳定性满意度的交叉分析，得出以下结论：

（1）卫生技术人员。

通过数据分析整理可以发现：卫生技术人员对于工作稳定性，非常满意的有145人，占比为54.92%；比较满意的有97人，占比为36.74%；一般的有18人，占比为6.82%；比较不满意和非常不满意的有4人，占比为1.52%。整体满意度均值为4.45，介于比较满意和非常满意的程度之间（见图4-188）。

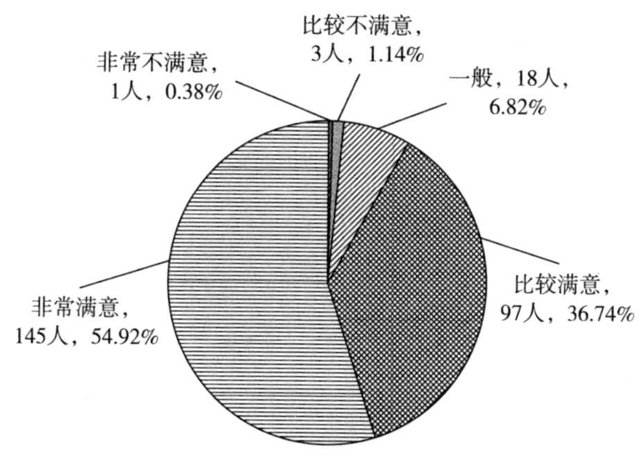

图 4-188　卫生技术人员工作稳定性满意度情况

（2）农业技术人员。

通过数据分析整理可以发现：农业技术人员对于工作稳定性，非常满意和比较满意的有 343 人，占比为 89.33%；一般的有 33 人，占比为 8.59%；比较不满意和非常不满意的有 8 人，占比为 2.08%。整体满意度均值为 4.41，介于比较满意和非常满意的程度之间（见图 4-189）。

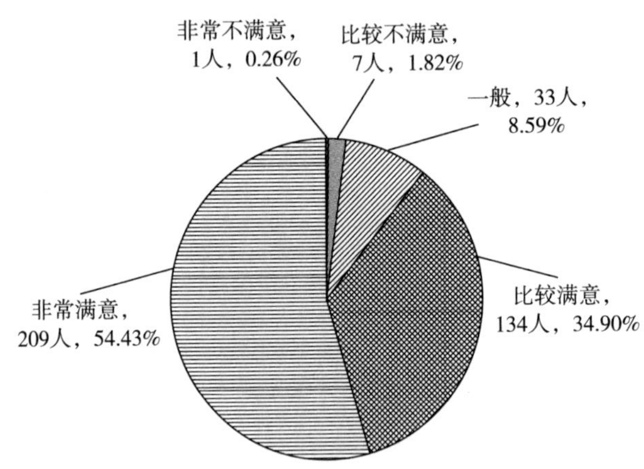

图 4-189　农业技术人员工作稳定性满意度情况

（3）科学研究人员。

通过数据分析整理可以发现：科学研究人员对于工作稳定性，非常不满意和比较不满意人数有 1 人，占比为 0.72%；非常满意的有 90 人，占比为 65.22%；比较满意的有 36 人，占比为 26.09%；一般的有 11 人，占比为 7.97%。整体满意度均值为 4.55，介于比较满意和非常满意的程度之间（见图 4-190）。

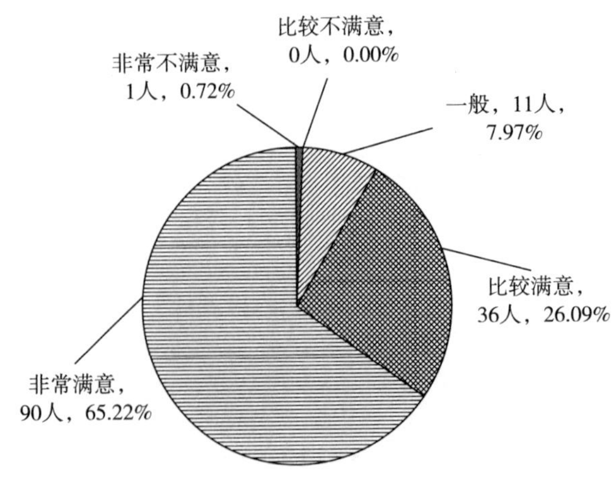

图 4-190　科学研究人员工作稳定性满意度情况

（4）自科教学人员。

通过数据分析整理可以发现：自科教学人员对于工作稳定性，非常满意的有 399 人，占比为 57.83%；比较满意的有 227 人，占比为 32.90%；一般的有 50 人，占比为 7.25%；比较不满意和非常不满意的有 14 人，占比为 2.03%。整体满意度均值为 4.46，介于比较满意和非常满意的程度之间（见图 4-191）。

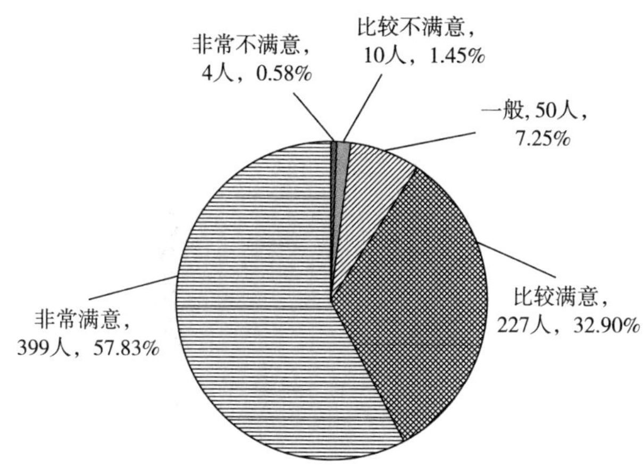

图 4-191　自科教学人员工作稳定性满意度情况

（5）工程技术人员。

通过数据分析整理可以发现：工程技术人员对于工作稳定性，比较满意和非常满意有 510 人，占比为 91.89%；比较不满意和非常不满意的有 5 人，占比为 0.90%；一般的有 40 人，占比为 7.21%。整体满意度均值为 4.48，介于比较满意和非常满意的程度之间（见图 4-192）。

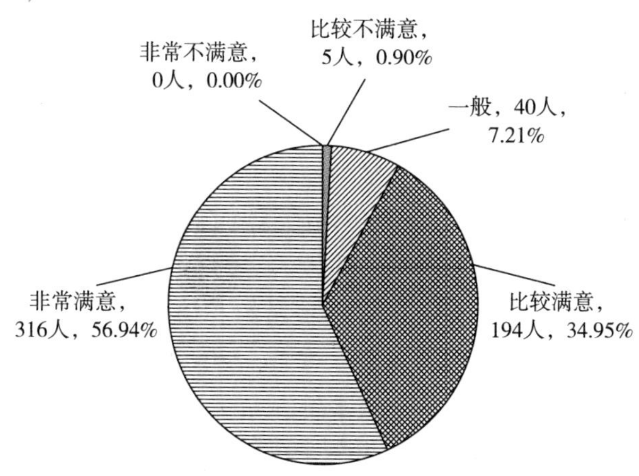

图 4-192　工程技术人员工作稳定性满意度情况

各类科技工作者对工作稳定性满意度差距不大、分布相似，与工作稳定性整体满意度情况相同，满意度均介于比较满意和非常满意的区间。

4.6.6 工作自主性满意度

工作自主性是指工作者自我感觉能够独立地控制自己的工作，包括决定工作方法、工作程序、工作时间和地点以及付出多少努力等，要求我们本身要对工作有兴趣，这样才能在工作中发挥主观能动性，不用别人督促，也不用别人催促，你就能自主积极地去完成，工作自主性能够让科技工作者提高科研效率，更容易取得成绩。经调查，2031 个样本对于工作自主性满意度情况如表 4-29 所示：

表 4-29 新疆科技工作者工作自主性满意度情况　　单位：人，%

科技工作者类型		非常不满意	比较不满意	一般	比较满意	非常满意	总计	均值
卫生技术人员	人数	4	22	30	111	97	264	4.04
	占比	1.52	8.33	11.36	42.05	36.74	100.00	
农业技术人员	人数	10	29	53	158	134	384	3.98
	占比	2.60	7.55	13.80	41.15	34.90	100.00	
科学研究人员	人数	2	11	21	59	45	138	3.97
	占比	1.45	7.97	15.22	42.75	32.61	100.00	
自科教学人员	人数	20	51	97	299	223	690	3.95
	占比	2.90	7.39	14.06	43.33	32.32	100.00	
工程技术人员	人数	15	51	77	227	185	555	3.93
	占比	2.70	9.19	13.87	40.90	33.33	100.00	
合计	人数	51	164	278	854	684	2031	3.96
	占比	2.51	8.07	13.69	42.05	33.68	100.00	

4.6.6.1 工作自主性满意度的整体性描述

本次调查的科技工作者对工作自主性满意度的分布结构为：对工作自主性非常满意的有 684 人，占比为 33.68%；比较满意的有 854 人，占比为 42.05%；一般的有 278 人，占比为 13.69%；比较不满意的有 164 人，占比为 8.07%；非常不满意的有 51 人，占比为 2.51%。总体来看，75.73%的人对工作自主性感到满意，整体满意度均值为 3.96，表明整体满意度介于一般和比较满意的程度之间（见图 4-193）。

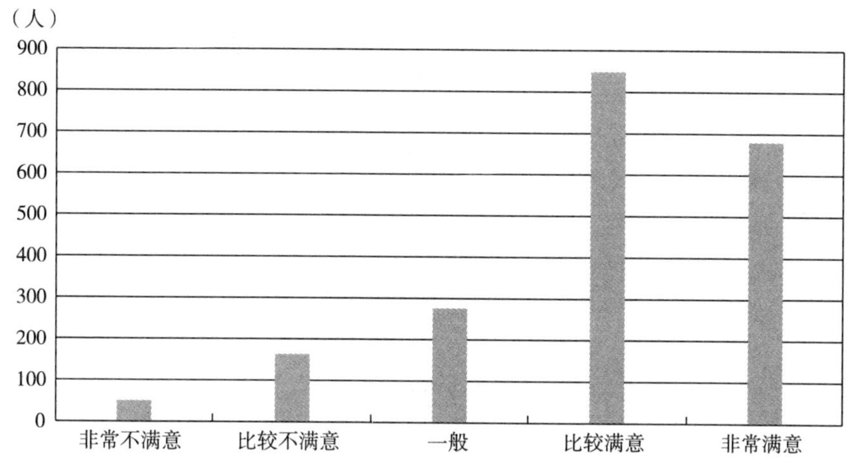

图 4-193　新疆科技工作者工作自主性满意度情况

因此，大部分新疆科技工作者的工作自主性得到了有效的发挥，这对于科研效率具有积极的影响，科技工作者可以根据自己的兴趣选择适合自己的科研方向，更容易取得成绩，企业在管理科技工作者的过程中采取“因材施教”原则，让科技工作者在自己适合的领域发挥作用，给予科技工作者充分的工作自主性，进而提高科技研发和成果产出。

4.6.6.2　工作自主性满意度的分类型描述

通过对五类科技工作者分类型进行工作自主性满意度的交叉分析，得出以下结论：

（1）卫生技术人员。

通过数据分析整理可以发现：卫生技术人员对于工作自主性，非常满意的有 97 人，占比为 36.74%；比较满意的有 111 人，占比为 42.05%；一般的有 30 人，占比为 11.36%；比较不满意和非常不满意的有 26 人，占比为 9.85%。整体满意度均值为 4.04，介于比较满意和非常满意的程度之间（见图 4-194）。

（2）农业技术人员。

通过数据分析整理可以发现：农业技术人员对于工作自主性，非常满意和比较满意的有 292 人，占比为 76.05%；一般的有 53 人，占比为 13.80%；比较不满意和非常不满意的有 39 人，占比为 10.15%。整体满意度均值为 3.98，介于一般和比较满意的程度之间（见图 4-195）。

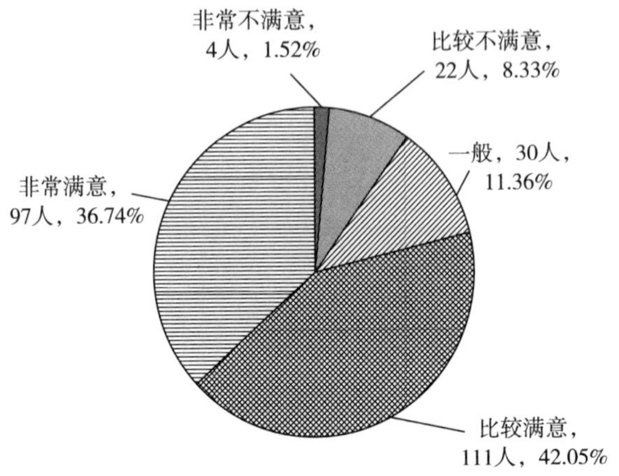

图 4-194　卫生技术人员工作自主性满意度情况

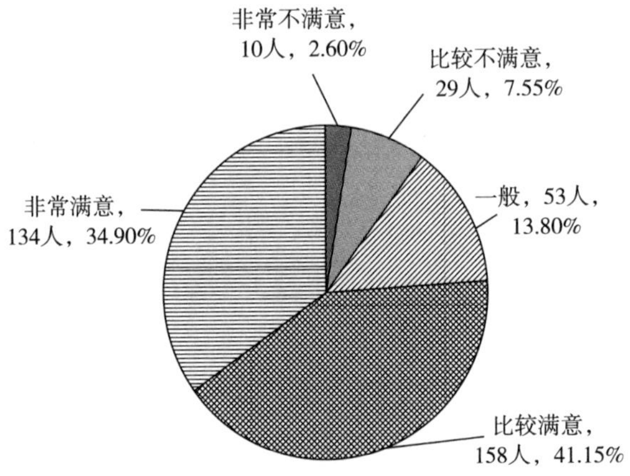

图 4-195　农业技术人员工作自主性满意度情况

（3）科学研究人员。

通过数据分析整理可以发现：科学研究人员对于工作自主性，非常不满意和比较不满意的有 13 人，占比为 9. 42%；非常满意的有 45 人，占比为 32. 61%；比较满意的有 59 人，占比为 42. 75%；一般的有 21 人，占比为 15. 22%。整体满意度均值为 3. 97，介于一般和比较满意的程度之间（见图 4-196）。

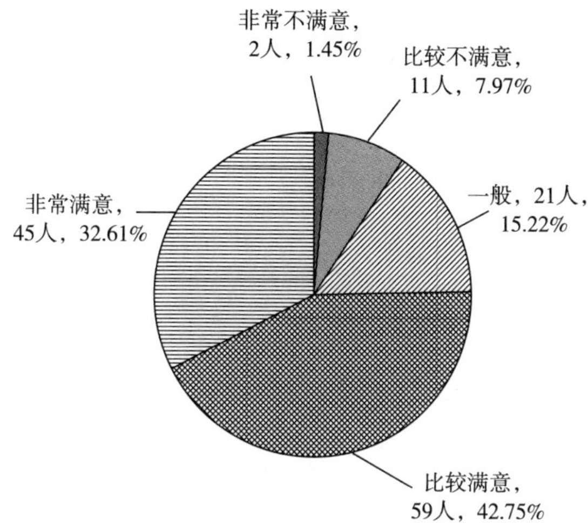

图 4-196　科学研究人员工作自主性满意度情况

（4）自科教学人员。

通过数据分析整理可以发现：自科教学人员对于工作自主性，非常满意的有 223 人，占比为 32.32%；比较满意的有 299 人，占比为 43.33%；一般的有 97 人，占比为 14.06%；比较不满意和非常不满意的有 71 人，占比为 10.29%。整体满意度均值为 3.95，介于一般和比较满意的程度之间（见图 4-197）。

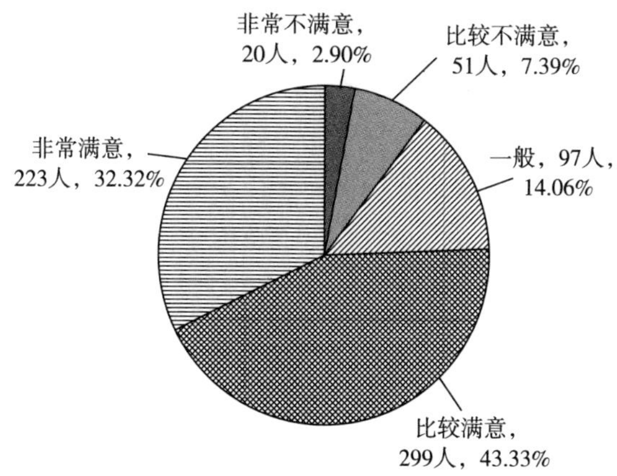

图 4-197　自科教学人员工作自主性满意度情况

（5）工程技术人员。

通过数据分析整理可以发现：工程技术人员对于工作自主性，比较满意和非常满意的有412人，占比为74.23%；比较不满意和非常不满意的有66人，占比为11.89%；一般的有77人，占比为13.87%。整体满意度均值为3.93，介于一般和比较满意的程度之间（见图4-198）。

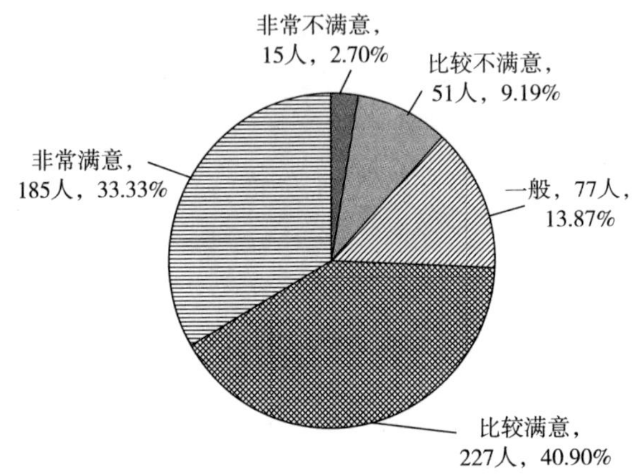

图4-198 工程技术人员工作自主性满意度情况

各类科技工作者对工作自主性满意度差距不大、分布相似，与人际关系整体满意度情况基本相同，除卫生技术人员外满意度均介于一般和比较满意的区间，卫生技术人员对人际关系满意度介于比较满意和非常满意的区间。

4.6.7 发挥专长满意度

发挥专长是让科技工作者在自己擅长的方面，充分发挥专业技能，让科技工作者表现出个人独有的动手能力、创造能力和适应能力，为科技创新提供重要的技术支撑，让科技工作者发挥专长，有利于拔尖领军技能人才的脱颖而出，有利于畅通技能人才职业发展通道，有利于吸引更多优秀劳动者从事技术技能岗位工作。经调查，2031个样本对于发挥专长满意度情况如表4-30所示。

表4-30 新疆科技工作者发挥专长满意度情况 单位：人，%

科技工作者类型		非常不满意	比较不满意	一般	比较满意	非常满意	总计	均值
卫生技术人员	人数	7	21	40	103	93	264	3.96
	占比	2.65	7.95	15.15	39.02	35.23	100.00	
农业技术人员	人数	9	30	55	158	132	384	3.97
	占比	2.34	7.81	14.32	41.15	34.38	100.00	

续表

科技工作者类型		非常不满意	比较不满意	一般	比较满意	非常满意	总计	均值
科学研究人员	人数	2	13	27	51	45	138	3.90
	占比	1.45	9.42	19.57	36.96	32.61	100.00	
自科教学人员	人数	23	75	84	285	223	690	3.88
	占比	3.33	10.87	12.17	41.3	32.32	100.00	
工程技术人员	人数	20	61	73	226	175	555	3.86
	占比	3.60	10.99	13.15	40.72	31.53	100.00	
合计	人数	61	200	279	823	668	2031	3.90
	占比	3.00	9.85	13.74	40.52	32.89	100.00	

4.6.7.1　发挥专长满意度的整体性描述

本次调查的科技工作者对发挥专长满意度的分布结构为：对发挥专长非常满意的有 668 人，占比为 32.89%；比较满意的有 823 人，占比为 40.52%；一般的有 279 人，占比为 13.74%；比较不满意的有 200 人，占比为 9.85%；非常不满意的有 61 人，占比为 3.00%。总体来看，73.41%的人对发挥专长感到满意，整体满意度均值为 3.90，表明整体满意度介于一般和比较满意的程度之间（见图 4-199）。

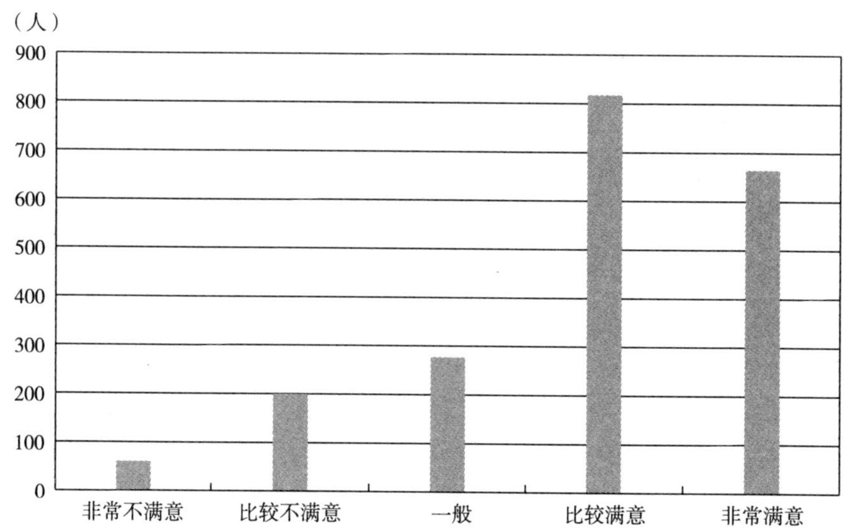

图 4-199　新疆科技工作者发挥专长满意度情况

因此，大部分新疆科技工作者的专长得到发挥，但仍有少部分工作者专业技能得不到充分发挥，企业公司应当继续完善人才招聘信息的公布，让专业性的人得到专业的工作，做到因才适用。科技工作也要以为企业解决实际问题为目标深入开展科学研究，企业需要什么，员工就研究什么，真正为企业提升科技创新能力、转型升级和技术提升提供科技助力，既让企业满意也让科技工作者充分发挥自己的专业技能。

4.6.7.2　发挥专长满意度的分类型描述

通过对五类科技工作者分类型进行发挥专长满意度的交叉分析，得出以下结论：

（1）卫生技术人员。

通过数据分析整理可以发现：卫生技术人员对于发挥专长，非常满意的有93 人，占比为35.23%；比较满意的有103 人，占比为39.02%；一般的有40 人，占比为15.15%；比较不满意和非常不满意的有28 人，占比为10.60%。整体满意度均值为3.96，介于一般和比较满意的程度之间（见图4-200）。

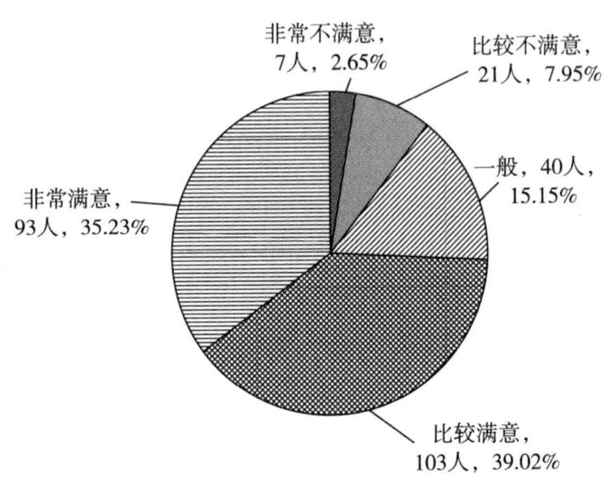

图4-200　卫生技术人员发挥专长满意度情况

（2）农业技术人员。

通过数据分析整理可以发现：农业技术人员对于发挥专长，非常满意和比较满意的有290 人，占比为75.53%；一般的有55 人，占比为14.32%；比较不满意和非常不满意的有39 人，占比为10.15%。整体满意度均值为3.97，介于一般和比较满意的程度之间（见图4-201）。

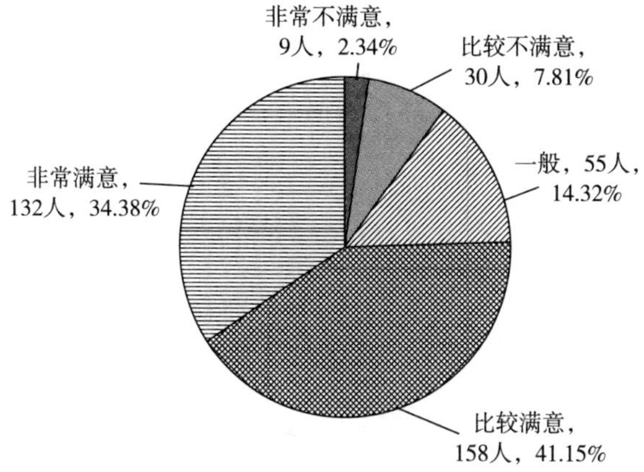

图 4-201 农业技术人员发挥专长满意度情况

（3）科学研究人员。

通过数据分析整理可以发现：科学研究人员对于发挥专长，非常不满意和比较不满意的有 15 人，占比为 10. 87%；非常满意的有 45 人，占比为 32. 61%；比较满意的有 51 人，占比为 36. 96%；一般的有 27 人，占比为 19. 57%。整体满意度均值为 3. 90，介于一般和比较满意的程度之间（见图 4-202）。

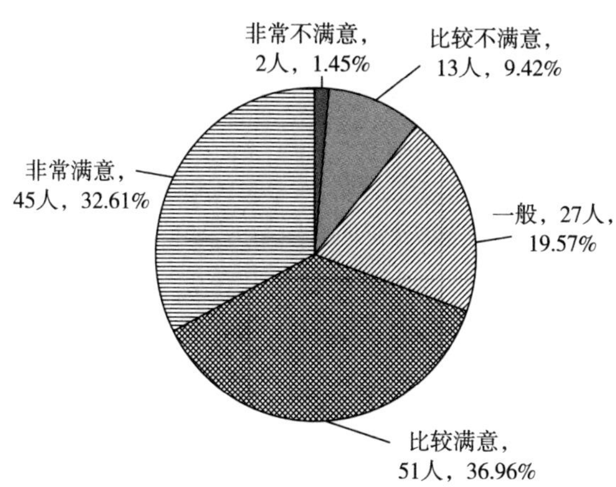

图 4-202 科学研究人员发挥专长满意度情况

（4）自科教学人员。

通过数据分析整理可以发现：自科教学人员对于发挥专长，非常满意的有

223 人，占比为 32. 32%；比较满意的有 285 人，占比为 41. 30%；一般的有 84 人，占比为 12. 17%；比较不满意和非常不满意的有 98 人，占比为 14. 20%。整体满意度均值为 3. 88，介于一般和比较满意的程度之间（见图 4-203）。

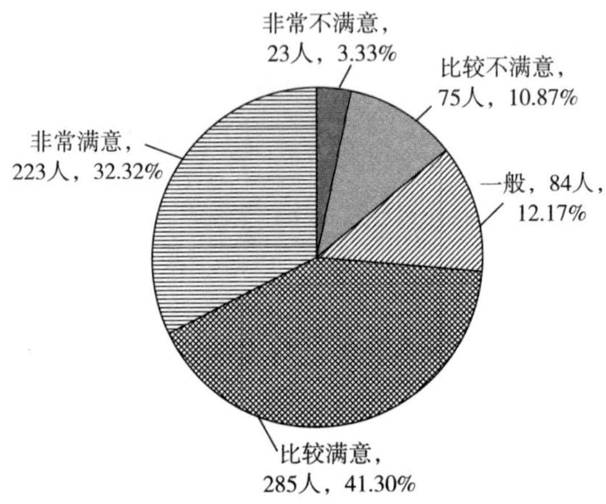

图 4-203　自科教学人员发挥专长满意度情况

（5）工程技术人员。

通过数据分析整理可以发现：工程技术人员对于发挥专长，比较满意和非常满意的有 401 人，占比为 72. 25%；比较不满意和非常不满意的有 81 人，占比为 14. 59%；一般满意的有 73 人，占比为 13. 15%。整体满意度均值为 3. 86，介于一般和比较满意的程度之间（见图 4-204）。

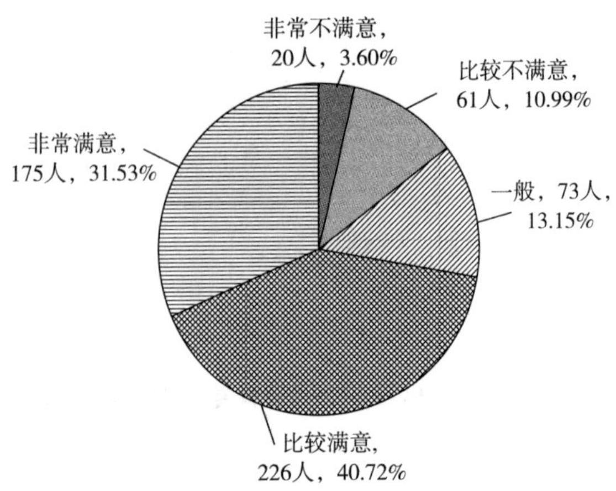

图 4-204　工程技术人员发挥专长满意度情况

各类科技工作者对发挥专长满意度差距不大、分布相似，与发挥专长整体满意度情况相同，满意度均介于一般和比较满意的区间。

4.6.8　工作成就感满意度

工作成就感是科技工作者在工作中为自己完成一个目标而感受到快乐，能够激发员工的工作信心和提高员工的工作状态，让员工快速成长，让企业实现飞速发展，因此工作成就感是科技工作者的重要动力，树立明确的目标，并不断努力奋斗，实现这个目标。经调查，2031 个样本对于工作成就感满意度情况如表 4-31 所示。

表 4-31　新疆科技工作者工作成就感满意度情况　　单位：人，%

科技工作者类型		非常不满意	比较不满意	一般	比较满意	非常满意	总计	均值
卫生技术人员	人数	11	72	24	138	19	264	3.31
	占比	4.17	27.27	9.09	52.27	7.20	100.00	
农业技术人员	人数	16	73	48	217	30	384	3.45
	占比	4.17	19.01	12.50	56.51	7.81	100.00	
科学研究人员	人数	7	23	13	82	13	138	3.51
	占比	5.07	16.67	9.42	59.42	9.42	100.00	
自科教学人员	人数	23	127	90	393	57	690	3.48
	占比	3.33	18.41	13.04	56.96	8.26	100.00	
工程技术人员	人数	15	106	53	325	56	555	3.54
	占比	2.70	19.10	9.55	58.56	10.09	100.00	
合计	人数	72	401	228	1155	175	2031	3.47
	占比	3.55	19.74	11.23	56.87	8.62	100.00	

4.6.8.1　工作成就感满意度的整体性描述

本次调查的科技工作者对工作成就感满意度的分布结构为：对工作成就感非常满意的有 175 人，占比为 8.62%；比较满意的有 1155 人，占比为 56.87%；一般的有 228 人，占比为 11.23%；比较不满意的有 401 人，占比为 19.74%；非常不满意的有 72 人，占比为 3.55%。总体来看，65.49%的人对工作成就感感到满意，整体满意度均值为 3.47，表明整体满意度介于一般和比较满意的程度之间（见图 4-205）。

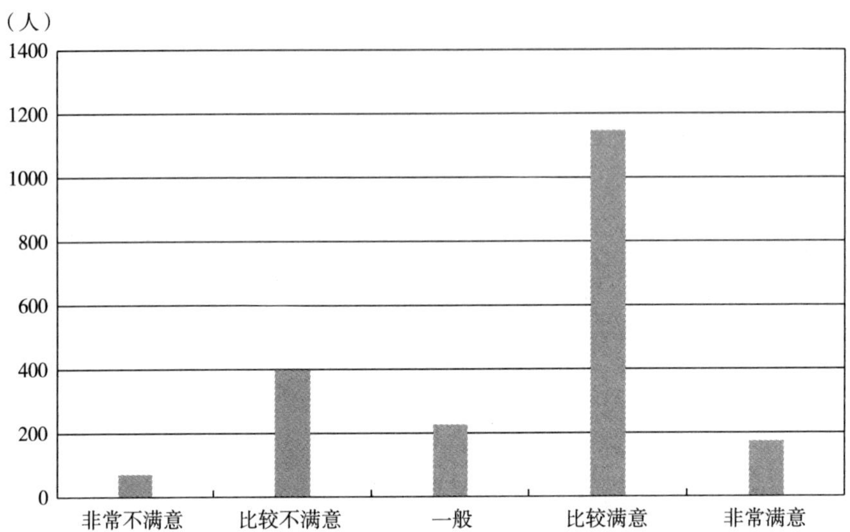

图 4-205　新疆科技工作者工作成就感满意度情况

因此，新疆科技工作者工作成就感大部分是满意的，但仍有少部分工作者在工作中存在失意，企业应适当引导个人制定合适的奋斗目标，安排适量的工作任务，让员工在完成工作的同时，获得成就感，这样有利于员工的身心健康，拥有正向良好的工作态度，提高工作效率。

4.6.8.2　工作成就感满意度的分类型描述

通过对五类科技工作者分类型进行工作成就感满意度的交叉分析，得出以下结论：

（1）卫生技术人员。

通过数据分析整理可以发现：卫生技术人员对于工作成就感，非常满意的有19 人，占比为 7.20%；比较满意的有 138 人，占比为 52.27%；一般的有 24 人，占比为 9.09%；比较不满意和非常不满意的有 83 人，占比为 31.44%。整体满意度均值为 3.31，介于一般和比较满意的程度之间（见图 4-206）。

（2）农业技术人员。

通过数据分析整理可以发现：农业技术人员对于工作成就感，非常满意和比较满意的有 247 人，占比为 64.32%；一般的有 48 人，占比为 12.50%；比较不满意和非常不满意的有 89 人，占比为 23.18%。整体满意度均值为 3.45，介于一般和比较满意的程度之间（见图 4-207）。

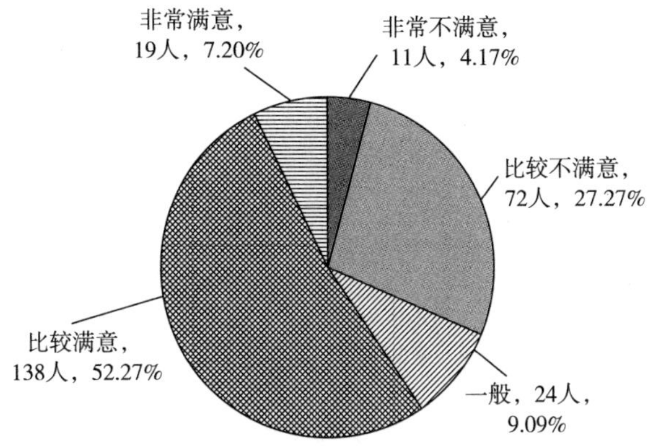

图 4-206　卫生技术人员工作成就感满意度情况

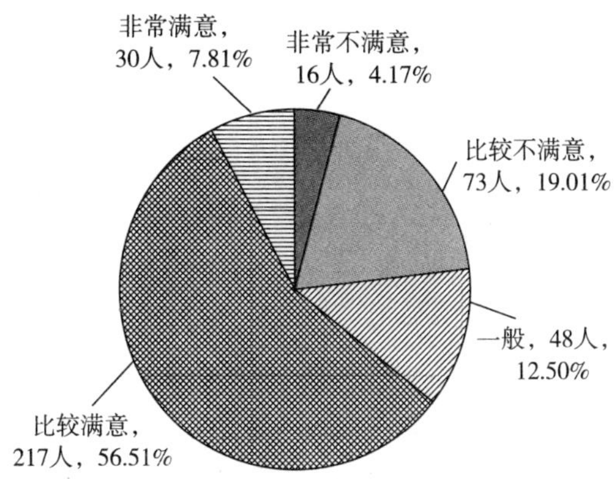

图 4-207　农业技术人员工作成就感满意度情况

（3）科学研究人员。

通过数据分析的整理可以发现：科学研究人员对于工作成就感，非常不满意和比较不满意人数的有 30 人，占比为 21.74%；非常满意人数的有 13 人，占比为 9.42%；比较满意人数的有 82 人，占比为 59.42%；一般的有 13 人，占比为 9.42%。整体满意度均值为 3.51，介于一般和比较满意的程度之间（见图 4-208）。

（4）自科教学人员。

通过数据分析整理可以发现：自科教学人员对于工作成就感，非常满意的有 57 人，占比为 8.26%；比较满意的有 393 人，占比为 56.96%；一般的有 90 人，占比为 13.04%；比较不满意和非常不满意的有 150 人，占比为 21.74%。整体满意度均值为 3.48，介于一般和比较满意的程度之间（见图 4-209）。

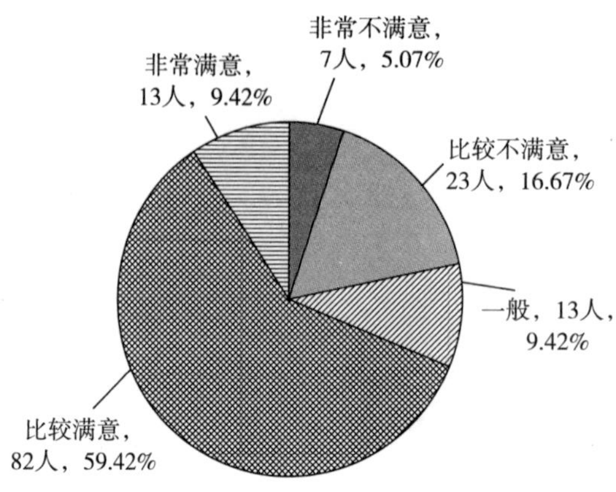

图 4-208　科学研究人员工作成就感满意度情况

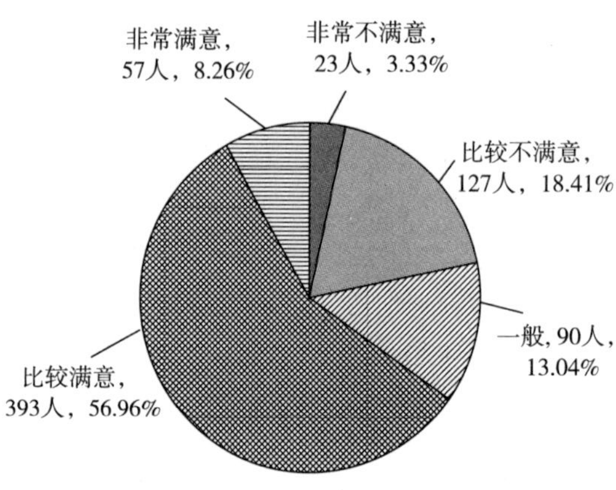

图 4-209　自科教学人员工作成就感满意度情况

（5）工程技术人员。

通过数据分析整理可以发现：工程技术人员对于工作成就感，非常满意和比较满意的有 381 人，占比为 68. 65%；比较不满意和非常不满意的有 121 人，占比为 21. 80%；一般的有 53 人，占比为 9. 55%。整体满意度均值为 3. 54，介于一般和比较满意的程度之间（见图 4-210）。

各类科技工作者对工作成就感满意度差距不大、分布相似，与工作成就感整体满意度情况相同，满意度均介于一般和比较满意的区间。

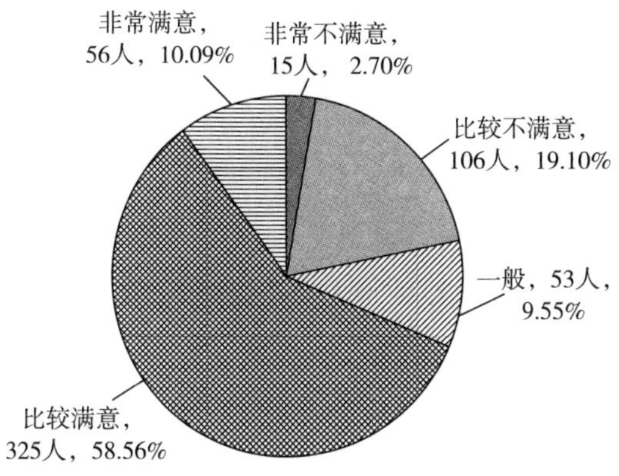

图 4-210　工程技术人员工作成就感满意度情况

4.6.9　发展空间满意度

发展空间是科技工作者提高自我意识、实现个人才华和发挥潜力的空间，通过员工福利和发展策略等方式推动其实现工作岗位上的主动性、创造性和持续性。经调查，2031 个样本对于发展空间满意度情况如表 4-32 所示。

表 4-32　新疆科技工作者发展空间满意度情况　　单位：人，%

科技工作者类型		非常不满意	比较不满意	一般	比较满意	非常满意	总计	均值
卫生技术人员	人数	5	13	64	162	20	264	3.68
	占比	1.89	4.92	24.24	61.36	7.58	100.00	
农业技术人员	人数	4	27	86	223	44	384	3.72
	占比	1.04	7.03	22.40	58.07	11.46	100.00	
科学研究人员	人数	2	7	31	81	17	138	3.75
	占比	1.45	5.07	22.46	58.70	12.32	100.00	
自科教学人员	人数	11	39	144	421	75	690	3.74
	占比	1.59	5.65	20.87	61.01	10.87	100.00	
工程技术人员	人数	7	38	122	329	59	555	3.71
	占比	1.26	6.85	21.98	59.28	10.63	100.00	
合计	人数	29	124	447	1216	215	2031	3.72
	占比	1.43	6.11	22.01	59.87	10.59	100.00	

4.6.9.1 发展空间满意度的整体性描述

本次调查的科研工作者对发展空间满意度的分布结构为：对发展空间非常满意的有 215 人，占比为 10.59%；比较满意的有 1216 人，占比为 59.87%；一般的有 447 人，占比为 22.01%；比较不满意的有 124 人，占比为 6.11%；非常不满意的有 29 人，占比为 1.43%。总体来看，70.46%的人对发展空间感到满意，整体满意度均值为 3.72，表明整体满意度介于一般和比较满意的程度之间（见图 4-211）。

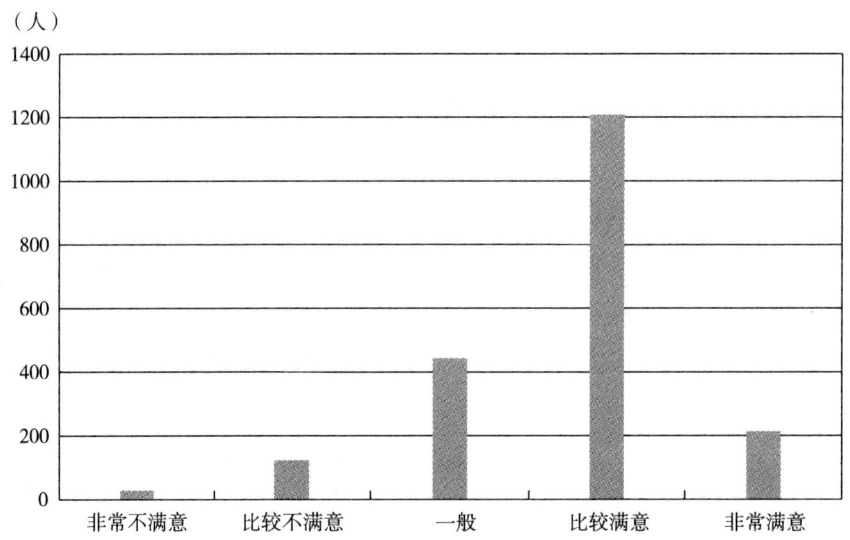

图 4-211 新疆科技工作者发展空间满意度情况

因此，新疆科技工作者在工作过程中带有一定的目标性，通过寻找自我发挥空间并不断发挥自身长处，以实现自身价值。在日常工作中，通过上层管理组织建立的合理有效的晋升渠道并结合适时得当的培训，为科技工作者发展设计阶梯，科技工作者能够看见自己的未来并参与设计自己的未来，推动科技工作者的进步和发展。对发展空间的重视程度是科技工作者自身发展的前提，而对发展空间的满意程度也侧面反映了管理组织建立的激励机制和晋升制度对科技工作者的吸引力和影响力。

4.6.9.2 发展空间满意度的分类型描述

通过对五类科技工作者分类型进行发展空间满意度的交叉分析，得出以下结论：

（1）卫生技术人员。

通过数据分析整理可以发现：卫生技术人员对于发展空间，非常满意和比较满意的共有 182 人，占比为 68.94%；一般的有 64 人，占比为 24.24%；比较不满意和非常不满意的有 18 人，占比为 6.81%。整体满意度均值为 3.68，介于一般和比较满意的程度之间（见图 4-212）。

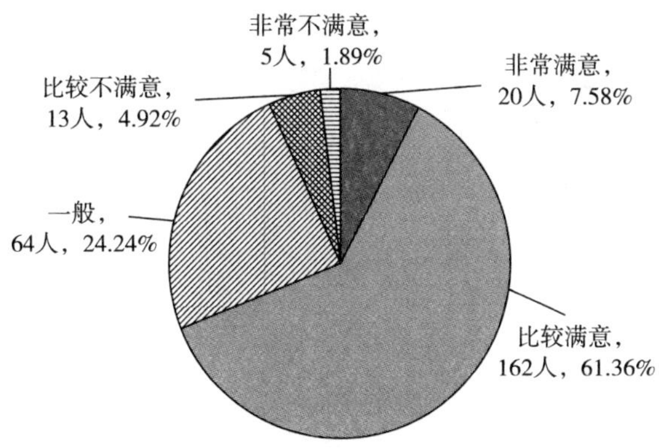

图 4-212　卫生技术人员发展空间满意度情况

（2）农业技术人员。

通过数据分析整理可以发现：农业技术人员对于发展空间，非常满意和比较满意的共有 267 人，占比为 69.53%；一般的有 86 人，占比为 22.40%；比较不满意和非常不满意的共有 31 人，占比为 8.07%。整体满意度的均值为 3.72，介于一般和比较满意的程度之间（见图 4-213）。

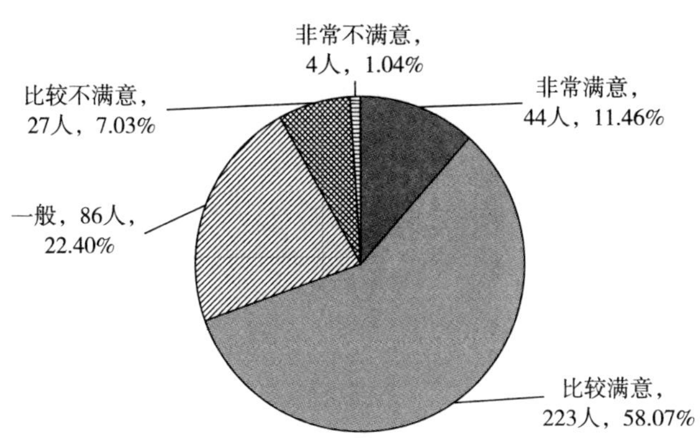

图 4-213　农业技术人员发展空间满意度情况

（3）科学研究人员。

通过数据分析整理可以发现：科学研究人员对于发展空间，非常满意和比较满意的有98人，占比为71.02%；一般的有31人，占比为22.46%；比较不满意和非常不满意的有9人，占比为6.52%。整体满意度均值为3.75，介于一般和比较满意的程度之间（见图4-214）。

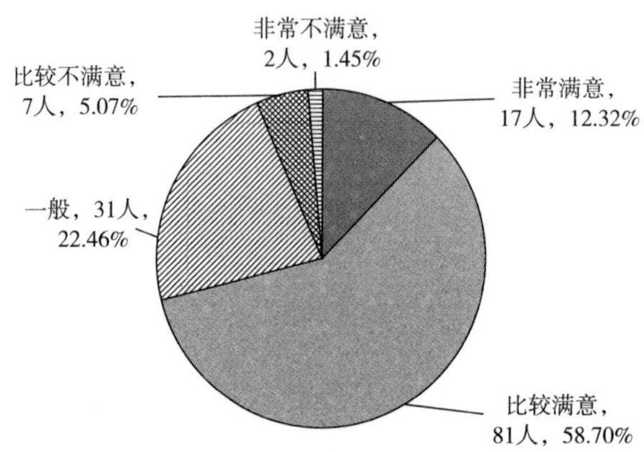

图4-214　科学研究人员发展空间满意度情况

（4）自科教学人员。

通过数据分析整理可以发现：自科教学人员对于发展空间，非常满意和比较满意的有496人，占比为71.88%；一般的有144人，占比为20.87%；比较不满意和非常不满意的有50人，占比为7.24%。整体满意度均值为3.71，介于一般和比较满意的程度之间（见图4-215）。

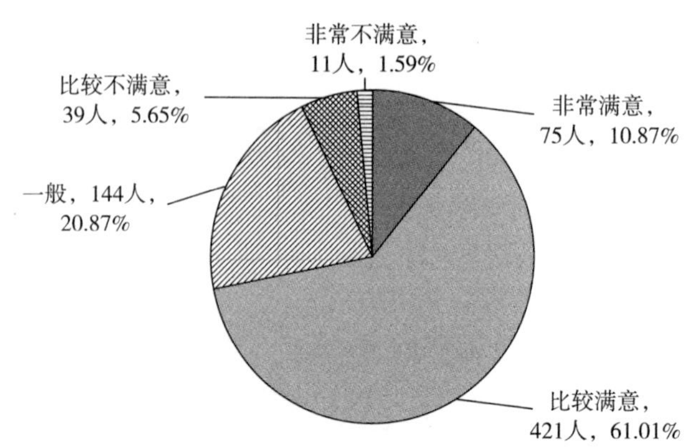

图4-215　自科教学人员发展空间满意度情况

（5）工程技术人员。

通过数据分析整理可以发现，工程技术人员对于发展空间，非常满意和比较满意的有388人，占比为69.91%；一般的有122人，占比为21.98%；比较不满意和非常不满意的有45人，占比为8.11%。整体满意度均值为3.71，介于一般和比较满意的程度之间（见图4-216）。

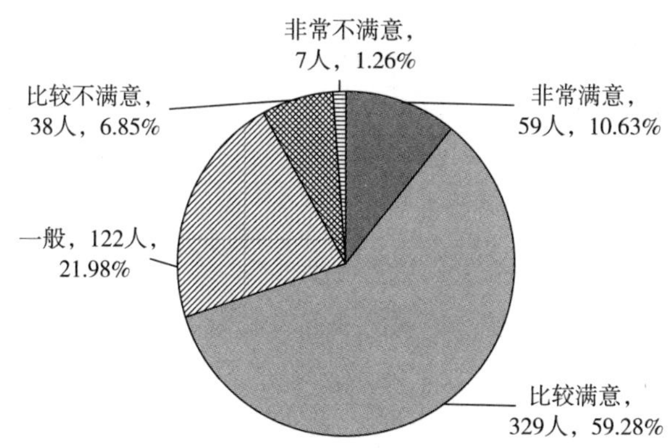

图4-216 工程技术人员发展空间满意度情况

各类科技工作者对发展空间满意度差距不大、分布相似，与发展空间整体满意度情况相同，满意度均介于一般和比较满意的区间。

4.6.10 工作氛围满意度

工作氛围的营造是企业或单位内部环境建设中最能体现关心人、尊重人、影响人的一项管理工作。良好的环境氛围有助于增强人际关系的融洽，提高群体内的心理相融程度，从而产生巨大的心理效应，激发员工积极工作的动机，提高工作效率。经调查，2031个样本对于工作氛围满意度情况如表4-33所示：

表4-33 新疆科技工作者工作氛围满意度情况 单位：人，%

科技工作者类型		非常不满意	比较不满意	一般	比较满意	非常满意	总计	均值
卫生技术人员	人数	10	14	41	113	86	264	3.95
	占比	3.79	5.30	15.53	42.80	32.58	100.00	
农业技术人员	人数	15	46	42	177	104	384	3.80
	占比	3.91	11.98	10.94	46.09	27.08	100.00	

续表

科技工作者类型		非常不满意	比较不满意	一般	比较满意	非常满意	总计	均值
科学研究人员	人数	6	15	20	48	49	138	3.86
	占比	4.35	10.87	14.49	34.78	35.51	100.00	
自科教学人员	人数	21	50	106	276	237	690	3.95
	占比	3.04	7.25	15.36	40.00	34.35	100.00	
工程技术人员	人数	12	46	78	238	181	555	3.95
	占比	2.16	8.29	14.05	42.88	32.61	100.00	
合计	人数	64	171	287	852	657	2031	3.92
	占比	3.15	8.42	14.13	41.95	32.35	100.00	

4.6.10.1 工作氛围满意度的整体性描述

本次调查的科研工作者对工作氛围满意度的分布结构为：对工作氛围非常满意的有657人，占比为32.35%；比较满意的有852人，占比为41.95%；一般的有287人，占比为14.13%；比较不满意的有171人，占比为8.42%；非常不满意的有64人，占比为3.15%。总体来看，74.30%的人对工作氛围感到满意，整体满意度均值为3.92，表明整体满意度介于一般和比较满意的程度之间（见图4-217）。

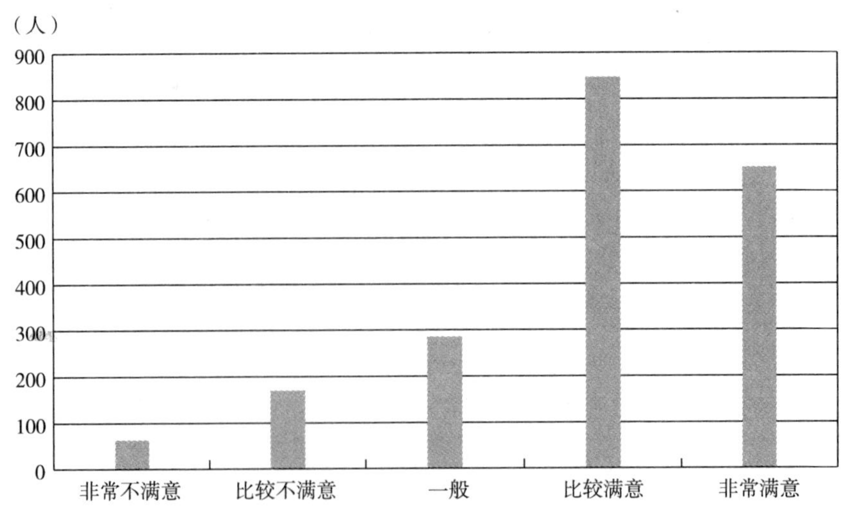

图4-217 新疆科技工作者工作氛围满意度情况

因此，新疆科技工作者在氛围良好的环境中完成工作任务，工作团队成员之间充分信任、有效沟通，彼此敞开心扉进行经验交流和学习，推动共享价值观的形成。并在良好工作氛围的潜在影响过程中，形成部门之间和部门之内高效运作的工作环境，从而推动目标明确、分工合理、积极向上、轻松高效的团队建设。

4.6.10.2　工作氛围满意度的分类型描述

通过对五类科技工作者分类型进行工作氛围满意度的交叉分析，得出以下结论：

（1）卫生技术人员。

通过数据分析整理可以发现：卫生技术人员对于工作氛围，非常满意和比较满意的有 199 人，占比为 75.38%；一般的 41 人，占比为 15.53%；比较不满意和非常不满意的有 24 人，占比为 9.09%。整体满意度均值为 3.95，介于一般和比较满意的程度之间（见图 4-218）。

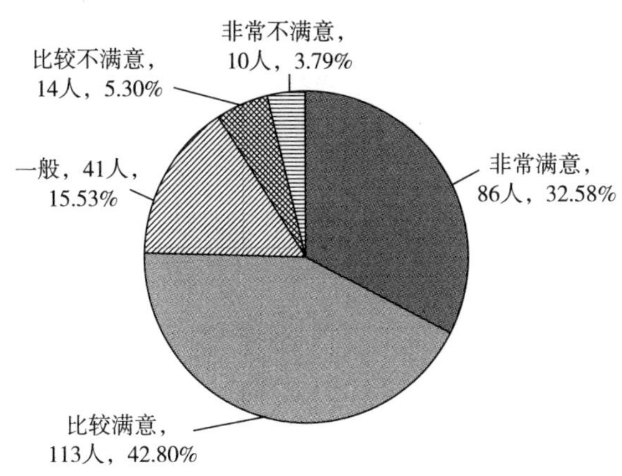

图 4-218　卫生技术人员工作氛围满意度情况

（2）农业技术人员。

通过数据分析整理可以发现：农业技术人员对于工作氛围，非常满意和比较满意的有 281 人，占比为 73.17%；一般的有 42 人，占比为 10.94%；比较不满意和非常不满意的有 61 人，占比为 15.89%。整体满意度均值为 3.80，介于一般和比较满意的程度之间（见图 4-219）。

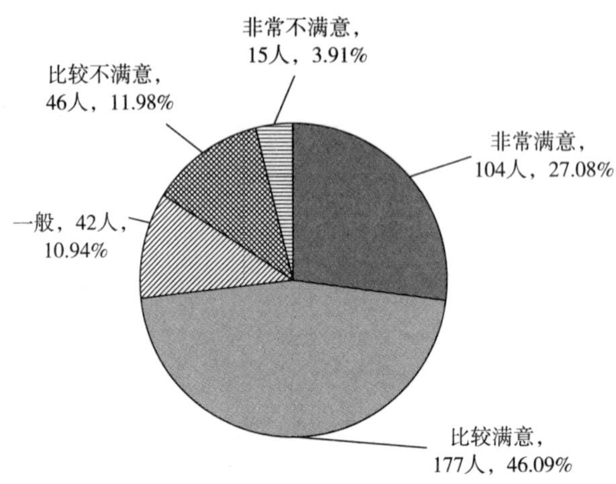

图 4-219　农业技术人员工作氛围满意度情况

（3）科学研究人员。

通过数据分析整理可以发现：科学研究人员对于工作氛围，非常满意和比较满意的有 97 人，占比为 70. 29%；一般的有 20 人，占比为 14. 49%；比较不满意和非常不满意的有 21 人，占比为 15. 22%。整体满意度均值为 3. 86，介于一般和比较满意的程度之间（见图 4-220）。

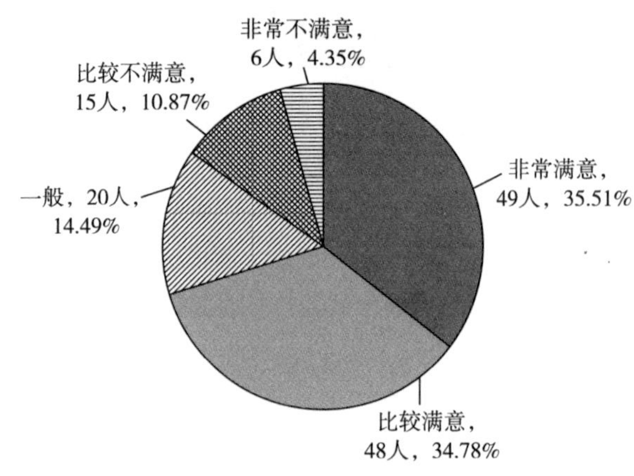

图 4-220　科学研究人员工作氛围满意度情况

（4）自科教学人员。

通过数据分析整理可以发现：自科教学人员对于工作氛围，非常满意和比较

满意的有 513 人，占比为 74.35%；一般的有 106 人，占比为 15.36%；比较不满意和非常不满意的有 71 人，占比为 10.29%。整体满意度均值为 3.95，介于一般和比较满意的程度之间（见图 4-221）。

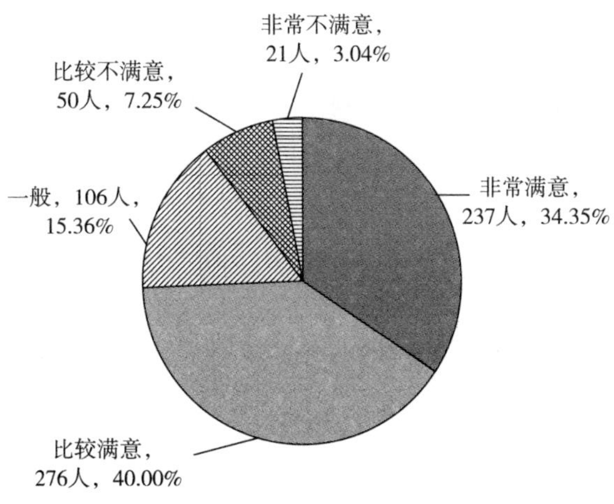

图 4-221　自科教学人员工作氛围满意度情况

（5）工程技术人员。

通过数据分析整理可以发现：工程技术人员对于工作氛围，非常满意和比较满意的有 419 人，占比为 75.49%；一般的有 78 人，占比为 14.05%；比较不满意和非常不满意的有 58 人，占比为 10.45%。整体满意度均值为 3.95，介于一般和比较满意的程度之间（见图 4-222）。

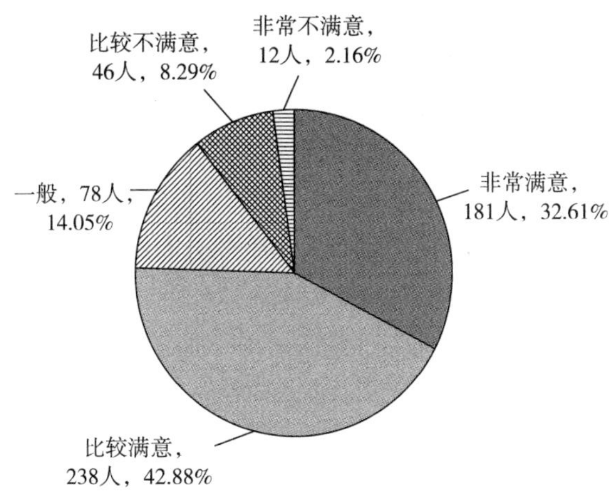

图 4-222　工程技术人员工作氛围满意度情况

各类科技工作者对工作氛围满意度差距不大、分布相似，与工作氛围整体满意度情况相同，满意度均介于一般和比较满意的区间。

4.6.11 社会保障满意度

社会保障是国家保障劳动者在年老、失业、患病、工伤、生育时的基本生活不受影响，同时根据经济和社会发展状况逐步增进公共福利水平、提高国民生活质量的方式。社会保障对构建和谐社会具有基础性意义，同时，对保障科技工作者基本生活情况、保证未来生存与发展的基本水准、提高其生活质量具有积极影响。经调查，2031 个样本对于社会保障满意度情况如表 4-34 所示。

表 4-34 新疆科技工作者社会保障满意度情况 单位：人，%

科技工作者类型		非常不满意	比较不满意	一般	比较满意	非常满意	总计	均值
卫生技术人员	人数	0	4	11	44	205	264	4.70
	占比	0.00	1.52	4.17	16.67	77.65	100.00	
农业技术人员	人数	0	8	11	35	330	384	4.79
	占比	0.00	2.08	2.86	9.11	85.94	100.00	
科学研究人员	人数	1	1	3	20	113	138	4.76
	占比	0.72	0.72	2.17	14.49	81.88	100.00	
自科教学人员	人数	2	12	17	94	565	690	4.75
	占比	0.29	1.74	2.46	13.62	81.88	100.00	
工程技术人员	人数	3	5	17	77	453	555	4.75
	占比	0.54	0.90	3.06	13.87	81.62	100.00	
合计	人数	6	30	59	270	1666	2031	4.75
	占比	0.30	1.48	2.90	13.29	82.03	100.00	

4.6.11.1 社会保障满意度的整体性描述

本次调查的科研工作者对社会保障满意度的分布结构为：对社会保障非常满意的有 1666 人，占比为 82.03%；比较满意的有 270 人，占比为 13.29%；一般的有 59 人，占比为 2.90%；比较不满意的有 30 人，占比为 1.48%；非常不满意的有 6 人，占比为 0.30%。总体来看，95.32%的人对社会保障感到满意，整体满意度均值为 4.75，表明整体满意度介于比较满意和非常满意的程度之间（见图 4-223）。

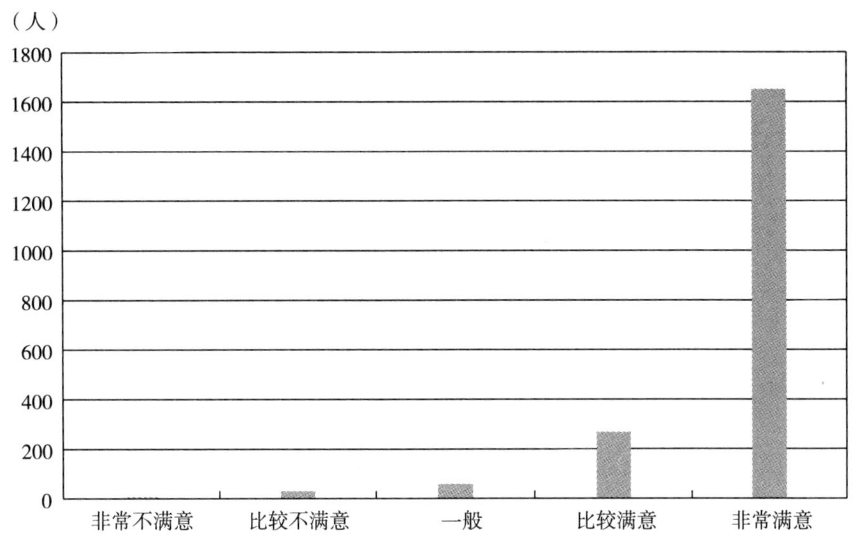

图 4-223　新疆科技工作者社会保障满意度情况

因此，新疆科技工作者在日益发展并完善的社会保障制度的托底保障中，实现了有效防范和应对社会风险、增强社会团结与合作同时激发其社会活力的目标。社会保障制度的日益健全，也促进新疆科技工作者的生活日益社会化，将更多的精力用于关注社会和提高自身素质，促进精神生活的丰富，推动自身素质的提高，并直接促进科技工作者的社会信仰的形成和发展，为推动社会团结和谐贡献自身力量。

4.6.11.2　社会保障满意度的分类型描述

通过对五类科技工作者分类型进行社会保障满意度的交叉分析，得出以下结论：

（1）卫生技术人员。

通过数据分析整理可以发现：卫生技术人员对于社会保障，非常满意和比较满意的有 249 人，占比为 94.31%；一般的有 11 人，占比为 4.17%；比较不满意和非常不满意的有 4 人，占比为 1.52%。整体满意度均值为 4.70，介于比较满意和非常满意的程度之间（见图 4-224）。

（2）农业技术人员。

通过数据分析整理可以发现：农业技术人员对于社会保障，非常满意和比较满意的有 365 人，占比为 95.05%；一般的有 11 人，占比为 2.86%；比较不满意和非常不满意的有 8 人，占比为 2.08%。整体满意度的均值为 4.79，介于比较满意和非常满意的程度之间（见图 4-225）。

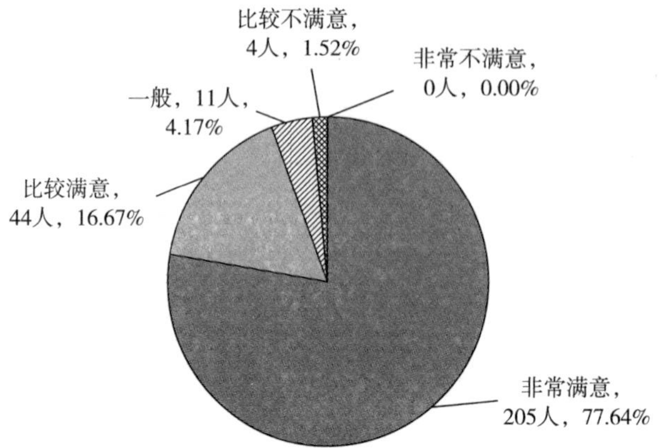

图 4-224　卫生技术人员社会保障满意度情况

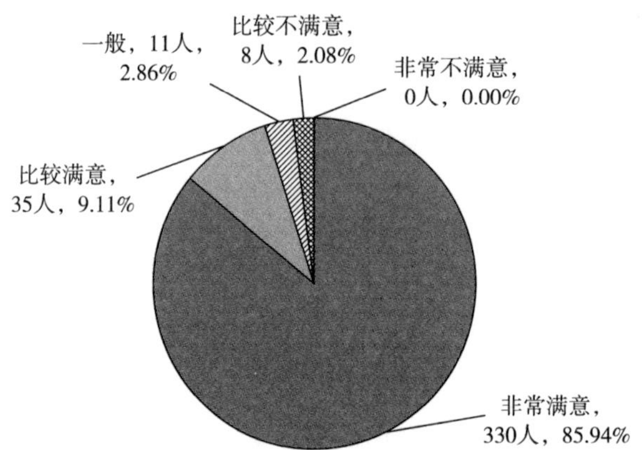

图 4-225　农业技术人员社会保障满意度情况

（3）科学研究人员。

通过数据分析整理可以发现：科学研究人员对于社会保障，非常满意和比较满意的有 133 人，占比为 96. 37%；一般的有 3 人，占比为 2. 17%；比较不满意和非常不满意的有 2 人，占比为 1. 44%。整体满意度均值为 4. 76，介于比较满意和非常满意的程度之间（见图 4-226）。

（4）自科教学人员。

通过数据分析整理可以发现：自科教学人员对于社会保障，非常满意和比较满意的有 659 人，占比为 95. 50%；一般的有 17 人，占比为 2. 46%；比较不满意和非常不满意的有 14 人，占比为 2. 03%。整体满意度均值为 4. 75，介于比较满意和非常满意的程度之间（见图 4-227）。

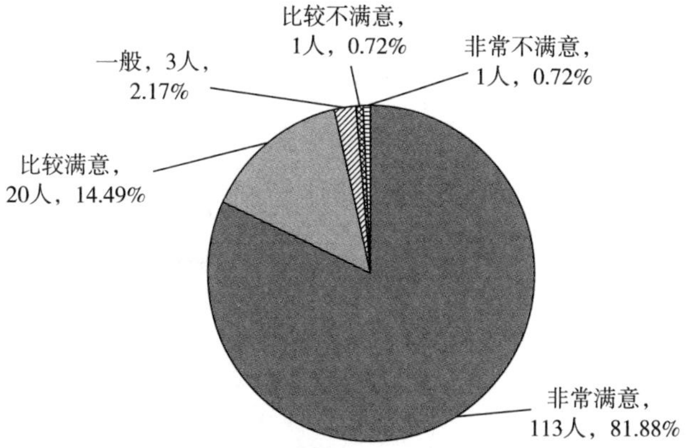

图 4-226　科学研究人员社会保障满意度情况

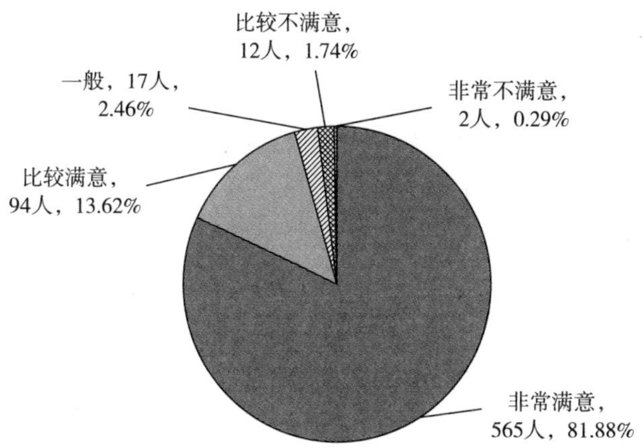

图 4-227　自科教学人员社会保障满意度情况

（5）工程技术人员。

通过数据分析整理可以发现：工程技术人员对于社会保障，非常满意和比较满意的有 530 人，占比为 95. 49%；一般的有 17 人，占比为 3. 06%；比较不满意和非常不满意的有 8 人，占比为 1. 44%。整体满意度均值为 4. 75，介于比较满意和非常满意的程度之间（见图 4-228）。

各类科技工作者对社会保障满意度差距不大、分布相似，与社会保障整体满意度情况相同，满意度均介于比较满意和非常满意的区间。

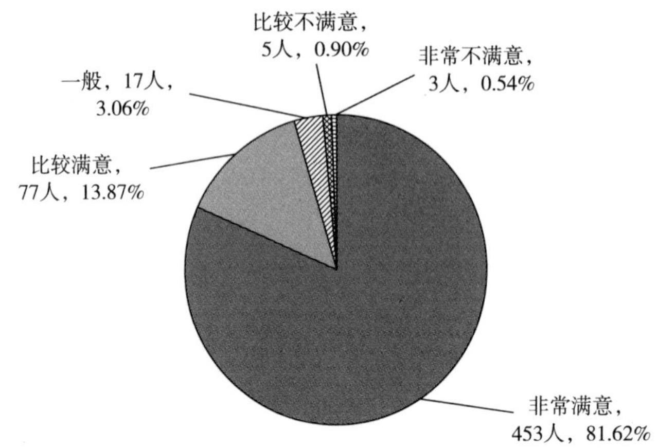

图 4-228　工程技术人员社会保障满意度情况

4.6.12　人际关系满意度

组织的成功运行需要组织内部成员间和谐而有活力的人际关系，领导者与员工之间以及领导者之间的和谐关系对组织的发展都有着至关重要的作用。科技工作者的人际关系好坏对其工作质量的高低和管理组织的和谐与否起着至关重要的作用。良好的人际关系不仅是科技工作者身心健康的需要，也是其事业成功和人生幸福的需要。经调查，2031 个样本对于人际关系满意度情况如表 4-35 所示。

表 4-35　新疆科技工作者人际关系满意度情况　　单位：人，%

科技工作者类型		非常不满意	比较不满意	一般	比较满意	非常满意	总计	均值
卫生技术人员	人数	8	28	37	97	94	264	3.91
	占比	3.03	10.61	14.02	36.74	35.61	100.00	
农业技术人员	人数	9	36	52	132	155	384	4.01
	占比	2.34	9.38	13.54	34.38	40.36	100.00	
科学研究人员	人数	4	16	16	54	48	138	3.91
	占比	2.90	11.59	11.59	39.13	34.78	100.00	
自科教学人员	人数	33	49	77	275	256	690	3.97
	占比	4.78	7.10	11.16	39.86	37.10	100.00	
工程技术人员	人数	20	57	76	192	210	555	3.93
	占比	3.60	10.27	13.69	34.59	37.84	100.00	
合计	人数	74	186	258	750	763	2031	3.96
	占比	3.64	9.16	12.70	36.93	37.57	100.00	

4.6.12.1 人际关系满意度的整体性描述

本次调查的科研工作者对人际关系满意度的分布结构为：对人际关系非常满意的有763人，占比为37.57%；比较满意的有750人，占比为36.93%；一般的有258人，占比为12.70%；比较不满意的有186人，占比为9.16%；非常不满意的有74人，占比为3.64%。总体来看，74.50%的人对人际关系感到满意，整体满意度均值为3.96，表明整体满意度介于一般和比较满意的程度之间（见图4-229）。

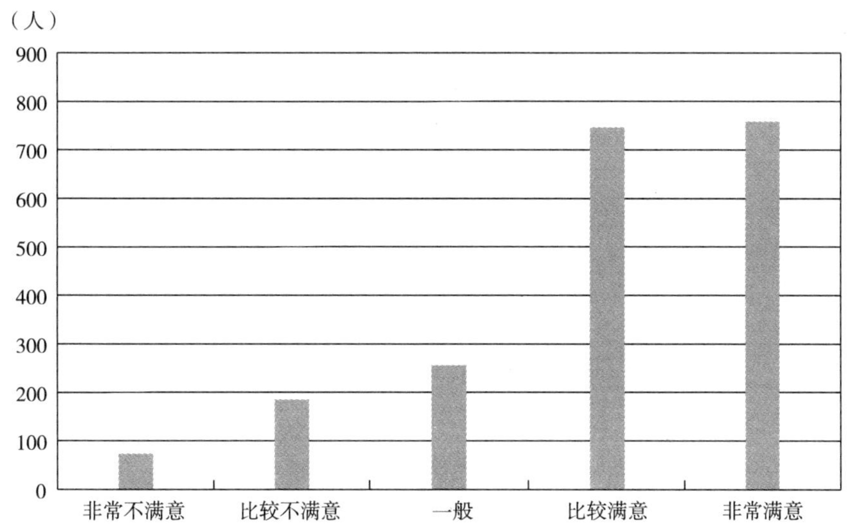

图4-229 新疆科技工作者人际关系满意度情况

因此，新疆科技工作者在维持良好人际关系的价值观引导下，注重和构建和谐的人际关系，增强上下级组织、同级组织之间的团队意识和协作意识，从而提升组织整体的凝聚力和战斗力，推动组织的全面发展，以适应日益激烈的社会竞争以及日益严格的发展要求。新疆科技工作者身处于相互关心爱护、关系密切融洽的人际关系中，推动其保持心境轻松平稳、态度乐观，为其事业的成功创造优良环境，营造推动其充分发挥创造力的优化环境，推动科技工作者在积极性创造性充分发挥的工作中增加物质财富、丰富物质生活。

4.6.12.2 人际关系满意度的分类型描述

通过对五类科技工作者分类型进行人际关系满意度的交叉分析，得出以下结论：

（1）卫生技术人员。

通过数据分析整理可以发现：卫生技术人员对于人际关系，非常满意和比较满意的有 191 人，占比为 72.35%；一般的有 37 人，占比为 14.02%；比较不满意和非常不满意的有 36 人，占比为 13.64%。整体满意度均值为 3.91，介于一般和比较满意的程度之间（见图 4-230）。

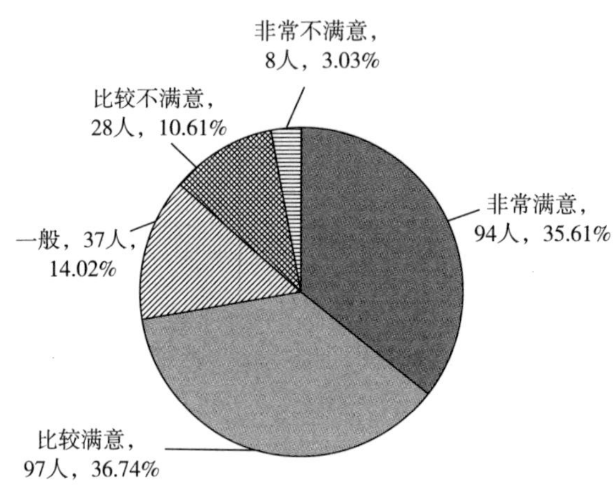

图 4-230　卫生技术人员人际关系满意度情况

（2）农业技术人员。

通过数据分析整理可以发现：农业技术人员对于人际关系，非常满意和比较满意的有 287 人，占比为 74.74%；一般的有 52 人，占比为 13.54%；比较不满意和非常不满意的有 45 人，占比为 11.72%。整体满意度均值为 4.01，介于比较满意和非常满意的程度之间（见图 4-231）。

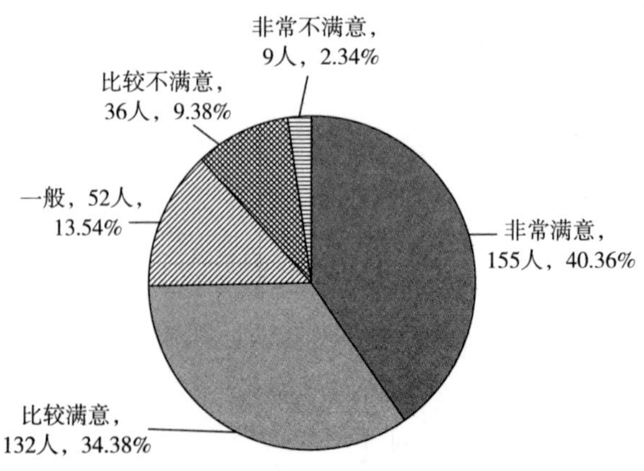

图 4-231　农业技术人员人际关系满意度情况

（3）科学研究人员。

通过数据分析整理可以发现：科学研究人员对于人际关系，非常满意和比较满意的有 102 人，占比为 73.91%；一般的有 16 人，占比为 11.59%；比较不满意和非常不满意的有 20 人，占比为 14.49%。整体满意度均值为 3.91，介于一般和比较满意的程度之间（见图 4-232）。

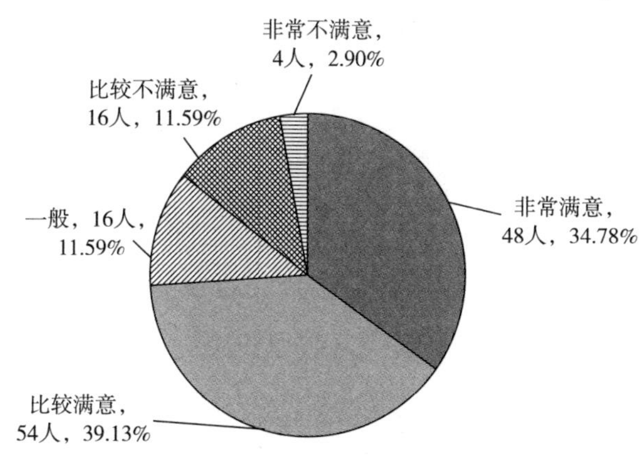

图 4-232　科学研究人员人际关系满意度情况

（4）自科教学人员。

通过数据分析整理可以发现：自科教学人员对于人际关系，非常满意和比较满意的有 531 人，占比为 76.96%；一般的有 77 人，占比为 11.16%；比较不满意和非常不满意的有 82 人，占比为 11.88%。整体满意度均值为 3.97，介于一般和比较满意的程度之间（见图 4-233）。

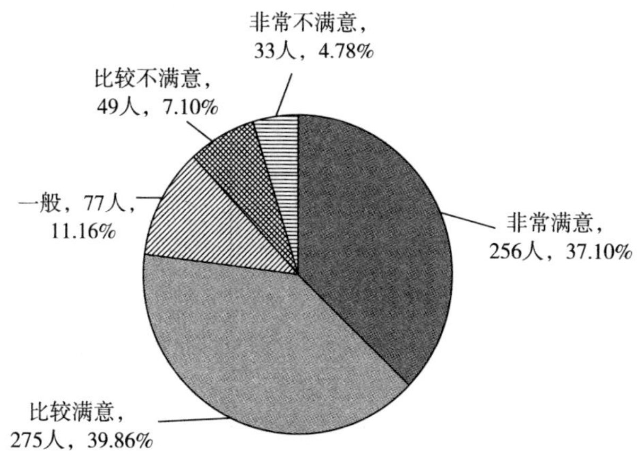

图 4-233　自科教学人员人际关系满意度情况

（5）工程技术人员。

通过数据分析整理可以发现：工程技术人员对于人际关系，非常满意和比较满意的有402人，占比为72.43%；一般的有76人，占比为13.69%；比较不满意和非常不满意的有77人，占比为13.87%。整体满意度均值为3.93，介于一般和比较满意的程度之间（见图4-234）。

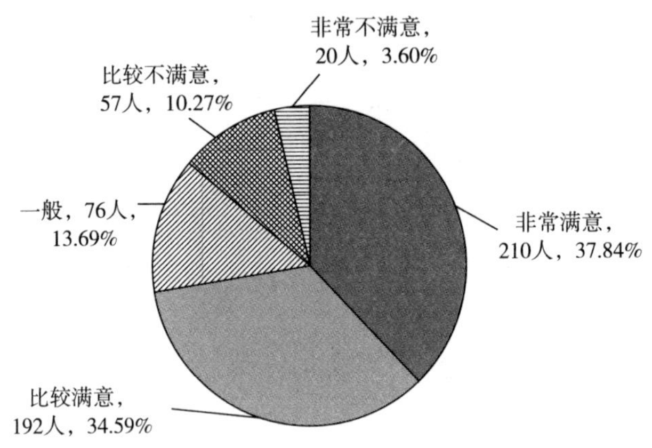

图4-234　工程技术人员人际关系满意度情况

各类科技工作者对人际关系满意度差距不大、分布相似，与人际关系整体满意度情况基本相同，除农业技术人员外满意度均介于一般和比较满意的区间，农业技术人员对人际关系满意度介于比较满意和非常满意的区间。

4.6.13　管理水平满意度

组织的生命力来自于组织内部成员的凝聚力，而成员间的凝聚力来自于组织的管理。管理水平对于组织的生存和发展是十分重要的。科技工作者是组织管理环节的重要主体，在上级组织对下级组织的执行和传达过程中，以及其他复杂的管理过程中，不仅是科技工作者对管理者工作能力的考验，也是对其工作中的经验情感和技巧艺术的考验。经调查，2031个样本对于管理水平满意度情况如表4-36所示。

表4-36　新疆科技工作者管理水平满意度情况　　单位：人，%

科技工作者类型		非常不满意	比较不满意	一般	比较满意	非常满意	总计	均值
卫生技术人员	人数	37	36	24	35	132	264	3.72
	占比	14.02	13.64	9.09	13.26	50.00	100.00	

续表

科技工作者类型		非常不满意	比较不满意	一般	比较满意	非常满意	总计	均值
农业技术人员	人数	42	62	48	52	180	384	3.69
	占比	10.94	16.15	12.50	13.54	46.88	100.00	
科学研究人员	人数	19	24	11	20	64	138	3.62
	占比	13.77	17.39	7.97	14.49	46.38	100.00	
自科教学人员	人数	79	103	83	88	337	690	3.73
	占比	11.45	14.93	12.03	12.75	48.84	100.00	
工程技术人员	人数	59	104	66	63	263	555	3.66
	占比	10.63	18.74	11.89	11.35	47.39	100.00	
合计	人数	236	329	232	258	976	2031	3.69
	占比	11.62	16.20	11.42	12.70	48.06	100.00	

4.6.13.1 管理水平满意度的整体性描述

本次调查的科研工作者对管理水平满意度的分布结构为：对管理水平非常满意的有 976 人，占比为 48.06%；比较满意的有 258 人，占比为 12.70%；一般的有 232 人，占比为 11.42%；比较不满意的有 329 人，占比为 16.20%；非常不满意的有 236 人，占比为 11.62%。总体来看，60.76%的人对管理水平感到满意，而 27.82%的人对管理水平并不满意，整体满意度均值为 3.69，表明整体满意度介于一般和比较满意的程度之间（见图 4-235）。

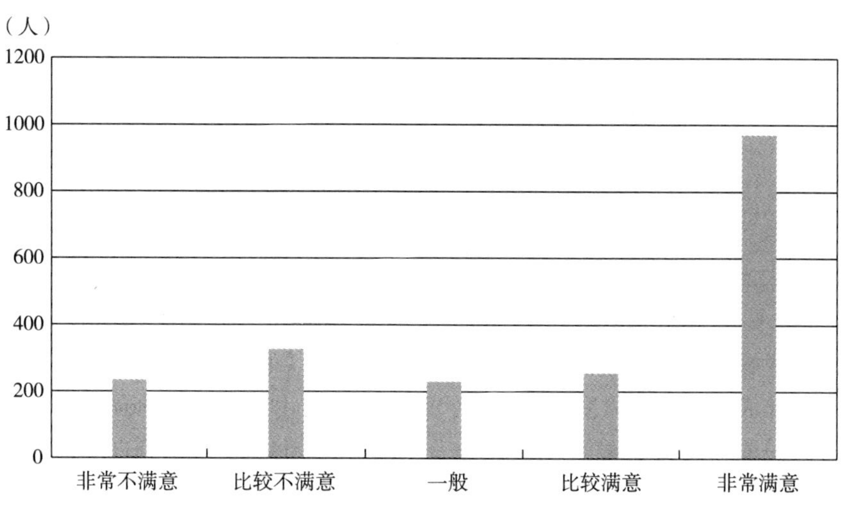

图 4-235 新疆科技工作者管理水平满意度情况

因此，新疆科技工作者在管理者的领导和组织下完成分内工作，并不断提升自身能力，提高自身素质，不断缩短不同科技工作者之间工作效率上的差距，实现组织整体的发展目标规划，同时通过管理者及时发现问题并实时反馈，推动组织内部的日益完善，推动组织整体的可持续以实现长期发展。

4.6.13.2　管理水平满意度的分类型描述

通过对五类科技工作者分类型进行管理水平满意度的交叉分析，得出以下结论：

（1）卫生技术人员。

通过数据分析整理可以发现：卫生技术人员对于管理水平，非常满意和比较满意的有167人，占比为63.26%；一般的24人，占比为9.09%；比较不满意和非常不满意的有73人，占比为27.66%。整体满意度均值为3.72，介于一般和比较满意的程度之间（见图4-236）。

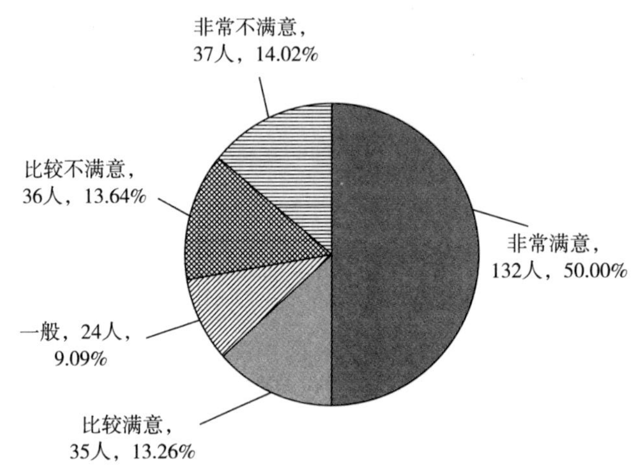

图4-236　卫生技术人员管理水平满意度情况

（2）农业技术人员。

通过数据分析整理可以发现：农业技术人员对于管理水平，非常满意和比较满意的有232人，占比为60.24%；一般的有48人，占比为12.50%；比较不满意和非常不满意的有104人，占比为27.09%。整体满意度均值为3.69，介于一般和比较满意的程度之间（见图4-237）。

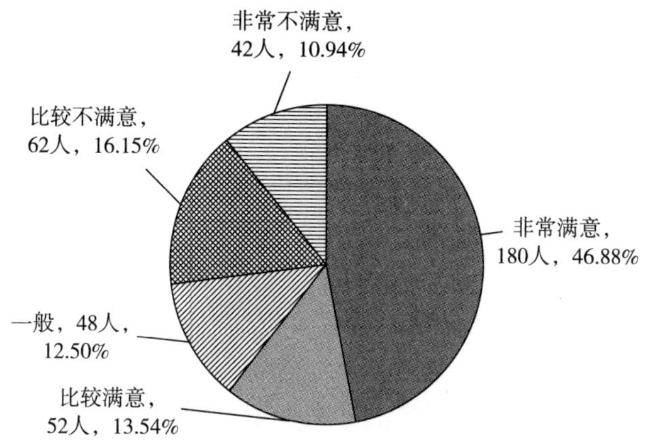

图 4-237　农业技术人员管理水平满意度情况

（3）科学研究人员。

通过数据分析整理可以发现：科学研究人员对于管理水平，非常满意和比较满意的有 84 人，占比为 60. 87%；一般的有 11 人，占比为 7. 97%；比较不满意和非常不满意的有 43 人，占比为 31. 16%。整体满意度均值为 3. 62，介于一般和比较满意的程度之间（见图 4-238）。

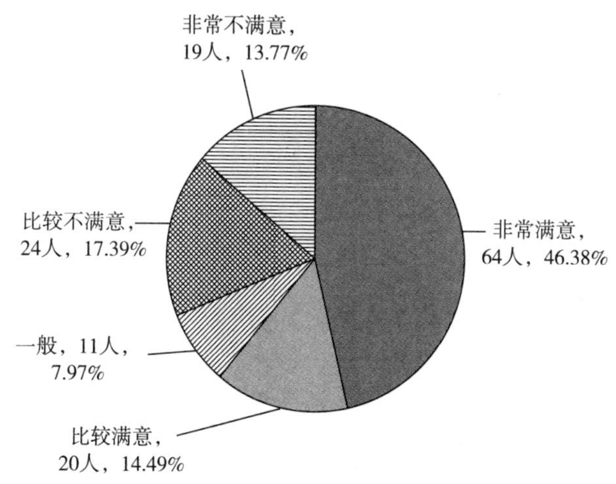

图 4-238　科学研究人员管理水平满意度情况

（4）自科教学人员。

通过数据分析整理可以发现：自科教学人员对于管理水平，非常满意和比较满意的有 425 人，占比为 61. 59%；一般的有 83 人，占比为 12. 03%；比较不满意和非常不满意的有 182 人，占比为 26. 38%。整体满意度均值为 3. 73，介于一般和比较满意的程度之间（见图 4-239）。

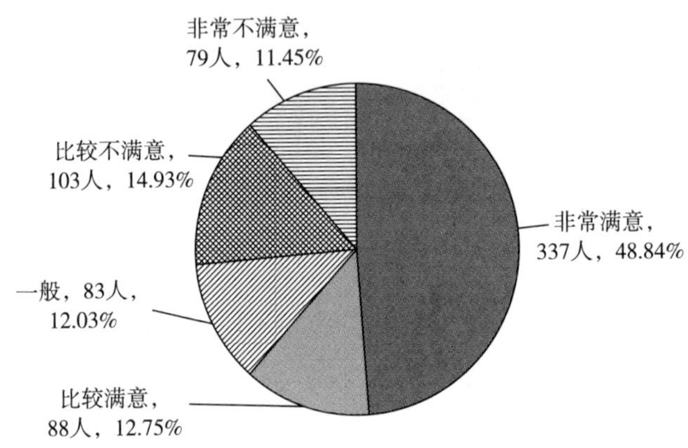

图 4-239　自科教学人员管理水平满意度情况

（5）工程技术人员。

通过数据分析整理可以发现：工程技术人员对于管理水平，非常满意和比较满意的有 326 人，占比为 58. 74%；一般的有 66 人，占比为 11. 89%；比较不满意和非常不满意的有 163 人，占比为 29. 37%。整体满意度均值为 3. 66，介于一般和比较满意的程度之间（见图 4-240）。

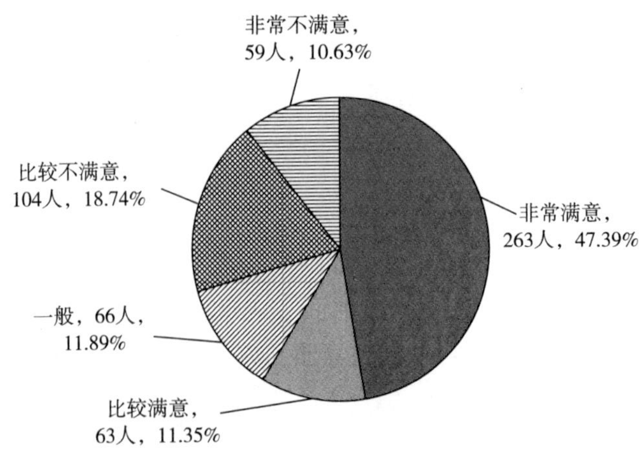

图 4-240　工程技术人员管理水平满意度情况

各类科技工作者对管理水平满意度差距不大、分布相似，与管理水平整体满意度情况相同，满意度均介于一般和比较满意的区间。

4.6.14　工作培训满意度

人是企业和社会组织生存的第一劳动生产力，是宝贵的财富。工作培训是企业或社会组织或针对企业或社会组织开展的一系列提高人员素质、能力、工作绩效和对组织的贡献，而实施的有计划、有系统的培养和训练活动，目标就在于使科技工作者的知识、技能、工作方法、工作态度以及工作的价值观得到改善和提高，从而发挥出最大的潜力提高个人和组织的业绩，推动个人和组织的不断进步，实现个人和组织的双重发展。经调查，2031 个样本对于工作培训满意度情况如表 4-37 所示。

表 4-37　新疆科技工作者工作培训满意度情况　　单位：人，%

科技工作者类型		非常不满意	比较不满意	一般	比较满意	非常满意	总计	均值
卫生技术人员	人数	67	100	52	35	10	264	2.32
	占比	25.38	37.88	19.70	13.26	3.79	100.00	
农业技术人员	人数	96	143	73	60	12	384	2.35
	占比	25.00	37.24	19.01	15.63	3.13	100.00	
科学研究人员	人数	32	63	17	19	7	138	2.32
	占比	23.19	45.65	12.32	13.77	5.07	100.00	
自科教学人员	人数	158	274	138	91	29	690	2.36
	占比	22.90	39.71	20.00	13.19	4.20	100.00	
工程技术人员	人数	135	194	117	85	24	555	2.40
	占比	24.32	34.95	21.08	15.32	4.32	100.00	
合计	人数	488	774	397	290	82	2031	2.36
	占比	24.03	38.11	19.55	14.28	4.04	100.00	

4.6.14.1　工作培训满意度的整体性描述

本次调查的科研工作者对工作培训满意度的分布结构为：对工作培训非常满意的有 82 人，占比为 4.04%；比较满意的有 290 人，占比为 14.28%；一般的有 397 人，占比为 19.55%；比较不满意的有 774 人，占比为 38.11%；非常不满意的有 488 人，占比为 24.03%。总体来看，仅有 18.32%的人对工作培训感到满意，而 62.14%的人对工作培训并不满意，整体满意度均值为 2.36，表明整体满意度介于比较不满意和一般满意的程度之间（见图 4-241）。

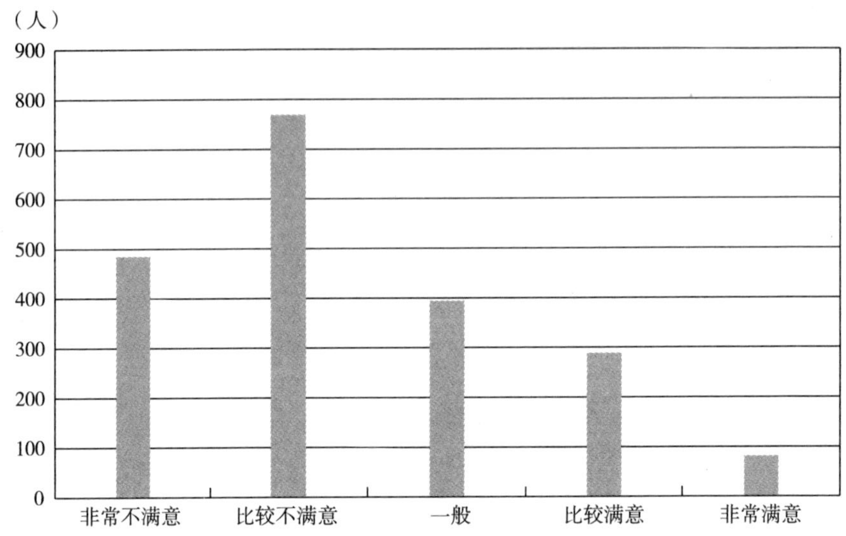

图 4-241　新疆科技工作者工作培训满意度情况

因此，新疆科技工作者并不能很好地通过工作培训挖掘自身潜力、提升工作技能，同时也不能很好地通过工作培训传承组织文化、增强整体凝聚力。对科技工作者的工作培训是增强其所在组织竞争力、接受其对组织认同感、激发其工作积极性的主要措施，通过员工培训可以推动科技工作者不断提高自身素质，增强科技工作者之间以及科技工作者与上级管理者之间的团队精神，同时工作培训也是一种有效的激励方式，长期、持久的工作培训作为一项重要的人力资源投资，会推动科技工作者通过工作得到更好的发展和提高。但是，随着时代变迁和组织发展，对新疆科技工作者的工作培训不可以一味地承袭旧制，而是要在结合时代变化、体现创新性和创造性、贯穿“以人为本”培训思路、结合组织实际情况、注重实际工作效益的前提下，根据企业或社会组织的现状及目标，系统制定各部门、岗位的培训计划，同时根据不同部门、不同层次、不同岗位制定具体多样的技能培训，在培训上体现系统性、远瞻性以及范围的广泛性和内容的纵深性，同时体现培训的持续性、经常性，真正意义上实现工作培训作为提升科技工作者福利的实际目标。

4.6.14.2　工作培训满意度的分类型描述

通过对五类科技工作者分类型进行工作培训满意度的交叉分析，得出以下结论：

（1）卫生技术人员。

通过数据分析整理可以发现：卫生技术人员对于工作培训，非常满意和比较

满意的有 45 人，占比为 17. 05%；一般的有 52 人，占比为 19. 70%；比较不满意和非常不满意的有 167 人，占比为 63. 26%。整体满意度均值为 2. 32，介于比较不满意和一般满意的程度之间（见图 4-242）。

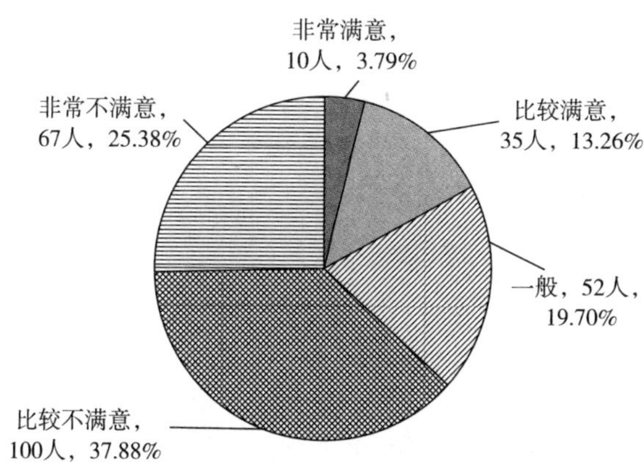

图 4-242　卫生技术人员工作培训满意度情况

（2）农业技术人员。

通过数据分析整理可以发现：农业技术人员对于工作培训，非常满意和比较满意的有 72 人，占比为 18. 76%；一般的有 73 人，占比为 19. 01%；比较不满意和非常不满意的有 239 人，占比为 62. 24%。整体满意度均值为 2. 35，介于比较不满意和一般满意的程度之间（见图 4-243）。

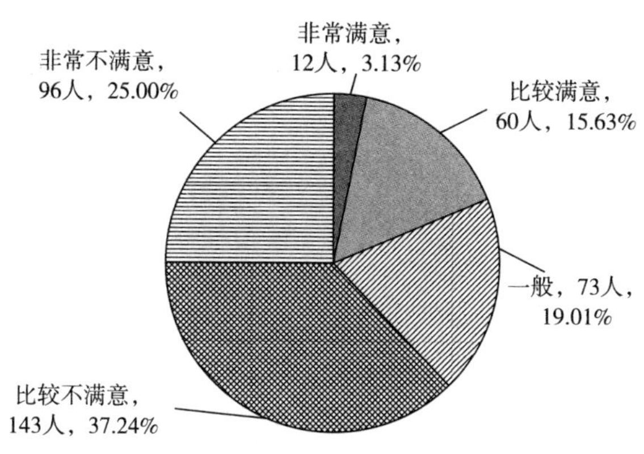

图 4-243　农业技术人员工作培训满意度情况

（3）科学研究人员。

通过数据分析整理可以发现：科学研究人员对于工作培训，非常满意和比较满意的有 26 人，占比为 18. 84%；一般的有 17 人，占比为 12. 32%；比较不满意和非常不满意的有 95 人，占比为 68. 84%。整体满意度均值为 2. 32，介于比较不满意和一般满意的程度之间（见图 4-244）。

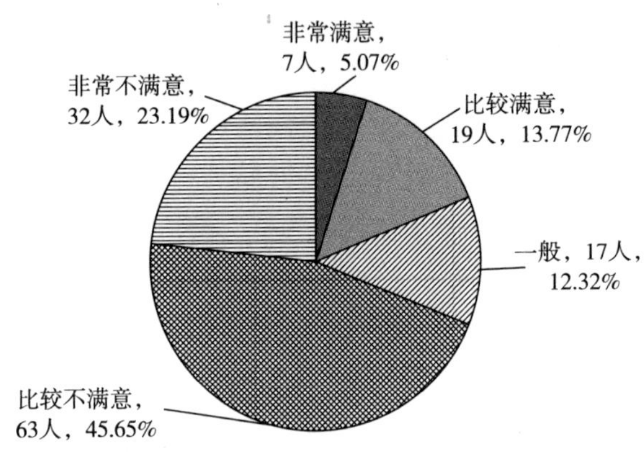

图 4-244　科学研究人员工作培训满意度情况

（4）自科教学人员。

通过数据分析整理可以发现：自科教学人员对于工作培训，非常满意和比较满意的有 120 人，占比为 17. 39%；一般的有 138 人，占比为 20. 00%；比较不满意和非常不满意的有 432 人，占比为 62. 61%。整体满意度均值为 2. 36，介于比较不满意和一般满意的程度之间（见图 4-245）。

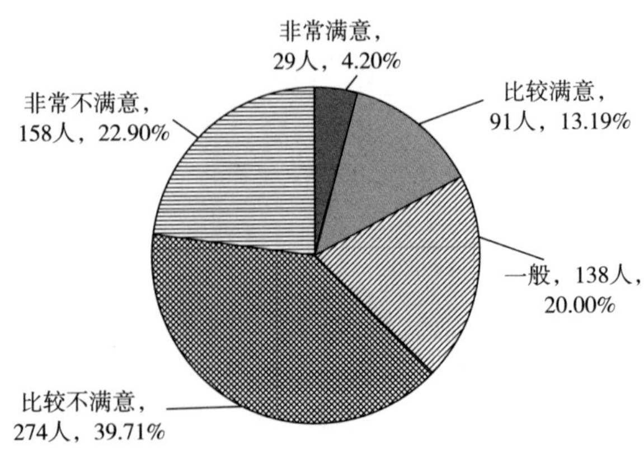

图 4-245　自科教学人员工作培训满意度情况

（5）工程技术人员。

通过数据分析整理可以发现：工程技术人员对于工作培训，非常满意和比较满意的有 109 人，占比为 19.64%；一般的有 117 人，占比为 21.08%；比较不满意和非常不满意的有 329 人，占比为 59.27%。整体满意度均值为 2.40，介于比较不满意和一般满意的程度之间（见图 4-246）。

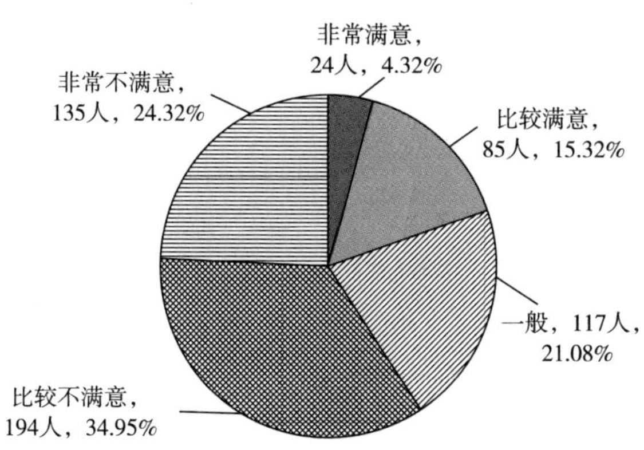

图 4-246　工程技术人员工作培训满意度情况

各类科技工作者对工作培训满意度差距不大、分布相似，与工作培训整体满意度情况相同，满意度均介于比较不满意和一般满意的区间。

4.6.15　领导重视满意度

领导者在组织内是举足轻重的人物，起着关键的作用。因此，领导行为在组织中起着协调个人需求和组织要求的作用。领导适时且合理的重视会使组织成员的需求被了解和激励，并为实现组织目标尽其所能作出贡献。领导对员工尤其是科技工作者的重视程度，对于科技工作者来说会激励其和组织整体发展保持相同的发展目标，同时也会推动科技工作者更好地为组织服务、贡献自身力量。经调查，2031 个样本对于领导重视满意度情况如表 4-38 所示。

表 4-38　新疆科技工作者领导重视满意度情况　　单位：人，%

科技工作者类型		非常不满意	比较不满意	一般	比较满意	非常满意	总计	均值
卫生技术人员	人数	0	9	38	68	149	264	4.35
	占比	0.00	3.41	14.39	25.76	56.44	100.00	

续表

科技工作者类型		非常不满意	比较不满意	一般	比较满意	非常满意	总计	均值
农业技术人员	人数	3	13	57	96	215	384	4.32
	占比	0.78	3.39	14.84	25.00	55.99	100.00	
科学研究人员	人数	0	2	23	36	77	138	4.36
	占比	0.00	1.45	16.67	26.09	55.80	100.00	
自科教学人员	人数	6	13	87	188	396	690	4.38
	占比	0.87	1.88	12.61	27.25	57.39	100.00	
工程技术人员	人数	1	14	78	129	333	555	4.40
	占比	0.18	2.52	14.05	23.24	60.00	100.00	
合计	人数	10	51	283	517	1170	2031	4.37
	占比	0.49	2.51	13.93	25.46	57.61	100.00	

4.6.15.1　领导重视满意度的整体性描述

本次调查的科研工作者对领导重视满意度的分布结构为：对领导重视非常满意的有1170人，占比为57.61%；比较满意的有517人，占比为25.46%；一般的有283人，占比为13.93%；比较不满意的有51人，占比为2.51%；非常不满意的有10人，占比为0.49%。总体来看，83.07%的人对领导重视感到满意，仅有3.00%的人对领导重视并不满意，整体满意度均值为4.37，表明整体满意度介于比较满意和非常满意的程度之间（见图4-247）。

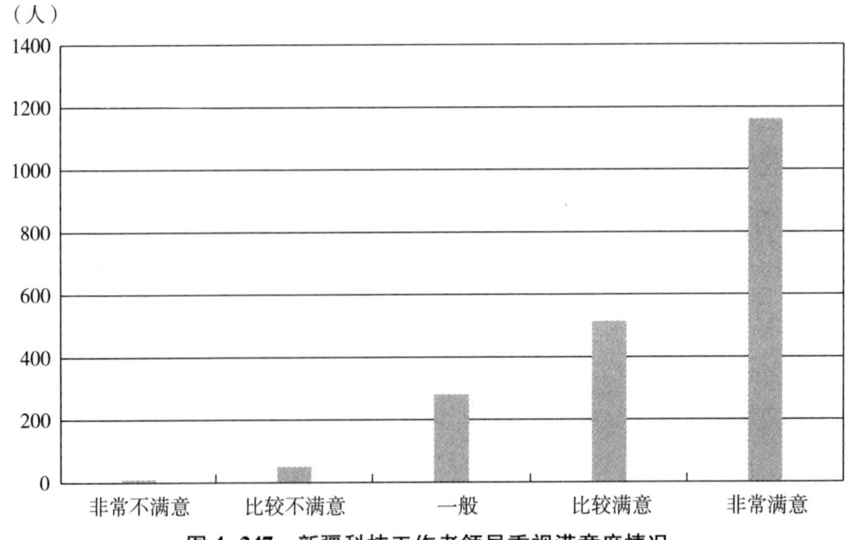

图4-247　新疆科技工作者领导重视满意度情况

因此，新疆科技工作者在工作过程中，可以明显地感受到领导对其的重视，领导的重视推动其自觉将个人目标和组织目标统一起来，将满足个人需求的工作目标逐渐转化成为组织发展贡献自身力量的工作目标，自觉和组织的利益、目标协调一致。有效的领导行为能够鼓励新疆科技工作者实现他们想要满足的个人需求，同时又有助于实现组织的目标，即能够利用个人所追求的目标实现组织的目标。领导的重视是成事谋事的关键，只有单位领导高度重视了，从自身干事创业的奉献精神出发，把各项工作加以落实到行动中，发挥其组织协调的领导能力、果敢决断的决策力，充分调动起科技工作者与商机管理者之间、科技工作者与科技工作者之间的工作积极性，通过协作配合高速有效地完成工作。

4.6.15.2　领导重视满意度的分类型描述

通过对五类科技工作者分类型进行领导重视满意度的交叉分析，得出以下结论：

（1）卫生技术人员。

通过数据分析整理可以发现：卫生技术人员对于领导重视，非常满意和比较满意的有 217 人，占比为 82.20%；一般的有 38 人，占比为 14.39%；比较不满意和非常不满意的有 9 人，占比为 3.41%。整体满意度均值为 4.35，介于比较满意和非常满意的程度之间（见图 4-248）。

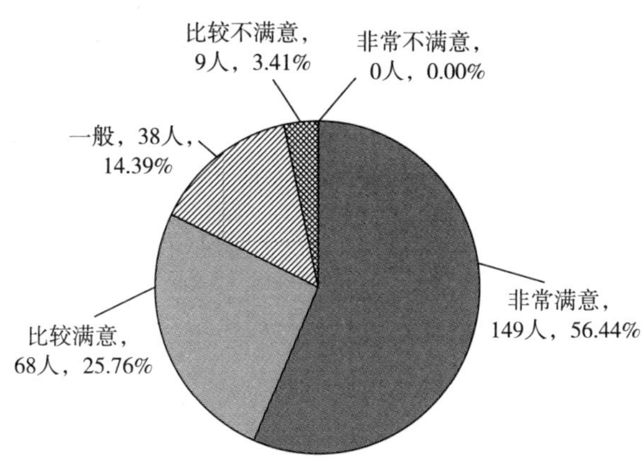

图 4-248　卫生技术人员领导重视满意度情况

（2）农业技术人员。

通过数据分析整理可以发现：农业技术人员对于领导重视，非常满意和比较满意的有 311 人，占比为 80.99%；一般的有 57 人，占比为 14.84%；比较不满意和非常不满意的有 16 人，占比为 4. 17%。整体满意度均值为 4. 32，介于比较满意和非常满意的程度之间（见图 4-249）。

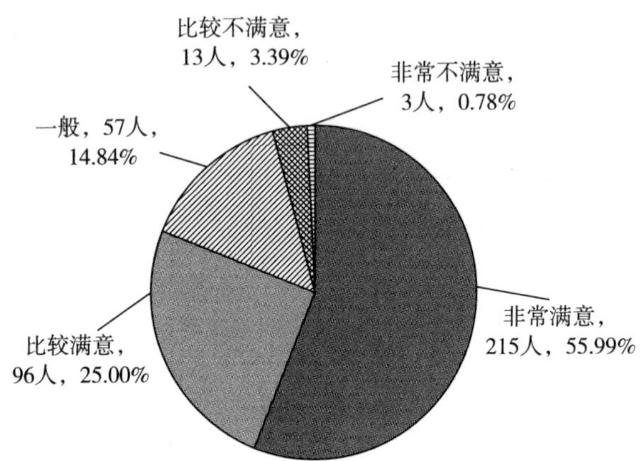

图 4-249　农业技术人员领导重视满意度情况

（3）科学研究人员。

通过数据分析整理可以发现：科学研究人员对于领导重视，非常满意和比较满意的有 113 人，占比为 81. 89%；一般的有 23 人，占比为 16. 67%；比较不满意和非常不满意的有 2 人，占比为 1. 45%。整体满意度均值为 4. 36，介于比较满意和非常满意的程度之间（见图 4-250）。

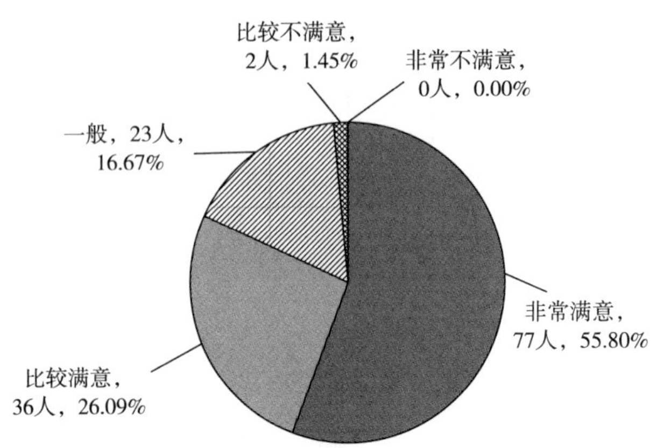

图 4-250　科学研究人员领导重视满意度情况

（4）自科教学人员。

通过数据分析整理可以发现：自科教学人员对于领导重视，非常满意和比较满意的有 584 人，占比为 84.64%；一般的有 87 人，占比为 12.61%；比较不满意和非常不满意的有 19 人，占比为 2.75%。整体满意度均值为 4.38，介于比较满意和非常满意的程度之间（见图 4-251）。

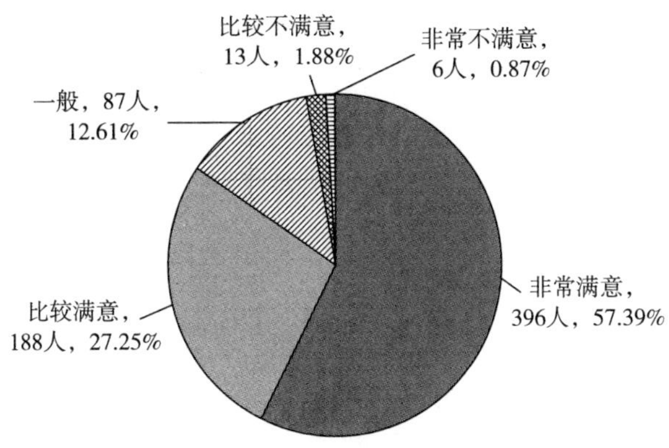

图 4-251　自科教学人员领导重视满意度情况

（5）工程技术人员。

通过数据分析整理可以发现：工程技术人员对于领导重视，非常满意和比较满意的有 462 人，占比为 83.24%；一般的有 78 人，占比为 14.05%；比较不满意和非常不满意的有 15 人，占比为 2.70%。整体满意度均值为 4.40，介于比较满意和非常满意的程度之间（见图 4-252）。

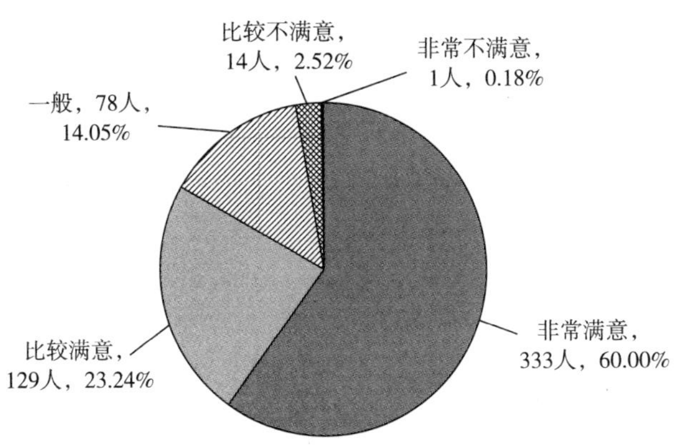

图 4-252　工程技术人员领导重视满意度情况

各类科技工作者对领导重视满意度差距不大、分布相似，与领导重视整体满意度情况相同，满意度均介于比较满意和非常满意的区间。

4.6.16　科技工作者工作满意度整体情况分析

本次调查基于新疆科技工作者的抽样调查数据，全面了解科技工作者在工作收入、社会声望、工作条件、工作晋升、工作稳定性、工作自主性、发挥专长、工作成就感、发展空间、工作氛围、社会保障、人际关系、管理水平、工作培训、领导重视共 15 个方面的满意度情况。调查结果显示，新疆各类科技工作者对于自身工作整体呈现乐观的态度，具体分析如下：

在工作收入方面，43%左右的科技工作者感到满意，而 38%左右的科技工作者表示不满意，整体满意度介于一般和比较满意的区间。科技工作者在工作收入得到基本保障的基础上进行科研及其他工作。

在社会声望方面，69%左右的科技工作者感到满意，仅有 7%左右的科技工作者表示不满意，整体满意度介于一般与比较满意的区间。科技工作者在工作过程中可以收获高度的社会认可，不断提高自身社会声望。

在工作条件方面，67%左右的科技工作者感到满意，而 19%左右的科技工作者表示不满意，整体满意度介于一般与比较满意的区间。科技工作者的工作条件可以得到有效保障，推动科技工作者更加认真勤奋地从事科研工作，形成科研产出。

在工作晋升方面，50%左右的科技工作者感到满意，而 19%左右的科技工作者表示不满意，整体满意度介于一般与比较满意的区间。科技工作者可以通过相对有效的工作晋升机制，不断实现自我发展。

在工作稳定性方面，超过 90%的科技工作者感到满意，仅有不到 2%的科技工作者表示不满意，整体满意度介于比较满意和非常满意的区间。高度稳定性的工作为科技工作者提供基础保障，科技工作者可以全身心投入到工作当中。

在工作自主性方面，76%左右的科技工作者感到满意，仅有 10%左右的科技工作者表示不满意，整体满意度介于一般与比较满意的区间。自主性较强的科研工作是科技工作者在工作过程中形成的优良习惯，通过自发性的研究提高科研产出。

在发挥专长方面，73%左右的科技工作者认为自己在工作中可以发挥专长，而 13%左右的科技工作者并不满意，整体满意度介于一般与比较满意的区间。科技工作者可以在工作过程中较好地将头脑中的理论性产出转化为实践性产出。

在工作成就方面，65%左右的科技工作者感到满意，而仍有 23%左右的科技工作者表示不满意，整体满意度介于一般与比较满意的区间。科技工作者在工作过程中对自己达成的工作成就感到满意，并对未来的工作发展保持乐观心态。

在发展空间方面，70%左右的科技工作者感到满意，仅有不足 8%的科技工作者表示不满意，整体满意度介于一般与比较满意的区间。科技工作者在工作过程中不断发挥自身长处、实现自身价值，并不断通过激励和晋升制度实现自我发展和个人成长。

在工作氛围方面，74%左右的科技工作者感到满意，而 12%左右的科技工作者表示不满意，整体满意度介于一般与比较满意的区间。科技工作者能较好地在工作中形成目标明确、分工合理、轻松高效的团队氛围。

在社会保障方面，超过 95%的科技工作者感到满意，仅有不足 2%的科技工作者感到不满意，整体满意度介于比较满意与非常满意的区间。这表明社会保障制度可以给新疆科技工作者以充分的兜底保障，科技工作者可以有效防范和应对风险、丰富精神生活并不断提高自身素质，形成社会信仰。

在人际关系方面，74%左右的科技工作者感到满意，而 13%左右的科技工作者表示不满意，整体满意度介于一般与比较满意的区间。新疆科技工作者可以在工作中较好地维持人际关系，优化工作环境，提升工作效率。

在管理水平方面，61%左右的科技工作者感到满意，但仍有 28%左右的科技工作者表示不满意，整体满意度介于一般与比较满意的区间。科技工作者能够在管理者相对有效的管理中完成工作计划，实现组织整体目标。

在工作培训方面，仅有 18%左右的科技工作者感到满意，而超过 62%的科技工作者表示不满意，整体满意度介于比较不满意与一般满意的区间。这表明针对科技工作者进行的工作培训并不能让其很好地了解组织理念，也并不能将组织目标内化于心。针对此现象，可以通过创新培训形式、扩展培训内容等方式设置以科技工作者为中心的培训环节。

在领导重视方面，超过 83%的科技工作者表示满意，仅有不足 3%的科技工作者表示不满意，整体满意度介于比较满意与非常满意的区间。科技工作者可以在工作过程中感受到领导足够的重视，从而激励自我，有效完成工作，不断提升自我。

4.7 创新创业情况

4.7.1 创新创业环境

创新创业环境是企业创新创业过程中不受企业控制的外部环境，包括自然环境、社会环境、人口环境等，稳定、弘扬创新的外部环境对提高企业创新能力和创新水平，促进科技成果转化为新技术、产品、工艺具有重要作用。调查结果如下所示：

4.7.1.1 创新创业情况整体性描述

在 2031 个样本中，认为当前创新创业环境非常好的科技工作者有 162 人，占比为 7.98%；认为比较好的有 849 人，占比为 41.80%；认为一般的有 728 人，占比为 35.84%；认为比较不好的有 233 人，占比为 11.47%；认为非常不好的有 59 人，占比为 2.90%。整体满意度均值为 3.40，处于比较好和一般的区间（见图 4-253）。

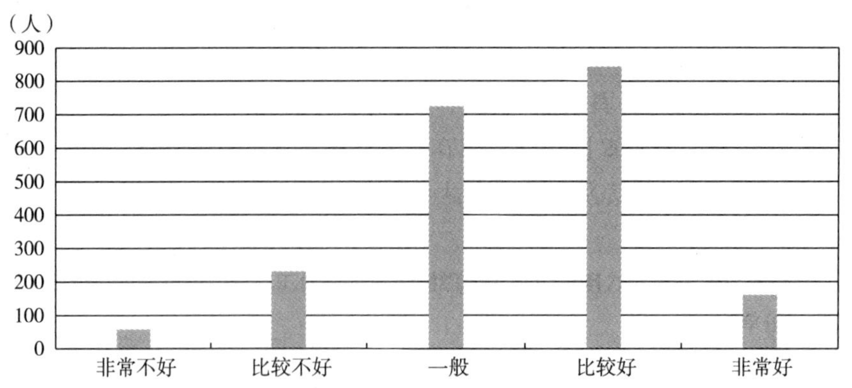

图 4-253 新疆科技工作者对当前创新创业环境的认知整体性描述情况

因此，在新疆科技工作者的认知中，新疆创新创业环境较为良好，整体氛围比较浓厚，近一半认为当前创新创业环境比较好或非常好，不到 20%认为当前创新创业环境不好或非常不好，存在进一步改善的空间（见表 4-39）。

表 4-39　新疆各类科技工作者对当前创新创业环境的认知交叉分析情况

单位：人，%

科技工作者类型		非常不好	比较不好	一般	比较好	非常好	总计
卫生技术人员	人数	7	35	98	105	19	264
	占比	2.65	13.26	37.12	39.77	7.20	100.00
农业技术人员	人数	9	48	133	158	36	384
	占比	2.34	12.50	34.64	41.15	9.38	100.00
科学研究人员	人数	7	14	48	55	14	138
	占比	5.07	10.14	34.78	39.86	10.14	100.00
自科教学人员	人数	22	80	252	278	58	690
	占比	3.19	11.59	36.52	40.29	8.41	100.00
工程技术人员	人数	14	56	197	253	35	555
	占比	2.52	10.09	35.50	45.59	6.31	100.00
总计	人数	59	233	728	849	162	2031
	占比	2.90	11.47	35.84	41.80	7.98	100.00

4.7.1.2　创新创业环境的分类型描述

分五类科技工作者，对其对当前创新创业环境的认知进行交叉分析，具体如下：

（1）卫生技术人员。

通过数据分析整理可以发现：卫生技术人员认为非常不好的有7人，占比为2.65%；认为比较不好的有35人，占比为13.26%；认为一般的有98人，占比为37.12%；认为比较好的有105人，占比为39.77%；认为非常好的有19人，占比为7.20%。整体满意度均值为3.36，处于一般与比较好的程度之间（见图4-254）。卫生技术人员中，认为非常不好与比较不好的有42人，占比为15.91%；认为比较好与非常好的有124人，占比为46.97%。整体而言，卫生技术人员认为当前创新创业环境较好。

（2）农业技术人员。

通过数据分析整理可以发现：农业技术人员认为非常不好的有9人，占比为2.34%；认为比较不好的有48人，占比为12.50%；认为一般的有133人，占比为34.64%；认为比较好的有158人，占比为41.15%；认为非常好的有36人，占比为9.38%。整体满意度均值为3.43，处于一般与比较好之间（见图4-255）。农业技术人员中，认为非常不好与比较不好的有57人，占比为14.84%；认为比较好与

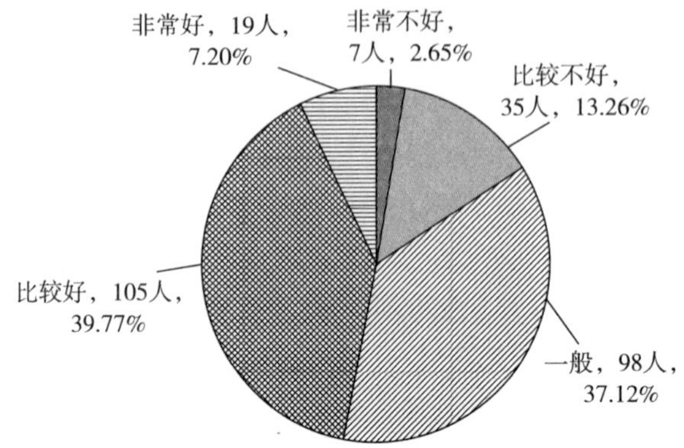

图 4-254　卫生技术人员对当前创新创业环境的认知描述情况

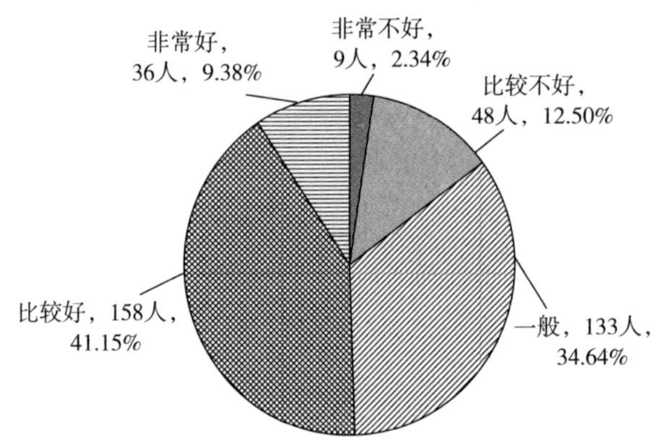

图 4-255　农业技术人员对当前创新创业环境的认知描述情况

非常好的有 194 人，占比为 50. 53%。整体而言，农业技术人员认为当前创新创业环境较好。

（3）科学研究人员。

通过数据分析整理可以发现：科学研究人员认为非常不好的有 7 人，占比为 5. 07%；认为比较不好的有 14 人，占比为 10. 14%；认为一般的有 48 人，占比为 34. 78%；认为比较好的有 55 人，占比为 39. 86%；认为非常好的有 14 人，占比为 10. 14%。整体满意度均值为 3. 40，处于一般与比较好的程度之间（见图 4-256）。科学研究人员中，认为非常不好与比较不好的有 21 人，占比为 15. 21%；认为比较好与非常好的共有 69 人，占比为 50. 00%。整体而言，科学研究人员认为当前创新创业环境较好。

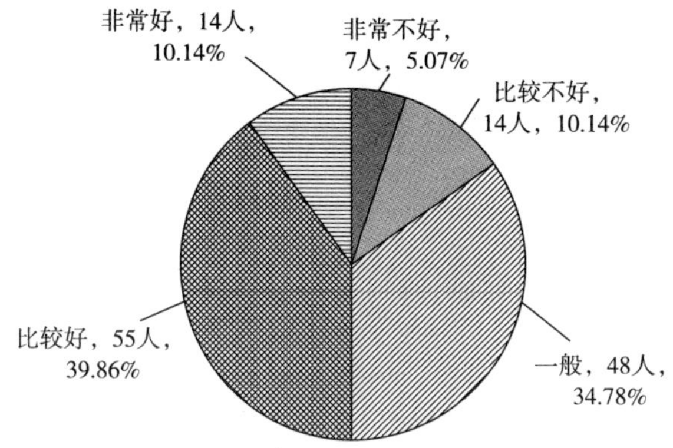

图 4-256　科学研究人员对当前创新创业环境的认知描述情况

（4）自科教学人员。

通过数据分析整理可以发现：自科教学人员认为非常不好的有 22 人，占比为 3. 19%；认为比较不好的有 80 人，占比为 11. 59%；认为一般的有 252 人，占比为 36. 52%；认为比较好的有 278 人，占比为 40. 29%；认为非常好的有 58 人，占比为 8. 41%。整体满意度均值为 3. 39，处于一般与比较好的程度之间（见图 4-257）。自科教学人员中，认为非常不好与比较不好的有 102 人，占比为 14. 78%；认为比较好与非常好的有 336 人，占比为 48. 70%。整体而言，自科教学人员认为当前创新创业环境较好。

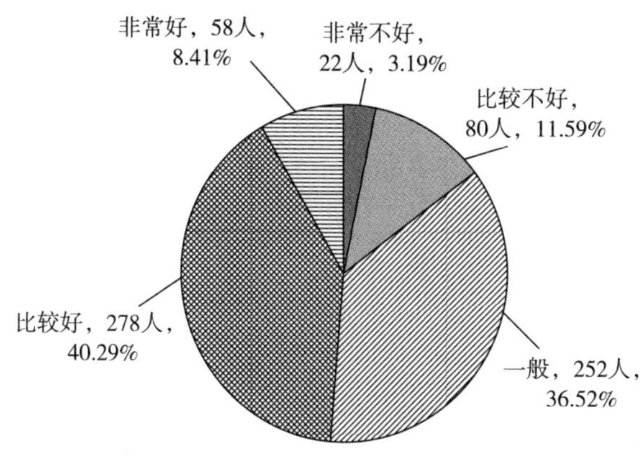

图 4-257　自科教学人员对当前创新创业环境的认知描述情况

（5）工程技术人员。

通过数据分析整理可以发现：工程技术人员认为非常不好的有 14 人，占比为2.52%；认为比较不好的有56人，占比为10.09%；认为一般的有197人，占比为35.50%；认为比较好的有253人，占比为45.59%；认为非常好的有35人，占比为6.31%。整体满意度均值为3.43，处于一般与比较好的程度之间（见图4-258）。工程技术人员中，认为非常不好与比较不好的有70人，占比为12.61%；认为比较好与非常好的共有288人，占比为51.90%。整体而言，工程技术人员认为当前创新创业环境较好。

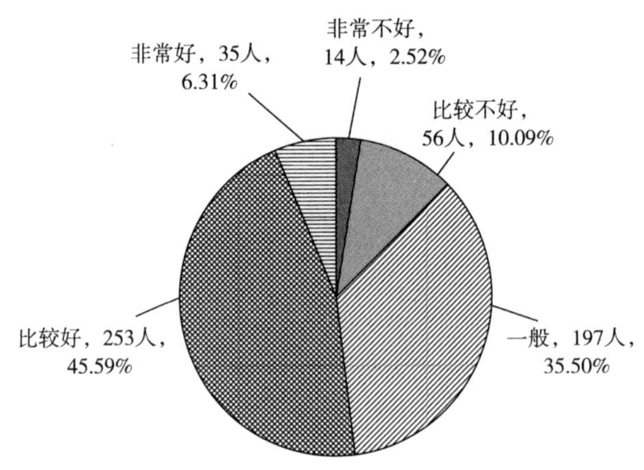

图4-258　工程技术人员对当前创新创业环境的认知描述情况

通过调查样本的分析，各类科技工作者对当前创新创业环境的认知与整体类似，认为当前创新创业环境比较好的人员数量均为最多，占比在40%上下，认为一般的人员数量均为第二，占比在35%左右，认为比较不好的人员数量为第三，占比在10%~14%，认为非常好与非常不好的人员数量均较低，占比在10%以下，且与整体相同，各类科技工作者对创新创业环境的认知整体均位于3.40左右，位于认为一般与比较好的程度之间。

4.7.2　创新创业政策

创新创业政策作为一类关注于激发创新活力、促进创新能力提升和新旧动能转换的多元政策体系，不同于专门聚焦于人才、产业等单一“对象”的政策设计，其政策内容涵盖各方面可能有助于形成创新驱动发展模式、助力创新发展的政策部署。本研究调查了新疆科技工作者对当前创新创业政策的认知与最希望获得的创新创业政策支持，以期为双创政策的改善提供一定的指导，具体情况如下：

4.7.2.1　创新创业政策认知

（1）创新创业政策认知整体性描述。

在 2031 个样本中，认为当前创新创业政策非常好的科技工作者有 466 人，占比为 22.94%；认为比较好的有 1030 人，占比为 50.71%；认为一般的有 375 人，占比为 18.46%；认为比较不好的有 133 人，占比为 6.55%；认为非常不好的有 27 人，占比为 1.33%。整体满意度均值为 3.87，处于一般与比较好的程度之间（见图 4-259）。

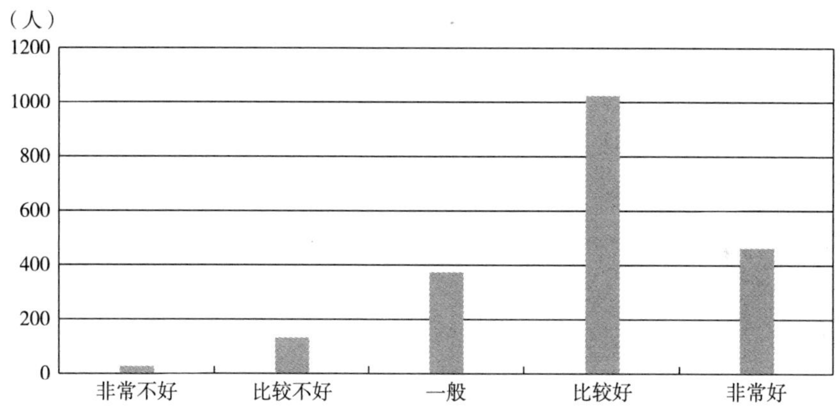

图 4-259　新疆科技工作者对当前创新创业政策认知整体性描述情况

因此，在新疆科技工作者的认知中，超过 70%认为当前的创新创业政策比较好或非常好，近一半认为当前创新创业环境比较好或非常好，不到 10%认为当前创新创业环境不好或非常不好，存在进一步改善的空间，总体而言创新创业政策较为良好，获得了工作者的认同（见表 4-40）。

表 4-40　新疆各类科技工作者对当前创新创业政策的认知交叉分析情况

单位：人，%

科技工作者类型		非常不好	比较不好	一般	比较好	非常好	总计
卫生技术人员	人数	2	21	49	134	58	264
	占比	0.76	7.95	18.56	50.76	21.97	100.00
农业技术人员	人数	3	29	62	209	81	384
	占比	0.78	7.55	16.15	54.43	21.09	100.00

续表

科技工作者类型		非常不好	比较不好	一般	比较好	非常好	总计
科学研究人员	人数	1	11	31	63	32	138
	占比	0.72	7.97	22.46	45.65	23.19	100.00
自科教学人员	人数	15	36	136	347	156	690
	占比	2.17	5.22	19.71	50.29	22.61	100.00
工程技术人员	人数	6	36	97	277	139	555
	占比	1.08	6.49	17.48	49.91	25.05	100.00
总计	人数	27	133	375	1030	466	2031
	占比	1.33	6.55	18.46	50.71	22.94	100.00

（2）创新创业政策认知分类型描述。

分五类科技工作者，对其对当前创新创业政策的认知进行交叉分析，具体如下：

1）卫生技术人员。

通过数据分析整理可以发现：卫生技术人员认为非常不好的有 2 人，占比为 0.76%；认为比较不好的有 21 人，占比为 7.95%；认为一般的有 49 人，占比为 18.56%；认为比较好的有 134 人，占比为 50.76%；认为非常好的有 58 人，占比为 21.97%。整体满意度均值为 3.85，处于一般与比较好的程度之间（见图 4-260）。卫生技术人员中，认为非常不好与比较不好的共有 23 人，占比为 8.71%；认为比较好与非常好的有 192 人，占比为 72.73%。整体而言，卫生技术人员认为当前创新创业政策较好。

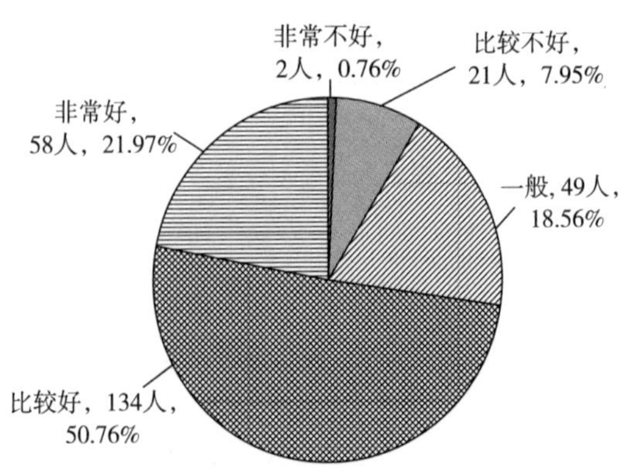

图 4-260　卫生技术人员对当前创新创业政策的认知描述情况

2）农业技术人员。

通过数据分析整理可以发现：农业技术人员认为非常不好的有3人，占比为0.78%；认为比较不好的有29人，占比为7.55%；认为一般的有62人，占比为16.15%；认为比较好的有209人，占比为54.43%；认为非常好的有81人，占比为21.09%。整体满意度均值为3.86，处于一般与比较好的程度之间（见图4-261）。农业技术人员中，认为非常不好与比较不好的有32人，占比为8.33%；认为比较好与非常好的有290人，占比为75.52%。整体而言，农业技术人员认为当前创新创业政策较好。

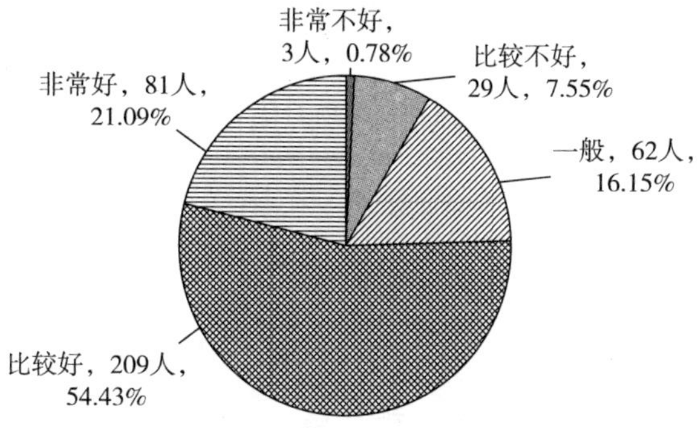

图4-261 农业技术人员对当前创新创业政策的认知描述情况

3）科学研究人员。

通过数据分析整理可以发现：科学研究人员认为非常不好的有1人，占比为0.72%；认为比较不好的有11人，占比为7.97%；认为一般的有31人，占比为22.46%；认为比较好的有63人，占比为45.65%；认为非常好的有32人，占比为23.19%。整体满意度均值为3.83，处于一般与比较好的程度之间（见图4-262）。科学研究人员中，认为非常不好与比较不好的有12人，占比为8.69%；认为比较好与非常好的共有95人，占比为68.84%。整体而言，科学研究人员认为当前创新创业政策较好。

4）自科教学人员。

通过数据分析整理可以发现：自科教学人员认为非常不好的有15人，占比为2.17%；认为比较不好的有36人，占比为5.22%；认为一般的有136人，占比为19.71%；认为比较好的有347人，占比为50.29%；认为非常好的有156人，占比为22.61%。整体满意度均值为3.86，处于一般与比较好的程度之间（见图4-263）。自科教学人员中，认为非常不好与比较不好的有51人，占比为7.39%；认为比较好与非常好的有503人，占比为72.90%。整体而言，自科教学人员认为当前创新创业环境较好。

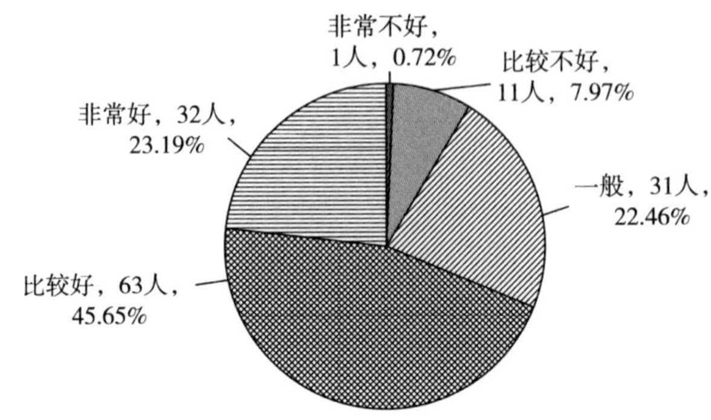

图 4-262　科学研究人员对当前创新创业政策的认知描述情况

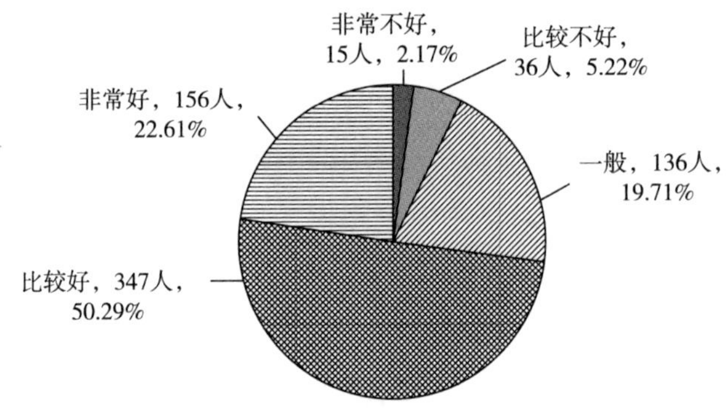

图 4-263　自科教学人员对当前创新创业政策的认知描述情况

5）工程技术人员。

通过数据分析整理可以发现：工程技术人员认为非常不好的有 6 人，占比为 1.08%；认为比较不好的有 36 人，占比为 6.49%；认为一般的有 97 人，占比为 17.48%；认为比较好的有 277 人，占比为 49.91%；认为非常好的有 139 人，占比为 25.05%。整体满意度均值为 3.91，处于一般与比较好的程度之间（见图 4-264）。工程技术人员中，认为非常不好与比较不好的有 42 人，占比为 7.57%；认为比较好与非常好的有 416 人，占比为 74.96%。整体而言，工程技术人员认为当前创新创业环境较好。

通过调查样本的分析，各类科技工作者对当前创新创业政策的认知与整体类似，认为当前创新创业环境比较好的人员数量均为最多，占比在 50%上下，认为非常好的人员数量均为第二，占比均超过了 20%，其次分别为认为一般、比较不

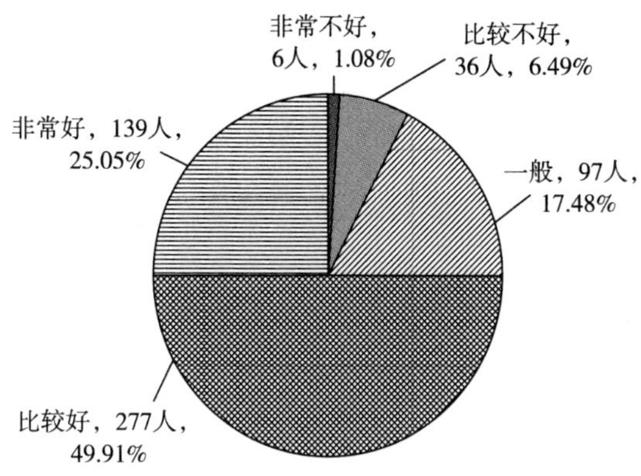

图 4-264　工程技术人员对当前创新创业政策的认知描述情况

好与非常不好的人数。各类科技工作者对创新创业环境的认知整体均大于 3.80，位于认为一般与比较好的程度之间。因此，新疆科技工作者近半数对当前创新创业政策较为满意。

4.7.2.2　创新创业政策需求

（1）创新创业政策需求整体性描述。

在 2031 个样本中，最需要社会化专业化管理的支持的科技工作者有 691 人，占比为 34.02%；最需要科技创业基金的支持政策支持的有 961 人；占比为 47.32%；最需要免收有关行政事业性收费支持的有 317 人，占比为 15.61%；最需要培训补贴支持的有 52 人，占比为 2.56%；认为更需要其他支持的有 10 人，占比为 0.49%（见图 4-265）。

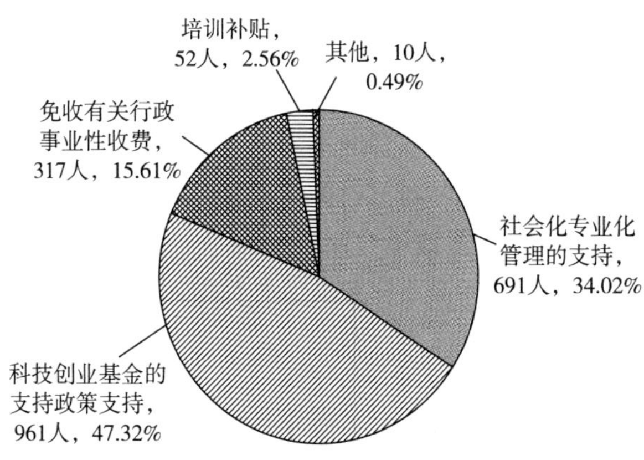

图 4-265　新疆科技工作者最期望获得的创新创业支持政策整体描述情况

因此，在新疆科技工作者的认知中，需要科技创业基金的支持政策支持的人数是最多的，接近50%，其次为社会化专业化管理支持，再次为免收有关行政事业性收费的支持，所需人说最少的分别为培训补贴和其他支持（见表4-41）。

表4-41　新疆各类科技工作者最期望获得的创新创业支持政策交叉分析情况

单位：人，%

科技工作者类型		社会化专业化管理的支持	科技创业基金的支持政策支持	免收有关行政事业性收费	培训补贴	其他	总计
卫生技术人员	人数	89	128	41	4	2	264
	占比	33.71	48.48	15.53	1.52	0.76	100.00
农业技术人员	人数	135	170	64	12	3	384
	占比	35.16	44.27	16.67	3.13	0.78	100.00
科学研究人员	人数	58	57	19	4	0	138
	占比	42.03	41.3	13.77	2.90	0.00	100.00
自科教学人员	人数	231	339	96	21	3	690
	占比	33.48	49.13	13.91	3.04	0.43	100.00
工程技术人员	人数	178	267	97	11	2	555
	占比	32.07	48.11	17.48	1.98	0.36	100.00
总计	人数	691	961	317	52	10	2031
	占比	34.02	47.32	15.61	2.56	0.49	100.00

（2）创新创业政策需求分类型描述。

分五类科技工作者，对其对当前创新创业政策的需求进行交叉分析，具体如下：

1）卫生技术人员。

通过数据分析整理可以发现：卫生技术人员最需要社会化专业化管理的支持的有89人，占比为33.71%；最需要科技创业基金的支持政策支持的有128人，占比为48.48%；最需要免收有关行政事业性收费政策支持的有41人，占比为15.53%；最需要培训补贴政策支持的有4人，占比为1.52%；最需要其他政策支持的有2人，占比为0.76%（见图4-266）。

2）农业技术人员。

通过数据分析整理可以发现：农业技术人员最需要社会化专业化管理的支持的有135人，占比为35.16%；最需要科技创业基金的支持政策支持的有170人，占比为44.27%；最需要免收有关行政事业性收费政策支持的有64人，占比为

16. 67%；最需要培训补贴政策支持的有 12 人，占比为 3. 13%；最需要其他政策支持的有 3 人，占比为 0. 78%（见图 4-267）。

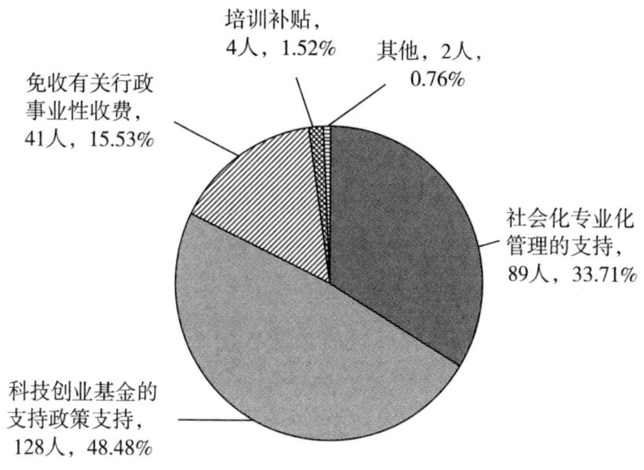

图 4-266　卫生技术人员对创新创业政策的需求描述情况

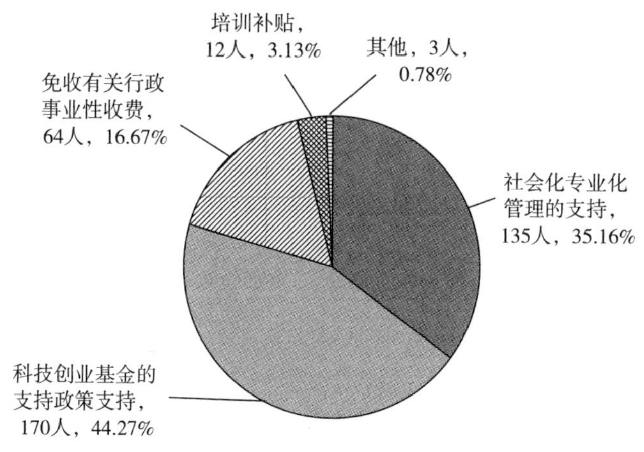

图 4-267　农业技术人员对创新创业政策的需求描述情况

3）科学研究人员。

通过数据分析整理可以发现：科学研究人员最需要社会化专业化管理的支持的有 58 人，占比为 42. 03%；最需要科技创业基金的支持政策支持的有 57 人，占比为 41. 30%；最需要免收有关行政事业性收费政策支持的有 19 人，占比为 13. 77%；最需要培训补贴政策支持的有 4 人，占比为 2. 90%（见图 4-268）。

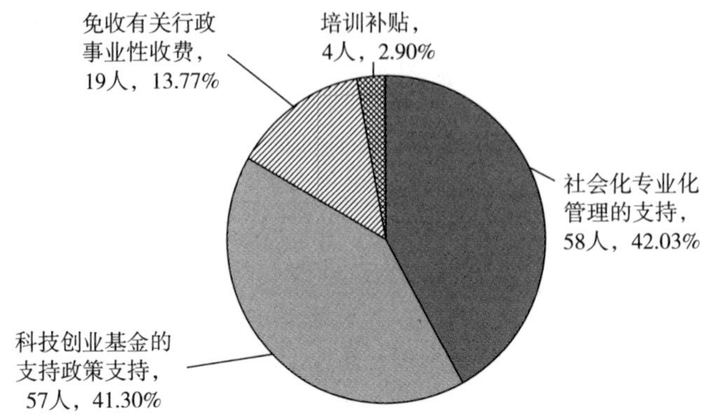

图 4-268　科学研究人员对创新创业政策的需求描述情况

4）自科教学人员。

通过数据分析整理可以发现：自科教学人员最需要社会化专业化管理的支持的有 231 人，占比为 33. 48%；最需要科技创业基金的支持政策支持的有 339 人，占比为 49. 13%；最需要免收有关行政事业性收费政策支持的有 96 人，占比为 13. 91%；最需要培训补贴政策支持的有 21 人，占比为 3. 04%；最需要其他政策支持的有 3 人，占比为 0. 43%（见图 4-269）。

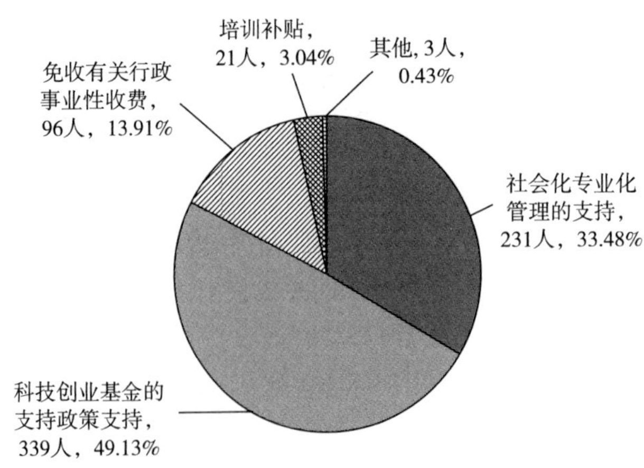

图 4-269　自科教学人员对创新创业政策的需求描述情况

5）工程技术人员。

通过数据分析整理可以发现：工程技术人员最需要社会化专业化管理的支持

的有 178 人，占比为 32.07%；最需要科技创业基金的支持政策支持的有 267 人，占比为 48.11%；最需要免收有关行政事业性收费政策支持的有 97 人，占比为 17.48%；最需要培训补贴政策支持的 11 人，占比为 1.98%；最需要其他政策支持的有 2 人，占比为 0.36%（见图 4-270）。

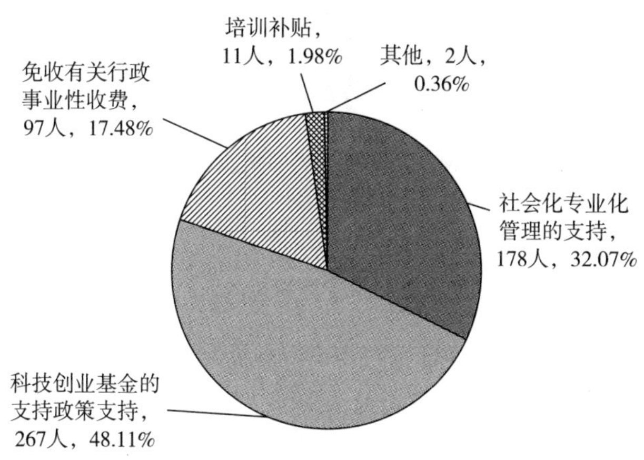

图 4-270　工程技术人员对创新创业政策的需求描述情况

通过调查样本的分析，除科学研究人员外，其他类型的科研工作者需要科技创业基金的支持政策的人数最多，占比均超过 40%，其次为需要社会化专业化管理的支持的人数，占比均超过 30%，再次为需要免收用惯行政事业性收费和培训补贴的人数，需要其他政策支持的人数较少；而对科学研究人员来说，需要社会化专业化管理的支持的人数最多，其次为需要科技创业基金的支持政策支持的人数。

总体而言，在新疆科技工作者的认知中，当前的创新创业政策较为良好，获得了较高的满意度，而在还未落地的双创政策中，其对科技创业基金的支持政策支持需求最为急迫，其次为社会化专业化管理支持和免收有关行政事业性收费支持，而对其他政策的需求较小。

4.7.3　创新创业行动

创新创业行动是推动创新创业成果诞生的直接因素，在本次的调研对象中，有过离岗创新想法的科技工作者达 1465 人，占比为 72.13%；没有该想法的有 566 人，占比为 27.87%（见图 4-271）。

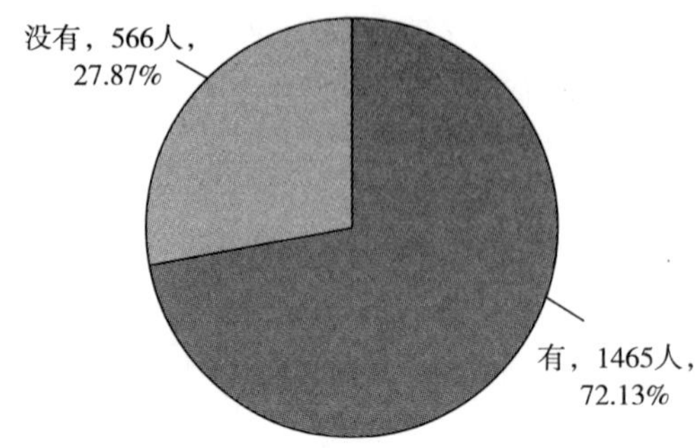

图 4-271　新疆科技工作者是否有离岗创新想法描述情况

具体来看，卫生技术人员中有过离岗创业想法的人数 187 人，占比为 70.83%，没有的人数 77 人，占比为 29.17%；农业技术人员中有过离岗创业想法的人数 278 人，占比为 72.40%，没有的人数 106 人，占比为 27.60%；科学研究人员中有过离岗创业想法的人数 101 人，占比为 73.19%，没有的人数 37 人，占比为 26.81%；自科教学人员中有过离岗创业想法的人数 494 人，占比为 71.59%，没有的人数 196 人，占比为 28.41%；工程技术人员中有过离岗创业想法的人数 405 人，占比为 72.97%，没有的人数 150 人，占比为 27.03%。就创业行动来看，有过离岗创业想法的科技工作者超过 70%，且在各类科技工作者中的分布没有明显差异，说明新疆科技工作者具有较强的创新创业意愿（见图 4-272）。

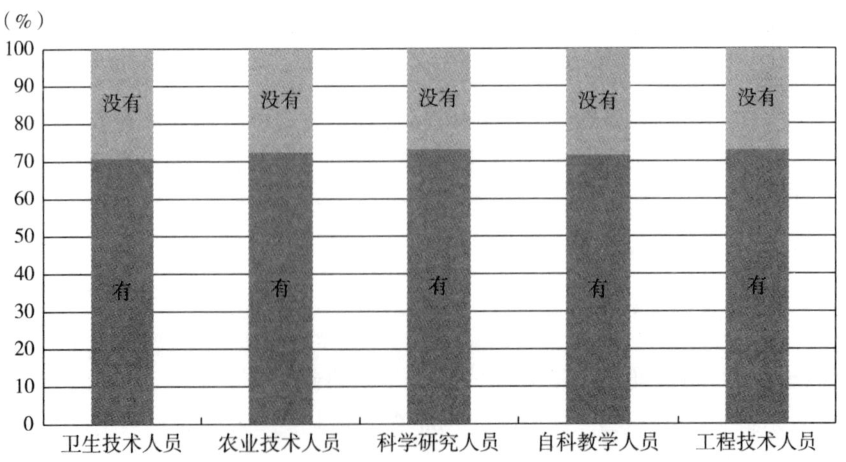

图 4-272　新疆各类科技工作者是否有离岗创新想法交叉分析情况

4.7.4　成果转化情况

科技成果转化是指为提高生产力水平而对科学研究与技术开发所产生的具有实用价值的科技成果所进行的后续试验、开发、应用、推广直至形成新产品、新工艺、新材料，发展新产业等活动。只有将科研成果进行转化才能产生有效创新，提高技术水平。本研究以科研成果转化渠道是否通畅及阻碍科研成果转化的障碍为题目对新疆科学研究工作者进行了调查，具体情况如下：

4.7.4.1　科技成果转化渠道畅通性描述

（1）科技成果转化渠道畅通性整体描述。

在 2031 个样本中，认为当前科技成果转化渠道非常畅通的科技工作者有 149 人，占比为 7.34%；认为比较畅通的有 806 人，占比为 39.68%；认为一般的有 679 人，占比为 33.43%；认为比较不畅通的有 324 人，占比为 15.95%；认为非常不畅通的有 73 人，占比为 3.59%。整体满意度均值为 3.31，处于一般与比较畅通的程度之间（见图 4-273）。

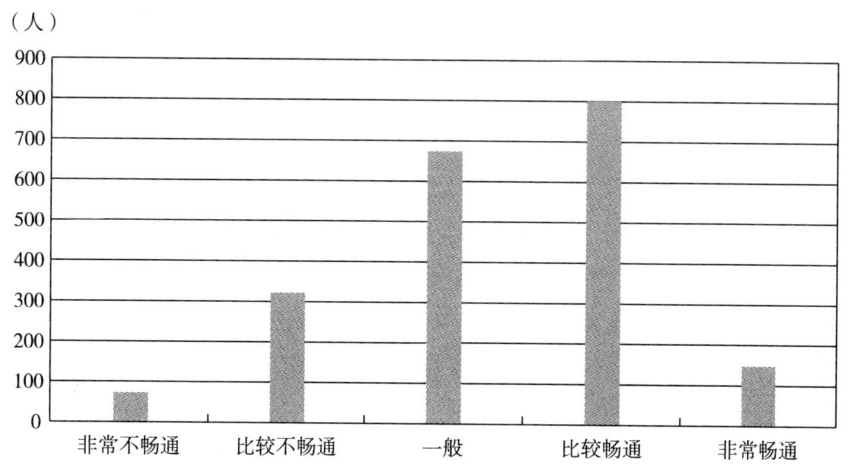

图 4-273　新疆科技工作者对当前科技成果转化渠道畅通性的整体认知分析情况

因此，在新疆科技工作者的认知中，47.02%的人认为当前科技成果转化渠道比较畅通或非常畅通，19.54%的人认为科技转化渠道比较不畅通或非常不畅通，整体而言渠道比较畅通，但也存在一定的改善空间（见表 4-42）。

表 4-42 新疆各类科技工作者对当前创新创业渠道畅通性的认知交叉分析情况

单位：人，%

科技工作者类型		非常不畅通	比较不畅通	一般	比较畅通	非常畅通	总计
卫生技术人员	人数	9	45	95	93	22	264
	占比	3.41	17.05	35.98	35.23	8.33	100.00
农业技术人员	人数	16	67	128	142	31	384
	占比	4.17	17.45	33.33	36.98	8.07	100.00
科学研究人员	人数	3	23	52	49	11	138
	占比	2.17	16.67	37.68	35.51	7.97	100.00
自科教学人员	人数	14	109	230	287	50	690
	占比	2.03	15.80	33.33	41.59	7.25	100.00
工程技术人员	人数	31	80	174	235	35	555
	占比	5.59	14.41	31.35	42.34	6.31	100.00
总计	人数	73	324	679	806	149	2031
	占比	3.59	15.95	33.43	39.68	7.34	100.00

（2）创新创业渠道畅通性认知分类型描述。

分五类科技工作者，对其对当前科技成果转化渠道畅通性的认知进行交叉分析，具体如下：

1）卫生技术人员。

通过数据分析整理可以发现：卫生技术人员认为当前科技成果转化渠道非常不畅通的有 9 人，占比为 3.41%；认为比较不畅通的有 45 人，占比为 17.05%；认为一般的有 95 人，占比为 35.98%；认为比较畅通的有 93 人，占比为 35.23%；认为非常畅通的有 22 人，占比为 8.33%。整体满意度均值为 3.28，处于一般与比较畅通的程度之间（见图 4-274）。卫生技术人员中，认为非常不畅通与比较不畅通的有 54 人，占比为 20.46%；认为比较畅通与非常畅通的有 115 人，占比为 43.56%。整体而言，卫生技术人员认为当前科技成果转化渠道较畅通。

2）农业技术人员。

通过数据分析整理可以发现：农业技术人员认为当前科技成果转化渠道非常不畅通的有 16 人，占比为 4.17%；认为比较不畅通的有 67 人，占比为 17.45%；认为一般的有 128 人，占比为 33.33%；认为比较畅通的有 142 人，占比为 36.98%；认为非常畅通的有 31 人，占比为 8.07%。整体满意度均值为 3.27，处于一般与比较畅通的程度之间（见图 4-275）。农业技术人员中，认为非常不畅通与比较不畅通的有 83 人，占比为 21.62%；认为比较畅通与非常畅通的有 173 人，

占比为 45.05%。整体而言，农业技术人员认为当前科技成果转化渠道较畅通。

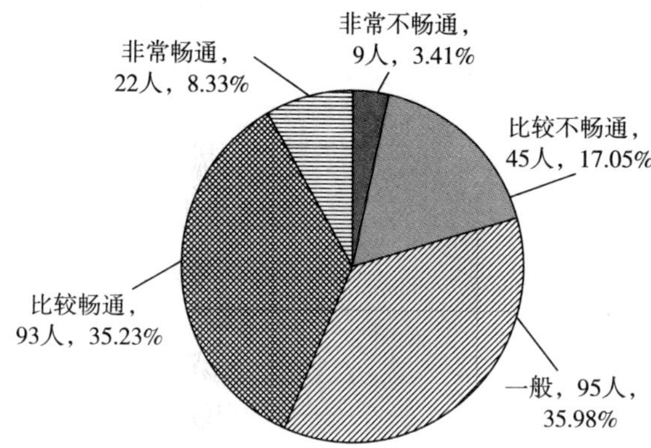

图 4-274　卫生技术人员对当前科技成果转化渠道畅通性的认知描述情况

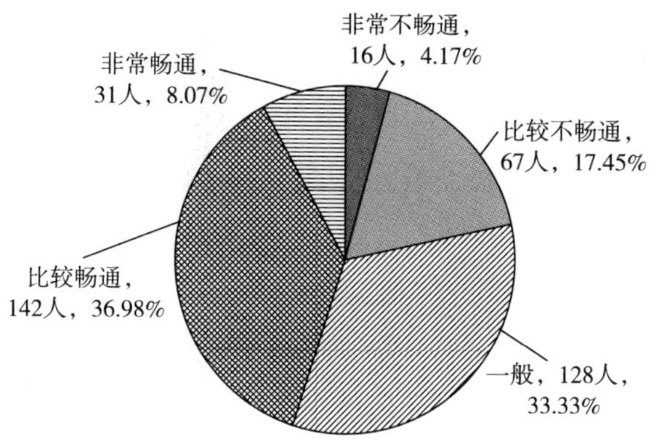

图 4-275　农业技术人员对当前科技成果转化渠道畅通性的认知描述情况

3）科学研究人员。

通过数据分析整理可以发现：科学研究人员认为当前科技成果转化渠道非常不畅通的有 3 人，占比为 2.17%；认为比较不畅通的有 23 人，占比为 16.67%；认为一般的有 52 人，占比为 37.68%；认为比较畅通的有 49 人，占比为 35.51%；认为非常畅通的有 11 人，占比为 7.97%。整体满意度均值为 3.30，处于一般与比较畅通的程度之间（见图 4-276）。科学研究人员中，认为非常不畅通与比较不畅通的有 26 人，占比为 18.84%；认为比较畅通与非常畅通的有 60 人，占比为 43.48%。整体而言，科学研究人员认为当前科技成果转化渠道较畅通。

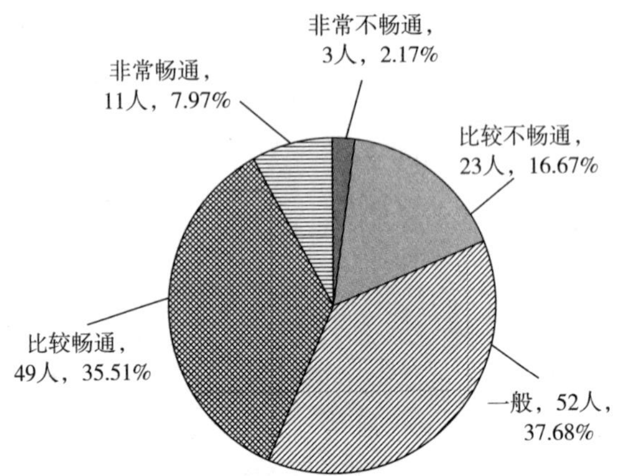

图 4-276　科学研究人员对当前科技成果转化渠道畅通性的认知描述情况

4）自科教学人员。

通过数据分析整理可以发现：自科教学人员认为当前科技成果转化渠道非常不畅通的有 14 人，占比为 2.03%；认为比较不畅通的有 109 人，占比为 15.80%；认为一般的有 230 人，占比为 33.33%；认为比较畅通的有 287 人，占比为 41.59%；认为非常畅通的有 50 人，占比为 7.25%。整体满意度均值为 3.36，处于一般与比较畅通的程度之间（见图 4-277）。自科教学人员中，认为非常不畅通与比较不畅通的有 123 人，占比为 17.83%；认为比较畅通与非常畅通的有 337 人，占比为 48.84%。整体而言，自科教学人员认为当前科技成果转化渠道较畅通。

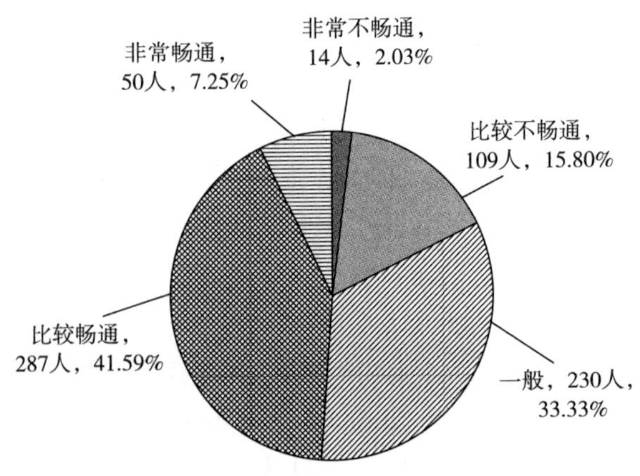

图 4-277　自科教学人员对当前科技成果转化渠道畅通性的认知描述情况

5）工程技术人员。

通过数据分析整理可以发现：工程技术人员认为当前科技成果转化渠道非常不畅通的有 31 人，占比为 5. 59%；认为比较不畅通的有 80 人，占比为 14. 41%；认为一般的有 174 人，占比为 31. 35%；认为比较畅通的有 235 人，占比为 42. 34%；认为非常畅通的有 35 人，占比为 6. 31%。整体满意度均值为 3. 29，处于一般与比较畅通的程度之间（见图 4-278）。工程技术人员中，认为非常不畅通与比较不畅通的有 111 人，占比为 20. 00%；认为比较畅通与非常畅通的有 270 人，占比为 48. 65%。整体而言，工程技术人员认为当前科技成果转化渠道较畅通。

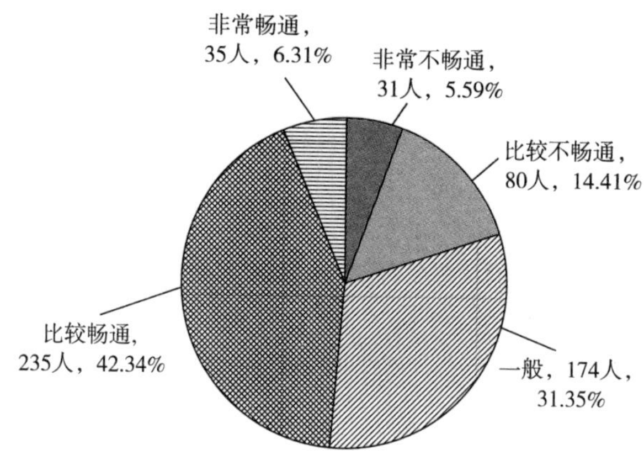

图 4-278 工程技术人员对当前科技成果转化渠道畅通性的认知描述情况

通过调查样本的分析，各类科技工作者对当前科技成果转化渠道畅通性的认知与整体类似，略有差异，其中农业技术人员、自科教学人员、工程技术人员认为比较畅通的人数最多，认为一般的人数其次，而卫生技术人员与科学研究人员认为一般的人数最多，认为比较畅通的人数其次；除此之外，五类科技工作者中认为非常不畅通的人数均为最少，非常畅通为次少。

4. 7. 4. 2 科技成果转化障碍描述

（1）科技成果转化障碍整体性描述。

科技成果转化是一个涉及不同阶段的发展过程，即科技成果逐步成熟、完善以适应产品化、产业化的全过程，而在这一过程中所出现的阻碍因素即科技成果转化障碍。本书共收集了企业需求不足、科技成果与市场需求脱节、相关法律政策之间冲突、中央有关政策没有落地，缺乏配套措施、科技成果转化的专业服务体系不健全、科技成果转化对提高科研人员收益作用不大、供需双方的信息沟通不畅、科研评价导向不利于成果转化、科技成果经济价值评估难，供需双方难以达成交易共九项科技转化障碍，以期对新疆科技工作者进行科技成果转化提供帮助（见表4-43）。

表4-43　新疆各类科技工作者对阻碍科技成果转化首要障碍的交叉分析情况

单位：人

障碍情况表现	卫生技术人员	农业技术人员	科学研究人员	自科教学人员	工程技术人员	总计
企业需求不足	6	13	3	13	17	52
科技成果与市场需求脱节	34	23	15	69	45	186
相关法律政策之间冲突	54	74	28	131	102	389
中央有关政策没有落地，缺乏配套措施	76	111	37	217	151	592
科技成果转化的专业服务体系不健全	57	103	33	152	143	488
科技成果转化对提高科研人员收益作用不大	14	21	11	51	48	145
供需双方的信息沟通不畅	14	31	9	40	37	131
科研评价导向不利于成果转化	7	8	2	13	10	40
科技成果经济价值评估难，供需双方难以达成交易	2	0	0	4	2	8
总计	264	384	138	690	555	2031

在2031个样本中，52人认为科技成果转化首要障碍为企业需求不足，占比为2.56%；186人认为首要障碍为科技成果与市场需求脱节，占比为9.16%；389人认为首要障碍为相关法律政策之间冲突，占比为19.15%；592人认为首要障碍为中央有关政策没有落地或缺乏配套措施，占比为29.15%；488人认为首要障碍为科技成果转化的专业服务体系不健全，占比为24.03%；145人认为首要障碍为科技成果转化对提高科研人员收益作用不大，占比为7.14%；131人认为首要障碍为供需双方的信息沟通不畅，占比为6.45%；40人认为首要障碍为科研评价导向不利于成果转化，占比为1.97%；8人认为首要障碍为科技成果经

济价值评估难，供需双方难以达成交易，占比为 0. 39%（见图 4-279）。

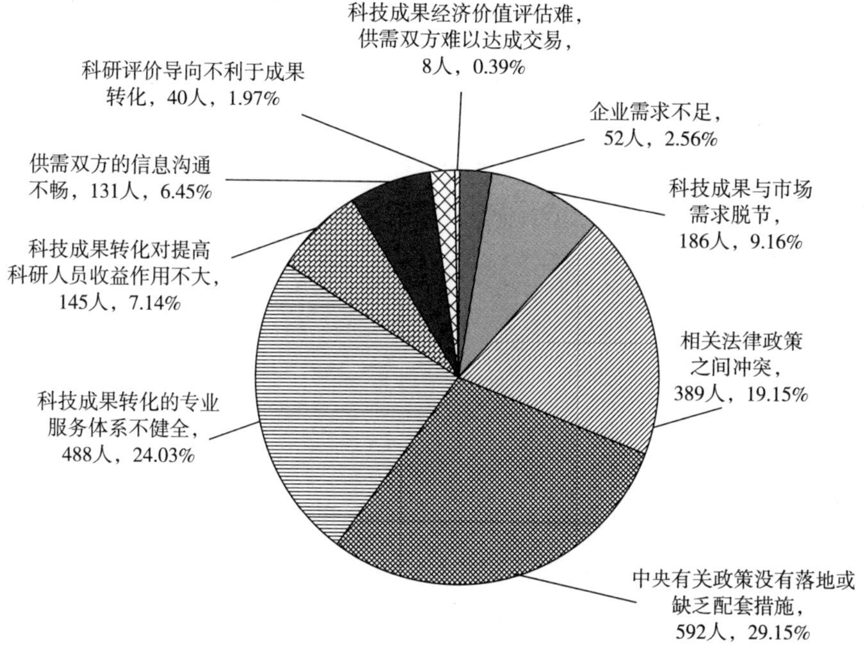

图 4-279　新疆科技工作者对阻碍科技成果转化首要障碍的认知描述情况

（2）科技成果转化障碍分类型描述。

分五类科技工作者，对其对当前科技成果转化首要障碍的认知进行交叉分析，具体如下：

1）卫生技术人员。

6 人认为科技成果转化首要障碍为企业需求不足，占比为 2. 27%；34 人认为首要障碍为科技成果与市场需求脱节，占比为 12. 88%；54 人认为首要障碍为相关法律政策之间冲突，占比为 20. 45%；76 人认为首要障碍为中央有关政策没有落地或缺乏配套措施，占比为 28. 79%；57 人认为首要障碍为科技成果转化的专业服务体系不健全，占比为 21. 59%；14 人认为首要障碍为科技成果转化对提高科研人员收益作用不大，占比为 5. 30%；14 人认为首要障碍为供需双方的信息沟通不畅，占比为 5. 30%；7 人认为首要障碍为科研评价导向不利于成果转化，占比为 2. 65%；2 人认为首要障碍为科技成果经济价值评估难，供需双方难以达成交易，占比为 0. 76%（见图 4-280）。

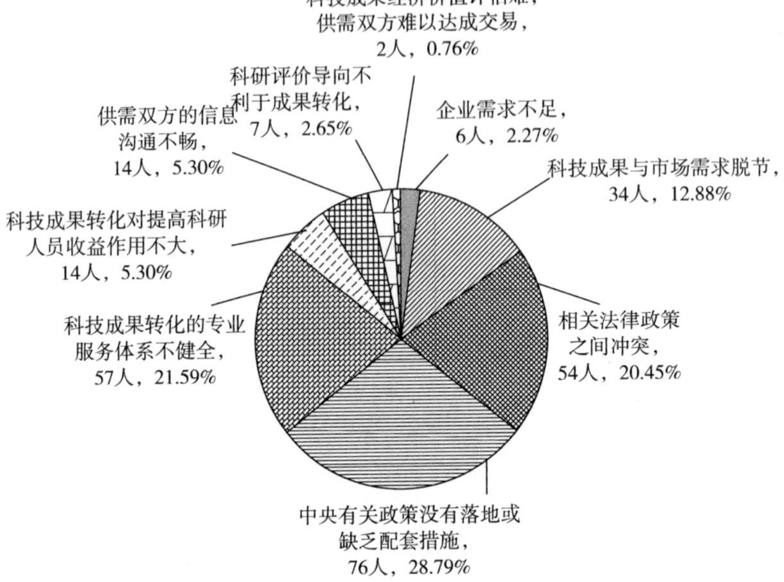

图 4-280　卫生技术人员对当前科技成果转化渠道畅通性的认知描述情况

2）农业技术人员。

13 人认为科技成果转化首要障碍为企业需求不足，占比为 3. 39%；23 人认为首要障碍为科技成果与市场需求脱节，占比为 5. 99%；74 人认为首要障碍为相关法律政策之间冲突，占比为 19. 27%；111 人认为首要障碍为中央有关政策没有落地或缺乏配套措施，占比为 28. 91%；103 人认为首要障碍为科技成果转化的专业服务体系不健全，占比为 26. 82%；21 人认为首要障碍为科技成果转化对提高科研人员收益作用不大，占比为 5. 47%；31 人认为首要障碍为供需双方的信息沟通不畅，占比为 8. 07%；8 人认为首要障碍为科研评价导向不利于成果转化，占比为 2. 08%（见图 4-281）。

3）科学研究人员。

3 人认为科技成果转化首要障碍为企业需求不足，占比为 2. 17%；15 人认为首要障碍为科技成果与市场需求脱节，占比为 10. 87%；28 人认为首要障碍为相关法律政策之间冲突，占比为 20. 29%；37 人认为首要障碍为中央有关政策没有落地或缺乏配套措施，占比为 26. 81%；33 人认为首要障碍为科技成果转化的专业服务体系不健全，占比为 23. 91%；11 人认为首要障碍为科技成果转化对提高科研人员收益作用不大，占比为 7. 97%；9 人认为首要障碍为供需双方的信息沟

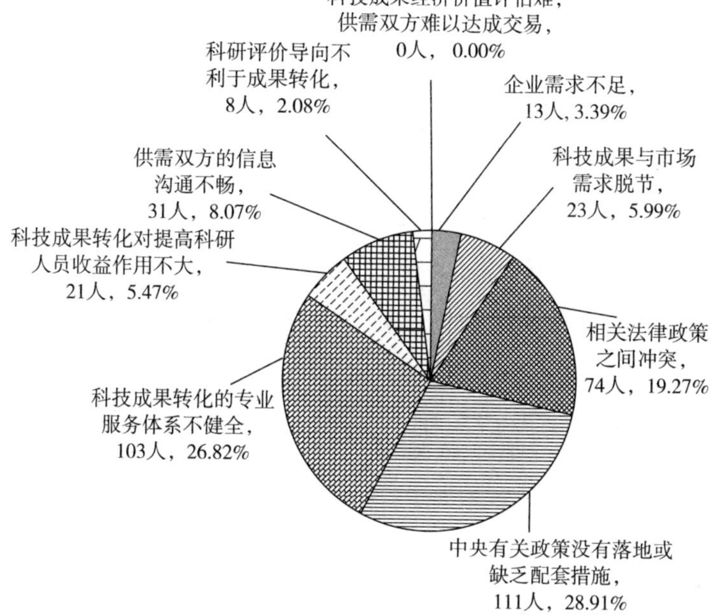

图4-281 农业技术人员对当前科技成果转化渠道畅通性的认知描述情况

通不畅，占比为6.52%；2人认为首要障碍为科研评价导向不利于成果转化，占比为1.45%（见图4-282）。

4）自科教学人员。

13人认为科技成果转化首要障碍为企业需求不足，占比为1.88%；69人认为首要障碍为科技成果与市场需求脱节，占比为10.00%；131人认为首要障碍为相关法律政策之间冲突，占比为18.99%；217人认为首要障碍为中央有关政策没有落地或缺乏配套措施，占比为31.45%；152人认为首要障碍为科技成果转化的专业服务体系不健全，占比为22.03%；51人认为首要障碍为科技成果转化对提高科研人员收益作用不大，占比为7.39%；40人认为首要障碍为供需双方的信息沟通不畅，占比为5.80%；13人认为首要障碍为科研评价导向不利于成果转化，占比为1.88%；4人认为首要障碍为科技成果经济价值评估难，供需双方难以达成交易，占比为0.58%（见图4-283）。

5）工程技术人员。

17人认为科技成果转化首要障碍为企业需求不足，占比为3.06%；45人认为首要障碍为科技成果与市场需求脱节，占比为8.11%；102人认为首要障碍为相关法律政策之间冲突，占比为18.38%；151人认为首要障碍为中央有关政策

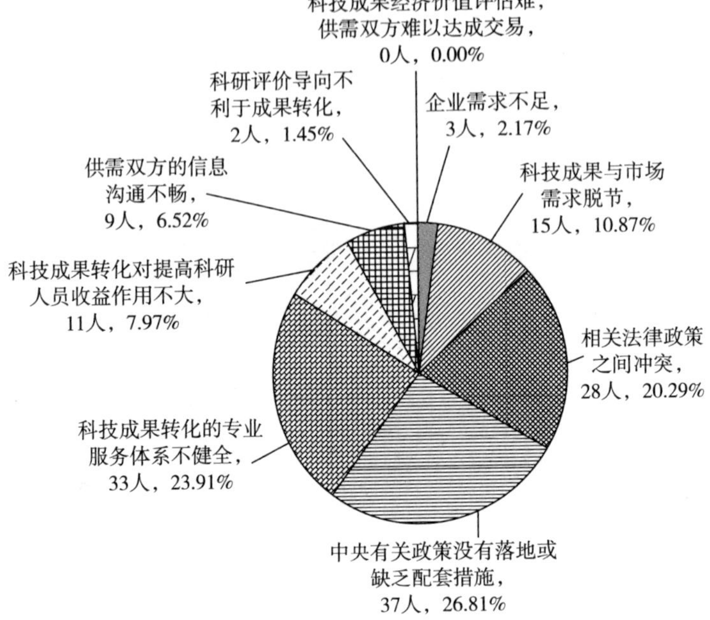

图 4-282　科学研究人员对当前科技成果转化渠道畅通性的认知描述情况

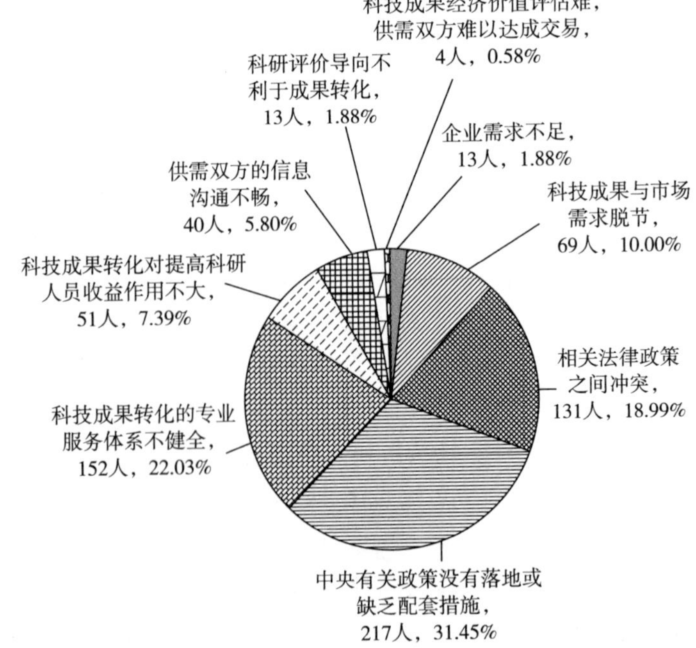

图 4-283　自科教学人员对当前科技成果转化渠道畅通性的认知描述情况

没有落地或缺乏配套措施，占比为 27.21%；143 人认为首要障碍为科技成果转化的专业服务体系不健全，占比为 25.77%；48 人认为首要障碍为科技成果转化对提高科研人员收益作用不大，占比为 8.65%；37 人认为首要障碍为供需双方的信息沟通不畅，占比为 6.67%；10 人认为首要障碍为科研评价导向不利于成果转化，占比为 1.80%；2 人认为首要障碍为科技成果经济价值评估难，供需双方难以达成交易，占比为 0.36%（见图 4-284）。

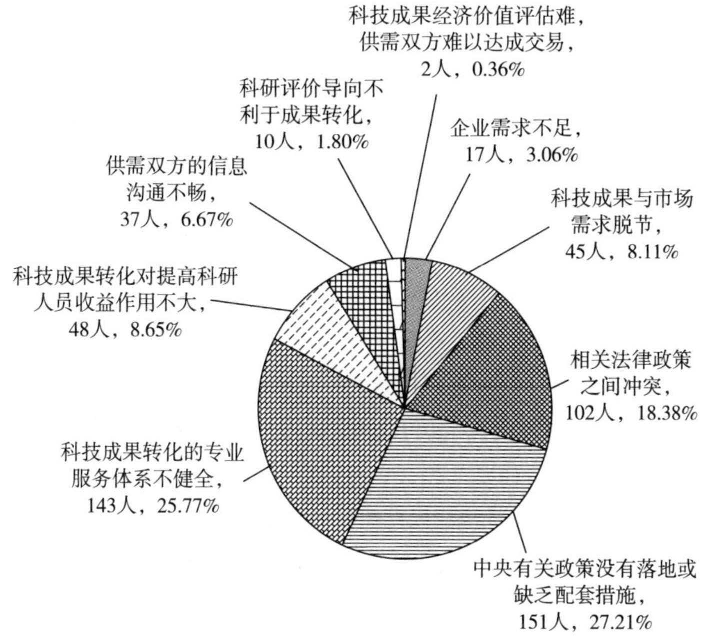

图 4-284　工程技术人员对当前科技成果转化渠道畅通性的认知描述情况

通过调查样本的分析，各类科技工作者中认为中央有关政策没有落地，缺乏配套措施为最大的科技成果转化障碍，人数占比均超过了 25%，其次为科技成果转化的专业服务体系不健全和相关法律政策之间冲突，认为以上三种问题为主要障碍的总人数达 1469 人，占总人数比的 72.33%。其他障碍中，认为科技成果转化对提高科研人员收益作用不大、科技成果与市场需求脱节、供需双方的信息沟通不畅的人数较多，三类共 462 人，占比为 22.75%。

4.7.5　科技工作者创新创业整体情况分析

近年来，在政府、科协的正确领导下，各个科研单位立足当前，着眼长远，审时度势，创新思维，强力促进大众创业，万众创新，提高了科研成果的转化效率，取得了一定的成效，本次调研的结果亦体现出了各科研单位在创新创业方面所取得的成绩。

在创新创业整体环境上，新疆科技工作者近半数对当前创新创业环境较为满意，认为当前环境有利于企业与科研机构开展创新创业活动，能够推动科技成果向技术、工艺、产品的转换，通过创新创业促进产业升级与行业发展。2031 名受访者中认为当前创新创业环境比较好或非常好的人数接近一半，达 1011 人，认为创业环境非常不好或比较不好的不到 15%，仅 292 人。

而在创新创业政策方面，超过 70%的受访科技工作者认为当前的创新创业政策比较好或非常好，整体而言对新疆创新创业政策的制定比较满意。而在还未落地的创新创业政策中，新疆各类科技工作者们对科技创业基金的支持政策需求最为急迫，其次为社会化专业化管理支持政策和免收有关行政事业性收费支持政策，而对其他政策的需求较小。

在所有受访者中，超过 70%的科技工作者都曾有过离岗创新的想法，且在各类科技工作者中的分布没有明显差异，说明新疆科技工作者具有较强的创新创业意愿。

在科技成果转换渠道方面，47.02%的人认为当前科技成果转化渠道比较畅通或非常畅通，19.54%的科技工作者认为科技转化渠道比较不畅通或非常不畅通。整体而言，各类科技工作者认为利用高水平科研成果进行的后续试验、开发、应用、推广等活动，直至形成新产品、新工艺、新材料，发展新产业过程较为顺畅。在这一过程中较大的阻碍主要有三种，包括中央有关政策没有落地，缺乏配套措施、科技成果转化的专业服务体系不健全以及相关法律政策之间冲突，进一步提高科技成果转化效率应以尽力解决以上三个问题为优先原则。

整体来看，新疆科技工作者对其面临的创新创业环境较为满意，享受了较为优渥的创新创业政策，科技成果转化渠道也比较通畅，但改进的空间依然存在。有关方面可以从获取科技创业基金的支持、社会化专业化管理支持、免收有关行政事业性收费支持三个主要方面进行政策方面的改进，通过解决中央有关政策没有落地，缺乏配套措施、科技成果转化的专业服务体系不健全、相关法律政策之间冲突三种主要障碍来进一步提高科技成果转化渠道的畅通性。

据上述分析，新疆科技工作者对当前创新创业环境较为满意，认为当前环境有利于企业与科研机构开展创新创业活动，能够推动科技成果向技术、工艺、产品的转换，通过创新创业促进产业升级与行业发展。

4.8　其他

4.8.1　信息反馈渠道

信息反馈是指由控制系统把信输送出去，又把其作用结果返送回来，并对信息的再输出发生影响，起到制约的作用，以达到预定的目的。良好的信息反馈渠道是促进组织高效率运转的关键因素之一，本书调查了新疆科技工作者对信息反馈渠道的认知，调查结果如下所示：

4.8.1.1　信息反馈渠道认知整体性描述

在 2031 个样本中，认为当前信息反馈渠道非常畅通的科技工作者的有 89 人，占比为 4.38%；认为比较畅通的有 906 人，占比为 44.61%；认为一般的有 423 人，占比为 20.83%；认为比较不畅通的有 556 人，占比为 27.38%；认为非常不畅通的有 57 人，占比为 2.81%。整体满意度均值为 3.20，处于一般与比较畅通之间（见图 4-285）。

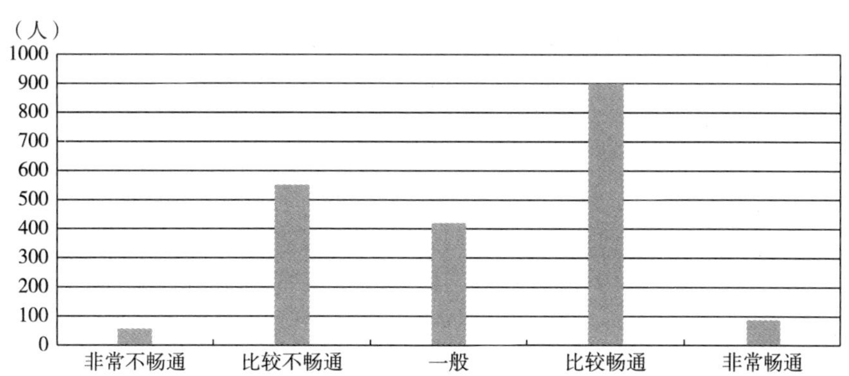

图 4-285　新疆科技工作者对当前信息反馈渠道的认知整体性描述情况

因此，在新疆科技工作者的认知中，信息反馈渠道较为良好，信息交流较为顺畅，近一半认为当前信息反馈渠道比较畅通或非常畅通，30.19%的人认为当前信息反馈渠道不畅通或非常不畅通，存在一定的改善空间（见表 4-44）。

表 4-44 新疆各类科技工作者对当前信息反馈渠道的认知交叉分析情况

单位：人，%

科技工作者类型		非常不畅通	比较不畅通	一般	比较畅通	非常畅通	总计
卫生技术人员	人数	10	71	56	115	12	264
	占比	3.79	26.89	21.21	43.56	4.55	100.00
农业技术人员	人数	7	118	72	174	13	384
	占比	1.82	30.73	18.75	45.31	3.39	100.00
科学研究人员	人数	4	44	28	55	7	138
	占比	2.90	31.88	20.29	39.86	5.07	100.00
自科教学人员	人数	22	166	152	314	36	690
	占比	3.19	24.06	22.03	45.51	5.22	100.00
工程技术人员	人数	14	157	115	248	21	555
	占比	2.52	28.29	20.72	44.68	3.78	100.00
总计	人数	57	556	423	906	89	2031
	占比	2.81	27.38	20.83	44.61	4.38	100.00

4.8.1.2 信息反馈渠道畅通性认知的分类型描述

分五类科技工作者，对其对当前创新创业环境的认知进行交叉分析，具体如下：

（1）卫生技术人员。

通过数据分析整理可以发现：卫生技术人员认为信息反馈渠道非常不畅通的有 10 人，占比为 3.79%；认为比较不畅通的有 71 人，占比为 26.89%；认为一般的有 56 人，占比为 21.21%；认为比较畅通的有 115 人，占比为 43.56%；认为非常畅通的有 12 人，占比为 4.55%。整体满意度均值为 3.19，处于一般与比较好的程度之间（见图 4-286）。卫生技术人员中，认为非常不畅通与比较不畅通的有 81 人，占比为 30.68%；认为比较畅通与非常畅通的有 127 人，占比为 48.11%。整体而言，卫生技术人员认为当前信息反馈渠道较为畅通。

（2）农业技术人员。

通过数据分析整理可以发现：农业技术人员认为信息反馈渠道非常不畅通的有 7 人，占比为 1.82%；认为比较不畅通的有 118 人，占比为 30.73%；认为一般的有 72 人，占比为 18.75%；认为比较畅通的有 174 人，占比为 45.31%；认为非常畅通的有 13 人，占比为 3.39%。整体满意度均值为 3.18，处于一般与比较好的程度之间（见图 4-287）。农业技术人员中，认为非常不畅通与比较不畅

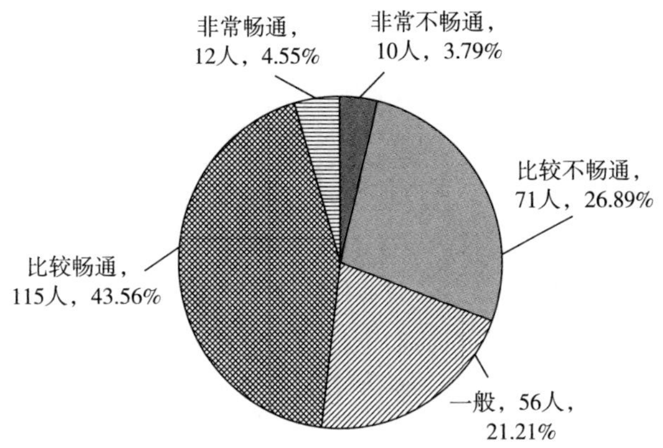

图 4-286　卫生技术人员对信息反馈渠道畅通性的认知描述情况

通的有 125 人，占比为 32. 55%；认为比较畅通与非常畅通的有 187 人，占比为 48. 70%。整体而言，农业技术人员认为当前信息反馈渠道较为畅通。

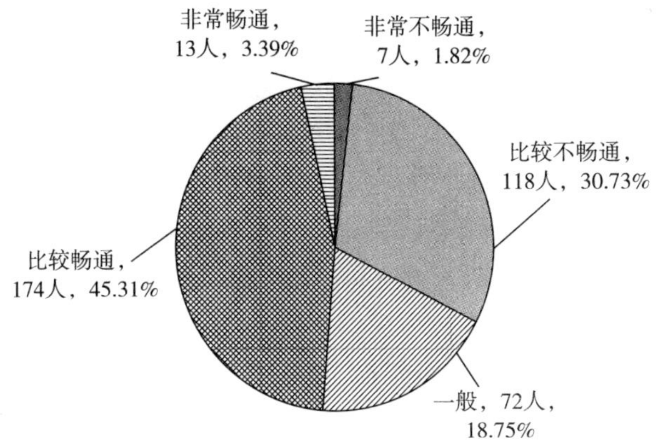

图 4-287　农业技术人员对信息反馈渠道畅通性的认知描述情况

（3）科学研究人员。

通过数据分析整理可以发现：科学研究人员认为信息反馈渠道非常不畅通的有 4 人，占比为 2. 90%；认为比较不畅通的有 44 人，占比为 31. 88%；认为一般的有 28 人，占比为 20. 29%；认为比较畅通的有 55 人，占比为 39. 86%；认为非常畅通的有 7 人，占比为 5. 07%。整体满意度均值为 3. 12，处于一般与比较好的程度之间（见图 4-288）。科学研究人员中，认为非常不畅通与比较不畅通的有 48 人，占比为 34. 78%；认为比较畅通与非常畅通的有 62 人，占比为 44. 93%。整体而言，科学研究人员认为当前信息反馈渠道较为畅通。

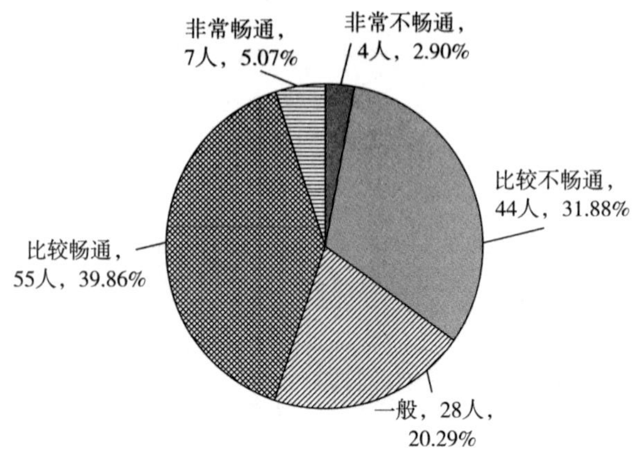

图 4-288　科学研究人员对信息反馈渠道畅通性的认知描述情况

（4）自科教学人员。

通过数据分析整理可以发现：自科教学人员认为信息反馈渠道非常不畅通的有 22 人，占比为 3.19%；认为比较不畅通的有 166 人，占比为 24.06%；认为一般的有 152 人，占比为 22.03%；认为比较畅通的有 314 人，占比为 45.51%；认为非常畅通的有 36 人，占比为 5.22%。整体满意度均值为 3.26，处于一般与比较好的程度之间（见图 4-289）。自科教学人员中，认为非常不畅通与比较不畅通的有 188 人，占比为 27.25%；认为比较畅通与非常畅通的有 350 人，占比为 50.73%。整体而言，自科教学人员认为当前信息反馈渠道较为畅通。

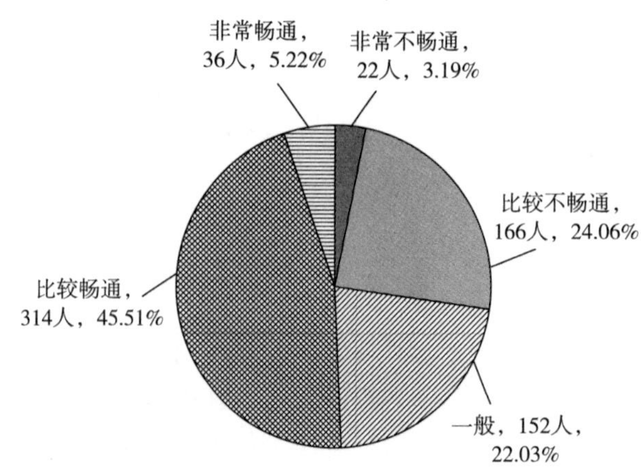

图 4-289　自科教学人员对信息反馈渠道畅通性的认知描述情况

（5）工程技术人员。

通过数据分析整理可以发现：工程技术人员认为信息反馈渠道非常不畅通的有 14 人，占比为 2.52%；认为比较不畅通的有 157 人，占比为 28.29%；认为一般的有 115 人，占比为 20.72%；认为比较畅通的有 248 人，占比为 44.68%；认为非常畅通的有 21 人，占比为 3.78%。整体满意度均值为 3.19，处于一般与比较好的程度之间（见图 4-290）。卫生技术人员中，认为非常不畅通与比较不畅通的有 171 人，占比为 30.81%；认为比较畅通与非常畅通的有 269 人，占比为 48.46%。整体而言，工程技术人员认为当前信息反馈渠道较为畅通。

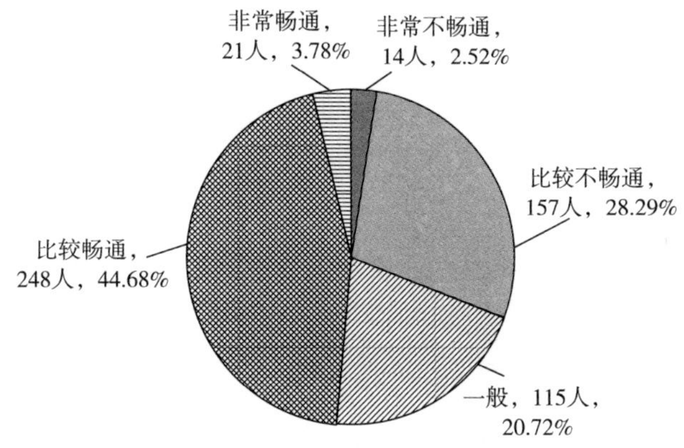

图 4-290　工程技术人员对信息反馈渠道畅通性的认知描述情况

通过调查样本的分析，各类科技工作者对当前创新创业环境的认知与整体类似，认为信息反馈渠道比较畅通的人数在各类型中均为第一，认为比较不畅通的人数在各类型中均为第二，认为一般的人数在各类型中均为第三，认为非常畅通或非常不畅通的人则较少。整体而言，新疆科技工作者的信息反馈渠道较为畅通，但认为比较不畅通人不在少数，因此存在一定的改善空间。

4.8.2　科协作用感知

科学技术协会是推动科技工作者开展学术交流，活跃学术思想，促进学科发展，推动自主创新的重要力量之一，科协作用的正常发挥有利于科研成果的产出，科研效率的提高，本书对科技工作者对科协作用的感知进行了调查，调查结果如下所示：

4.8.2.1 科协作用感知整体性描述

在2031个样本中，认为当前科协非常有影响的有534人，占比为26.29%；认为比较有影响的有905人，占比为44.56%；认为一般的有198人，占比为9.75%；认为影响较弱的有334人，占比为16.45%；认为没有影响的有60人，占比为2.95%。整体满意度均值为3.74，处于一般与比较有影响之间（见图4-291）。

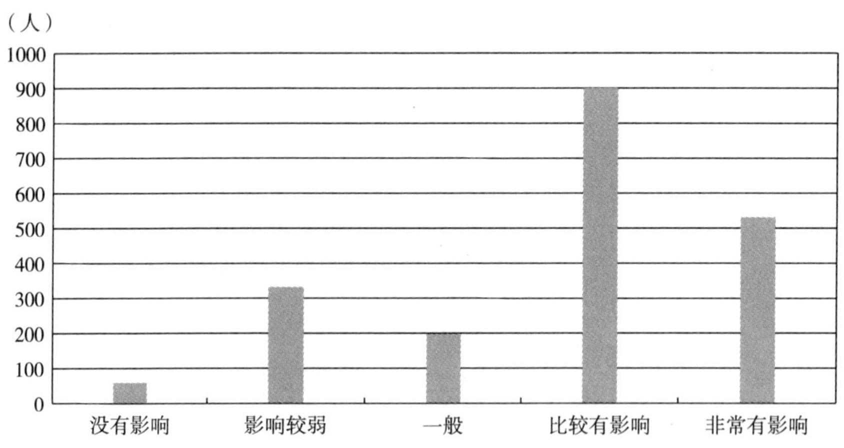

图4-291　新疆科技工作者对科协组织所发挥的影响力感知整体性描述情况

因此，在新疆科技工作者的认知中，科协组织发挥了较大的影响力，超过70%的科技工作者认为比较有影响或非常有影响，不到20%认为其没有影响或影响较弱。整体来看，科协在新疆发挥了较大的作用（见表4-45）。

表4-45　新疆各类科技工作者对科协组织所发挥的影响力感知交叉分析情况

单位：人，%

科技工作者类型		没有影响	影响较弱	一般	比较有影响	非常有影响	总计
卫生技术人员	人数	12	41	27	117	67	264
	占比	4.55	15.53	10.23	44.32	25.38	100.00
农业技术人员	人数	10	68	38	165	103	384
	占比	2.60	17.71	9.90	42.97	26.82	100.00
科学研究人员	人数	4	28	12	50	44	138
	占比	2.90	20.29	8.70	36.23	31.88	100.00

续表

科技工作者类型		没有影响	影响较弱	一般	比较有影响	非常有影响	总计
自科教学人员	人数	24	109	65	311	181	690
	占比	3.48	15.80	9.42	45.07	26.23	100.00
工程技术人员	人数	10	88	56	262	139	555
	占比	1.80	15.86	10.09	47.21	25.05	100.00
总计	人数	60	334	198	905	534	2031
	占比	2.95	16.45	9.75	44.56	26.29	100.00

4.8.2.2 科协作用感知分类型描述

分五类科技工作者，对其对当前科协作用感知进行交叉分析，具体如下：

（1）卫生技术人员。

通过数据分析整理可以发现：卫生技术人员认为科协组织没有影响的有12人，占比为4.55%；认为影响较弱的有41人，占比为15.53%；认为一般的有27人，占比为10.23%；认为比较有影响的有117人，占比为44.32%；认为非常有影响的有67人，占比为25.38%。整体满意度均值为3.70，处于一般与比较有影响的程度之间（见图4-292）。卫生技术人员中，认为没有影响与影响较弱的有53人，占比为20.08%；认为比较有影响与非常有影响的有184人，占比为69.70%。整体而言，卫生技术人员认为科协组织影响力较大。

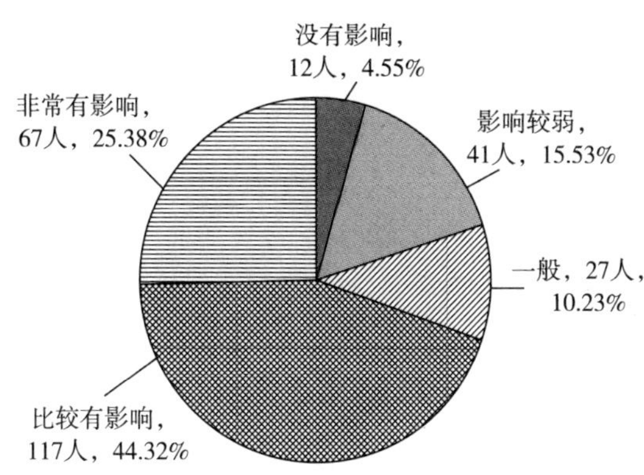

图4-292 卫生技术人员对科协组织影响力的认知描述情况

（2）农业技术人员。

通过数据分析整理可以发现：农业技术人员认为科协组织没有影响的有10人，占比为2.60%，认为影响较弱的有68人，占比为17.71%；认为一般的有

38 人，占比为 9. 90%；认为比较有影响的有 165 人，占比为 42. 97%；认为非常有影响的有 103 人，占比为 26. 82%。整体满意度均值为 3. 74，处于一般与比较有影响的程度之间（见图 4-293）。卫生技术人员中，认为没有影响与影响较弱的有 78 人，占比为 20. 31%；认为比较有影响与非常有影响的有 268 人，占比为 69. 79%。整体而言，农业技术人员认为科协组织影响力较大。

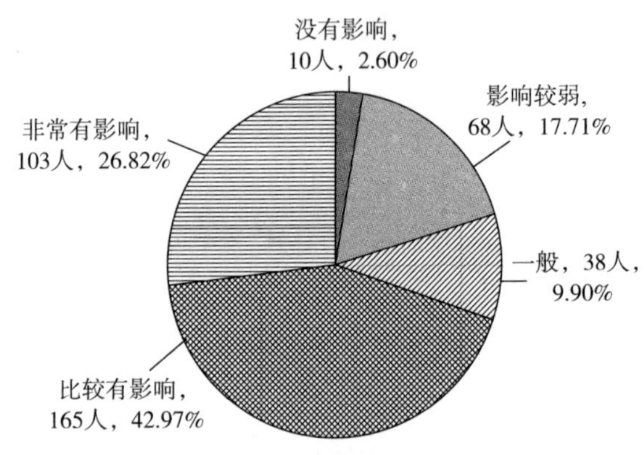

图 4-293　农业技术人员对科协组织影响力的认知描述情况

（3）科学研究人员。

通过数据分析整理可以发现：科学研究人员认为科协组织没有影响的有 4 人，占比为 2. 90%；认为影响较弱的有 28 人，占比为 20. 29%；认为一般的有 12 人，占比为 8. 70%；认为比较有影响的有 50 人，占比为 36. 23%；认为非常有影响的有 44 人，占比为 31. 88%。整体满意度均值为 3. 74，处于一般与比较有影响的程度之间（见图 4-294）。卫生技术人员中，认为没有影响与影响较弱的有 32 人，占比为 23. 19%；认为比较有影响与非常有影响的有 94 人，占比为 68. 11%。整体而言，科学研究人员认为科协组织影响力较大。

（4）自科教学人员。

通过数据分析整理可以发现：自科教学人员认为科协组织没有影响的有 24 人，占比为 3. 48%；认为影响较弱的有 109 人，占比为 15. 80%；认为一般的有 65 人，占比为 9. 42%；认为比较有影响的有 311 人，占比为 45. 07%；认为非常有影响的有 181 人，占比为 26. 23%。整体满意度均值为 3. 75，处于一般与比较有影响的程度之间（见图 4-295）。自科教学人员中，认为没有影响与影响较弱的有 133 人，占比为 19. 28%；认为比较有影响与非常有影响的有 492 人，占比为 71. 30%。整体而言，自科教学人员认为科协组织影响力较大。

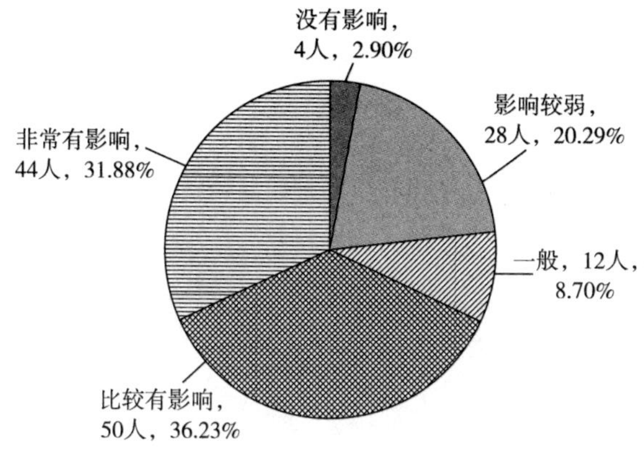

图 4-294　科学研究人员对科协组织影响力的认知描述情况

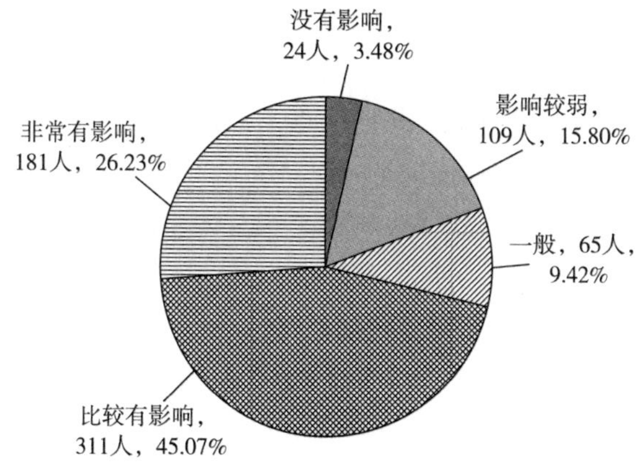

图 4-295　自科教学人员对科协组织影响力的认知描述情况

（5）工程技术人员。

通过数据分析整理可以发现：工程技术人员认为科协组织没有影响的有 10 人，占比为 1.80%；认为影响较弱的有 88 人，占比为 15.86%；认为一般的有 56 人，占比为 10.09%；认为比较有影响的有 262 人，占比为 47.21%；认为非常有影响的有 139 人，占比为 25.05%。整体满意度均值为 3.70，处于一般与比较有影响的程度之间（见图 4-296）。工程技术人员中，认为没有影响与影响较弱的有 98 人，占比为 17.66%；认为比较有影响与非常有影响的有 401 人，占比为 72.26%。整体而言，工程技术人员认为科协组织影响力较大。

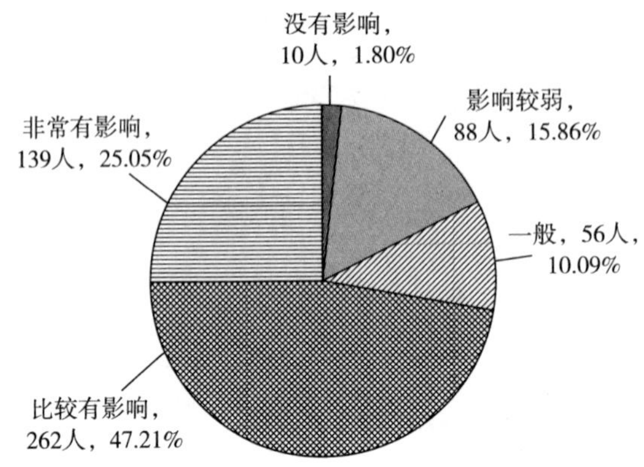

图 4-296　工程技术人员对科协组织影响力的认知描述情况

通过调查样本的分析，各类科技工作者对当前科协组织影响力的认知与整体类似，认为比较有影响的人数在各类中均为最多，认为非常有影响的人数在各类中均为第二位，其次为影响较弱与影响一般。总体而言，科协在新疆科技工作者中影响力较大，发挥了很大作用。

4.8.3　科协服务诉求

4.8.3.1　科协服务诉求整体性描述

科协所提供的服务在促进科技工作者开展学术交流、促进科技创新上有一定的作用，对科协服务进行不断改进，提高服务水平有利于科技工作者有效开展科研与教学工作，本书对科技工作者对科协期望提供的服务进行了调查，具体结果如表 4-46 所示：

表 4-46　新疆各类科技工作者对科协期望提供服务的交叉分析情况　单位：人

提供服务类型	卫生技术人员	农业技术人员	科学研究人员	自科教学人员	工程技术人员	总计
提供政策支持	9	11	5	26	13	64
职称评审	55	59	21	113	87	335
提供与各界交流的机会	73	118	35	204	174	604
向政府反馈意见	65	112	41	190	155	563
信息技术政策咨询服务	29	43	19	92	65	248
提供学术交流机会	14	20	11	40	38	123
人才举荐宣传	12	13	3	12	15	55

续表

提供服务类型	卫生技术人员	农业技术人员	科学研究人员	自科教学人员	工程技术人员	总计
进修培训服务	6	8	2	12	6	34
其他	1	0	1	1	2	5
总计	264	384	138	690	555	2031

在 2031 个样本中，64 人最期望科协提供的服务为提供政策支持，占比为 3.15%；335 人最期望科协提供的服务为职称评审，占比为 16.49%；604 人最期望科协提供的服务为提供与各界交流的机会，占比为 29.74%；563 人最期望科协提供的服务为向政府反馈意见，占比为 27.72%；248 人最期望科协提供的服务为信息技术政策咨询服务，占比为 12.21%；123 人最期望科协提供的服务为提供学术交流机会，占比为 6.06%；55 人最期望科协提供的服务为人才举荐宣传，占比为 2.71%；34 人最期望科协提供的服务为进修培训服务，占比为 1.67%；5 人最期望科协能够提供其他方面的服务，占比为 0.25%（见图 4-297）。

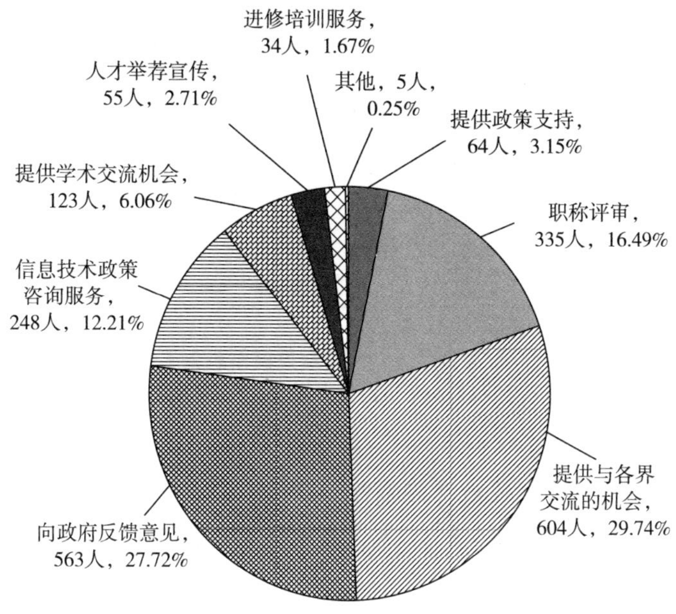

图 4-297 新疆科技工作者对科协期望提供服务的描述情况

4.8.3.2　科协服务诉求分类型描述

分五类科技工作者，对其对当前科技成果转化首要障碍的认知进行交叉分析，具体如下：

（1）卫生技术人员。

9 人最期望科协提供政策支持服务，占比为 3.41%；55 人最期望科协提供职称评审服务，占比为 20.83%；73 人最期望科协提供与各界交流的机会，占比为 27.65%；65 人最期望科协向政府反馈意见，占比为 24.62%；29 人最期望科协提供信息技术政策咨询服务，占比为 10.98%；14 人最期望科协提供学术交流机会，占比为 5.30%；12 人最期望科协提供人才举荐宣传服务，占比为 4.55%；6 人最期望科协提供进修培训服务，占比为 2.27%；1 人最期望科协提供其他服务，占比为 0.38%（见图 4-298）。

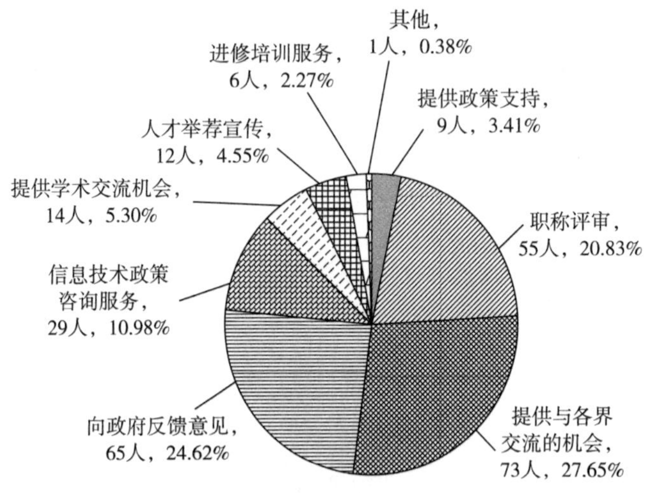

图 4-298　卫生技术人对科协期望提供服务的描述情况

（2）农业技术人员。

11 人最期望科协提供政策支持服务，占比为 2.86%；59 人最期望科协提供职称评审服务，占比为 15.36%；118 人最期望科协提供与各界交流的机会，占比为 30.73%；112 人最期望科协向政府反馈意见，占比为 29.17%；43 人最期望科协提供信息技术政策咨询服务，占比为 11.20%；20 人最期望科协提供学术交流机会，占比为 5.21%；13 人最期望科协提供人才举荐宣传服务，占比为 3.39%；8 人最期望科协提供进修培训服务，占比为 2.08%（见图 4-299）。

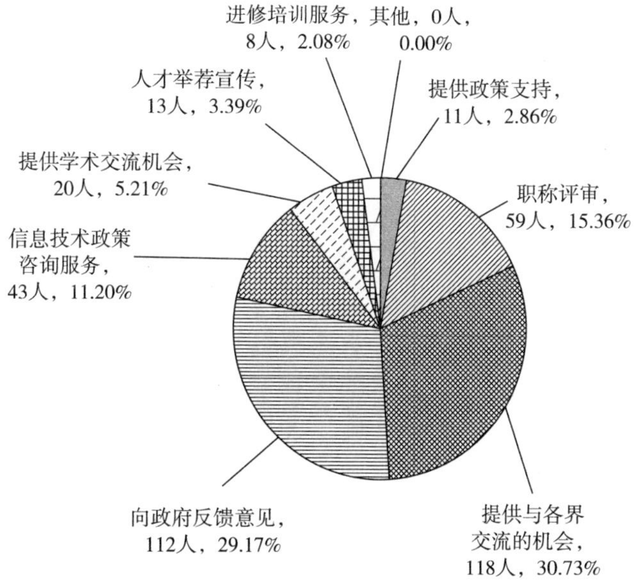

图 4-299 农业技术人员对科协期望提供服务的描述情况

（3）科学研究人员。

5 人最期望科协提供政策支持服务，占比为 3.62%；21 人最期望科协提供职称评审服务，占比为 15.22%；35 人最期望科协提供与各界交流的机会，占比为 25.36%；41 人最期望科协向政府反馈意见，占比为 29.71%；19 人最期望科协提供信息技术政策咨询服务，占比为 13.77%；11 人最期望科协提供学术交流机会，占比为 7.97%；3 人最期望科协提供人才举荐宣传服务，占比为 2.17%；2 人最期望科协提供进修培训服务，占比为 1.45%；1 人最期望科协提供其他服务，占比为 0.72%（见图 4-300）。

（4）自科教学人员。

26 人最期望科协提供政策支持服务，占比为 3.77%；113 人最期望科协提供职称评审服务，占比为 16.38%；204 人最期望科协提供与各界交流的机会，占比为 29.57%；190 人最期望科协向政府反馈意见，占比为 27.54%；92 人最期望科协提供信息技术政策咨询服务，占比为 13.33%；40 人最期望科协提供学术交流机会，占比为 5.80%；12 人最期望科协提供人才举荐宣传服务，占比为 1.74%；12 人最期望科协提供进修培训服务，占比为 1.74%；1 人最期望科协提供其他服务，占比为 0.14%（见图 4-301）。

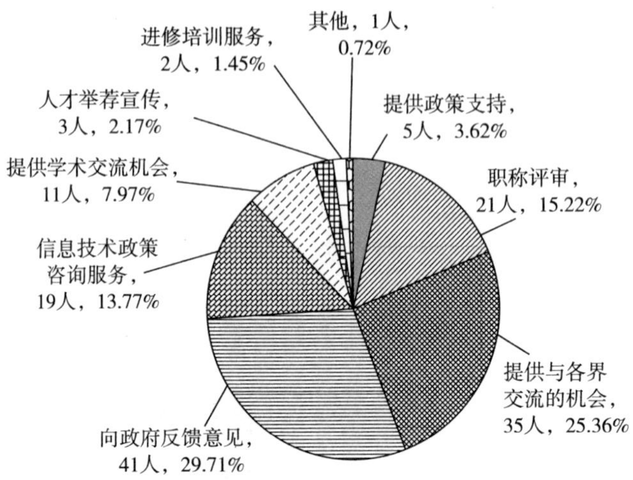

图 4-300　科学研究人员对科协期望提供服务的描述情况

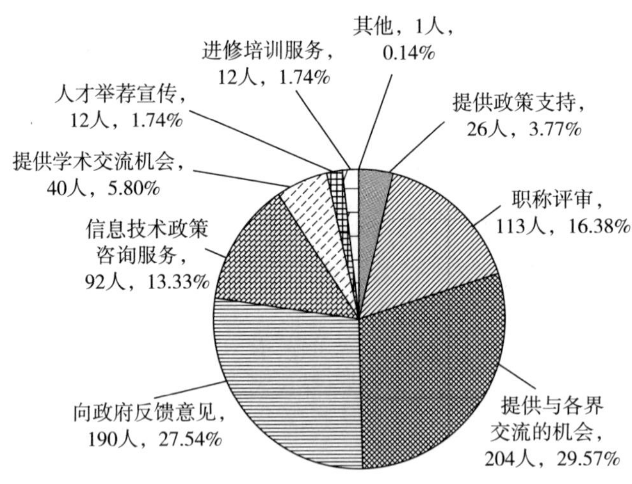

图 4-301　自科教学人员对科协期望提供服务的描述情况

（5）工程技术人员。

13 人最期望科协提供政策支持服务，占比为 2. 34%；87 人最期望科协提供职称评审服务，占比为 15. 68%；174 人最期望科协提供与各界交流的机会，占比为 31. 35%；155 人最期望科协向政府反馈意见，占比为 27. 93%；65 人最期望科协提供信息技术政策咨询服务，占比为 11. 71%；38 人最期望科协提供学术交流机会，占比为 6. 85%；15 人最期望科协提供人才举荐宣传服务，占比为

2.70%；6 人最期望科协提供进修培训服务，占比为 1.08%；2 人最期望科协提供其他服务，占比为 0.36%（见图 4-302）。

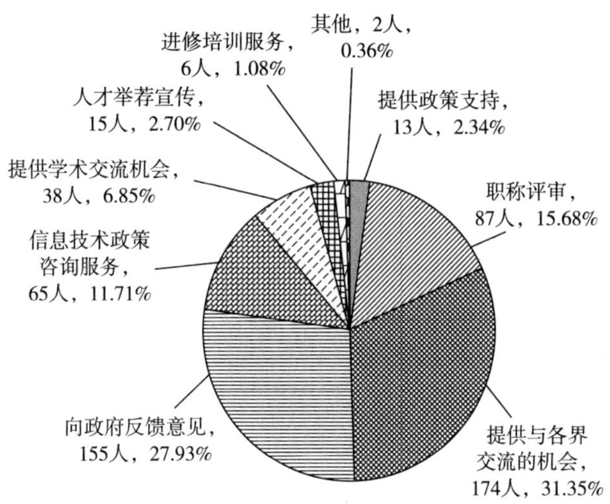

图 4-302　工程技术人员对科协期望提供服务的描述情况

通过调查样本的分析，除科学研究人员外，各类科技工作者中，最期望科协提供与各界交流机会的人数均占比最多，期望向政府反馈意见的人数占比第二，而对科学研究人员则相反；职称评审在各类科技工作者对科协的诉求中人数占比均为第三，提供技术政策咨询服务排名均为第四，选择以上四种诉求的人数占比超过 85%，相较于其他诉求，更具有改善的急迫性。

4.8.4　科技体制认知

科技体制是科学技术活动的组织体系和管理制度的总称，包括组织结构、运行机制、管理原则等内容。本研究对新疆科技体制中可能存在的问题及科技工作者对其认知进行了调研分析，包括产学结合不紧密问题、高水平科技成果少问题、人才流失问题、研发和成果转移转化效率不高问题，具体分析结果如下：

4.8.4.1　产学结合问题

产学相结合，是科研、教育、生产不同社会分工在功能与资源优势上的协同与集成化，是技术创新上、中、下游的对接与耦合。产学结合不紧密容易产生技术成果转化效率低下，资源分散等诸多问题，本研究对科技工作者对产学结合度的认知进行了调研，具体情况如下：

（1）产学结合度认知整体性描述。

在2031个样本中，认为当前产学结合不紧密问题非常突出的科技工作者有513人，占比为25.26%；认为比较突出的有863人，占比为42.49%；认为一般的有404人，占比为19.89%；认为基本不突出的有199人，占比为9.80%；认为非常不突出的有52人，占比为2.56%。整体满意度均值为2.22，处于一般与比较突出之间（见图4-303）。

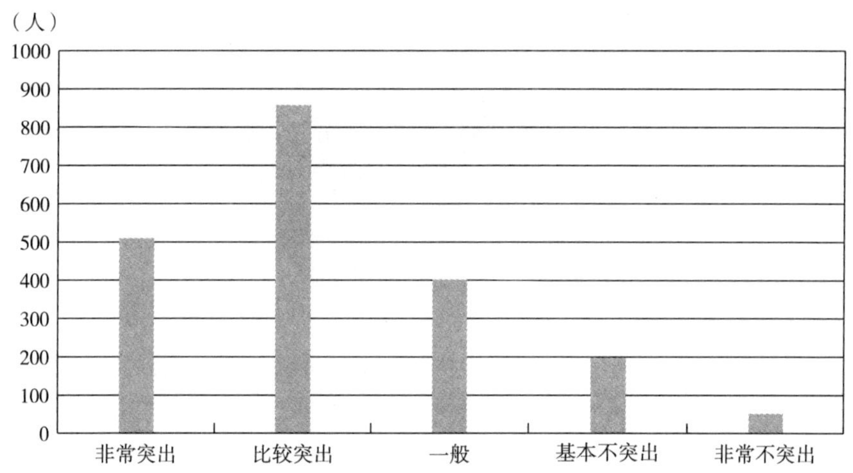

图4-303　新疆科技工作者对当前产学结合紧密度的认知整体性描述情况

因此，在新疆科技工作者的认知中，不到20%的人认为产学结合不紧密问题基本不突出或非常不突出，超过60%的人认为产学结合不紧密的问题非常突出或比较突出，说明该问题较为严重，需要采取一定的措施加强高校、研究所与企业间的合作，对该问题进行缓解（见表4-47）。

表4-47　新疆各类科技工作者对当前产学结合紧密度的认知交叉分析情况

单位：人；%

科技工作者类型		非常突出	比较突出	一般	基本不突出	非常不突出	总计
卫生技术人员	人数	60	113	55	33	3	264
	占比	22.73	42.80	20.83	12.50	1.14	100.00
农业技术人员	人数	96	143	102	34	9	384
	占比	25.00	37.24	26.56	8.85	2.34	100.00

续表

科技工作者类型		非常突出	比较突出	一般	基本不突出	非常不突出	总计
科学研究人员	人数	29	59	25	21	4	138
	占比	21.01	42.75	18.12	15.22	2.90	100.00
自科教学人员	人数	188	294	113	66	29	690
	占比	27.25	42.61	16.38	9.57	4.20	100.00
工程技术人员	人数	140	254	109	45	7	555
	占比	25.23	45.77	19.64	8.11	1.26	100.00
总计	人数	513	863	404	199	52	2031
	占比	25.26	42.49	19.89	9.80	2.56	100.00

（2）信息反馈渠道畅通性认知的分类型描述。

分五类科技工作者，对产学结合不紧密问题突出程度的感知进行交叉分析，具体如下：

1）卫生技术人员。

通过数据分析整理可以发现：卫生技术人员认为产学结合不紧密问题非常突出的有 60 人，占比为 22.73%；认为比较突出的有 113 人，占比为 42.80%；认为一般的有 55 人，占比为 20.83%；认为基本不突出的有 33 人，占比为 12.50%；认为非常不突出的有 3 人，占比为 1.14%。整体满意度均值为 2.27，处于一般与比较突出的程度之间（见图 4-304）。卫生技术人员中，认为非常突出与比较突出的有 173 人，占比为 65.53%；认为基本不突出与非常不突出的有 36 人，占比为 13.64%。整体而言，卫生技术人员认为当前产学结合不紧密问题较为突出。

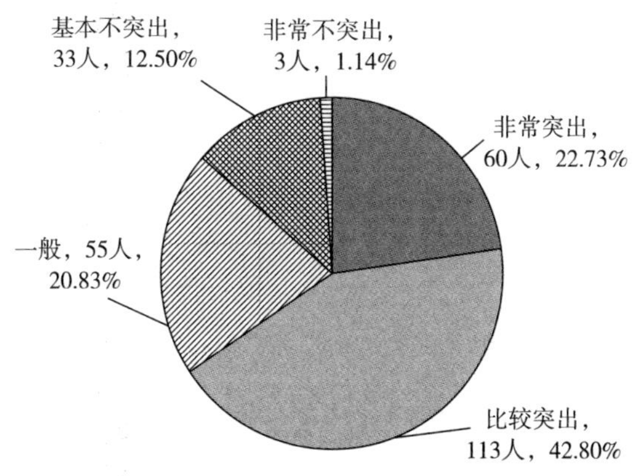

图 4-304　卫生技术人员对产学结合紧密度的认知描述情况

2）农业技术人员。

通过数据分析整理可以发现：农业技术人员认为产学结合不紧密问题非常突出的有 96 人，占比为 25.00%；认为比较突出的有 143 人，占比为 37.24%；认为一般的有 102 人，占比为 26.56%；认为基本不突出的有 34 人，占比为 8.85%；认为非常不突出的有 9 人，占比为 2.34%。整体满意度均值为 2.26，处于一般与比较突出的程度之间（见图 4-305）。农业技术人员中，认为非常突出与比较突出的有 239 人，占比为 62.24%；认为基本不突出与非常不突出的有 33 人，占比为 11.19%。整体而言，农业技术人员认为当前产学结合不紧密问题较为突出。

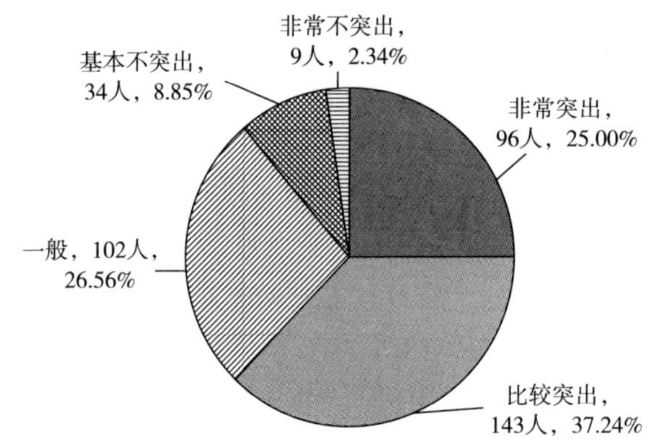

图 4-305　农业技术人员对产学结合紧密度的认知描述情况

3）科学研究人员。

通过数据分析整理可以发现：科学研究人员认为产学结合不紧密问题非常突出的有 29 人，占比为 21.01%；认为比较突出的有 59 人，占比为 42.75%；认为一般的有 25 人，占比为 18.12%；认为基本不突出的有 21 人，占比为 15.22%；认为非常不突出的有 4 人，占比为 2.90%。整体满意度均值为 2.36，处于一般与比较突出的程度之间（见图 4-306）。科学研究人员中，认为非常突出与比较突出的有 88 人，占比为 63.76%；认为基本不突出与非常不突出的有 25 人，占比为 18.12%。整体而言，科学研究人员认为当前产学结合不紧密问题较为突出。

4）自科教学人员。

通过数据分析整理可以发现：自科教学人员认为产学结合不紧密问题非常突出的有 188 人，占比为 27.25%；认为比较突出的有 294 人，占比为 42.61%；认为一般的有 113 人，占比为 16.38%；认为基本不突出的有 66 人，占比为 9.57%；认为非常不突出的有 29 人，占比为 4.20%。整体满意度均值为 2.21，处

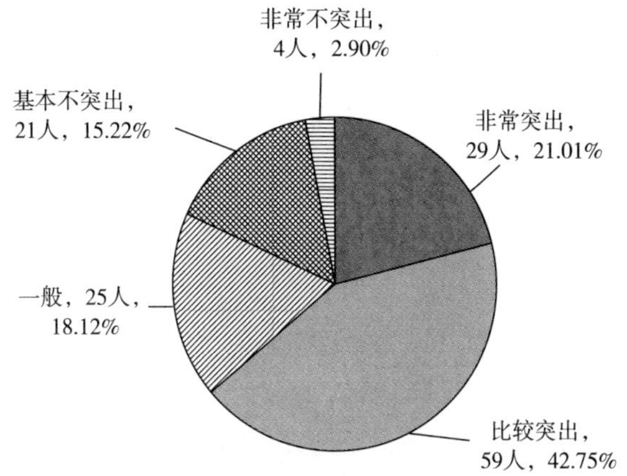

图 4-306　科学研究人员对产学结合紧密度的认知描述情况

于一般与比较突出的程度之间（见图 4-307）。自科教学人员中，认为非常突出与比较突出的有 482 人，占比为 69.86%；认为基本不突出与非常不突出的有 95 人，占比为 13.77%。整体而言，自科教学人员认为当前产学结合不紧密问题较为突出。

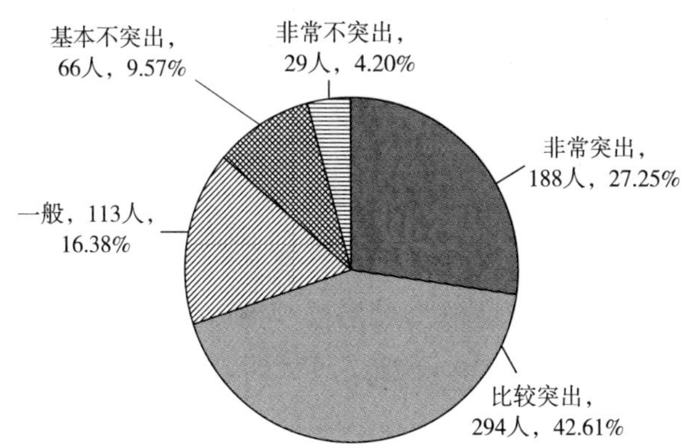

图 4-307　自科教学人员对信息产学结合紧密度的认知描述情况

5）工程技术人员。

通过数据分析整理可以发现：工程技术人员认为产学结合不紧密问题非常突出的有 140 人，占比为 25.23%；认为比较突出的有 254 人，占比为 45.77%；认为一般的有 109 人，占比为 19.64%；认为基本不突出的有 45 人，占比为 8.11%；认为非常不突出的有 7 人，占比为 1.26%。整体满意度均值为 2.22，处于一般与比较突出的程度之间（见图 4-308）。工程技术人员中，认为非常突出与比较突出的有 394 人，占比为 71.00%；认为基本不突出与非常不突出的有 52 人，占比为 9.37%。整体而言，工程技术人员认为当前产学结合不紧密问题较为突出。

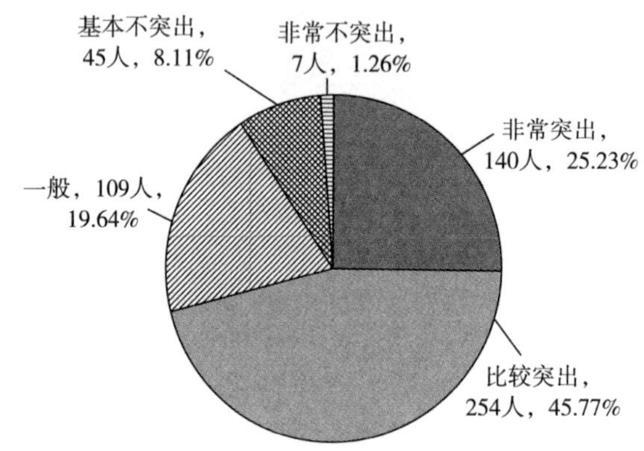

图 4-308　工程技术人员对产学结合紧密度的认知描述情况

通过调查样本的分析，各类科技工作者对当前产学结合紧密度的认知与整体类似，认为产学结合不紧密问题较为突出的人数在各类科技工作者中均位于第一，除农业技术人员外，认为非常突出的人数均位于第二，认为一般的人数位于第三。总体而言，该问题在新疆科技体制中较为突出，亟待采取措施解决。

4.8.4.2　高水平科技成果数量问题

科研成果数量能够衡量科研机构的运作效率，但与之相比，高水平科技成果的数量更能衡量科研机构科研质量，是对地区科研水平进行判断的重要因素。本研究对新疆科技工作者对高水平科技成果数量的感知进行了调查研究，具体情况如下：

（1）高水平科技成果数量认知整体性描述。

在 2031 个样本中，认为当前高水平科技成果少问题非常突出的有 596 人，占比为 29.35%；认为比较突出的有 327 人，占比为 16.10%；认为一般的有 287 人，占比为 14.13%；认为基本不突出的有 288 人，占比为 14.18%；认为非常不突出的有 533 人，占比为 26.24%。整体满意度均值为 2.92，处于一般与比较突出之间（见图 4-309）。

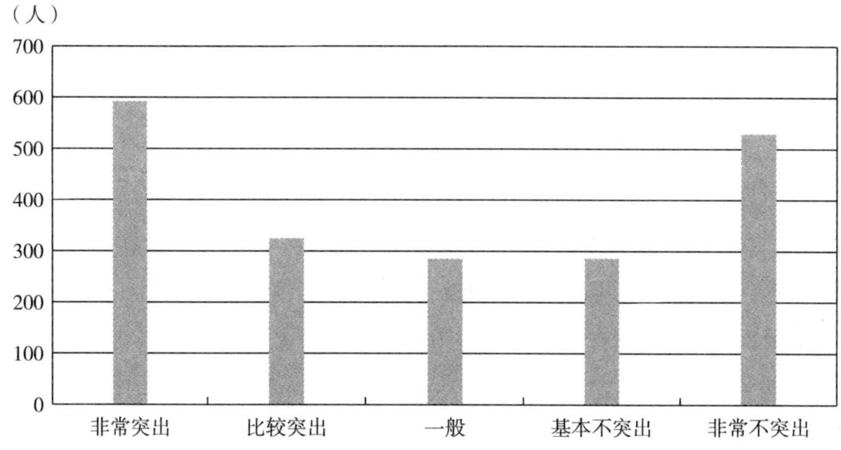

图 4-309　新疆科技工作者对当前高水平科技成果数量的认知整体性描述情况

因此，在新疆科技工作者的认知中，超过 40%的人认为高水平科技成果少的问题非常突出或比较突出，说明该问题较为严重，需要采取一定的措施推动研究成果由数量向质量转变，集中资源，推动高水平科技成果的产出（见表 4-48）。

表 4-48　新疆各类科技工作者对当前高水平科技成果数量的认知交叉分析情况

单位：人，%

科技工作者类型		非常突出	比较突出	一般	基本不突出	非常不突出	总计
卫生技术人员	人数	74	45	37	41	67	264
	占比	28.03	17.05	14.02	15.53	25.38	100.00
农业技术人员	人数	121	55	50	60	98	384
	占比	31.51	14.32	13.02	15.63	25.52	100.00
科学研究人员	人数	49	18	19	22	30	138
	占比	35.51	13.04	13.77	15.94	21.74	100.00
自科教学人员	人数	187	112	109	81	201	690
	占比	27.10	16.23	15.80	11.74	29.13	100.00
工程技术人员	人数	165	97	72	84	137	555
	占比	29.73	17.48	12.97	15.14	24.68	100.00
总计	人数	596	327	287	288	533	2031
	占比	29.35	16.10	14.13	14.18	26.24	100.00

（2）高水平科技成果数量认知的分类型描述。

分五类科技工作者，对高水平科技成果少问题突出程度的感知进行交叉分析，具体如下：

1）卫生技术人员。

通过数据分析整理可以发现：卫生技术人员认为高水平科技成果少问题非常突出的有 74 人，占比为 28.03%；认为比较突出的有 45 人，占比为 17.05%；认为一般的有 37 人，占比为 14.02%；认为基本不突出的有 41 人，占比为 15.53%；认为非常不突出的有 67 人，占比为 25.38%。整体满意度均值为 2.93，处于一般与比较突出的程度之间（见图 4-310）。卫生技术人员中，认为非常突出与比较突出的有 119 人，占比为 45.08%；认为基本不突出与非常不突出的有 108 人，占比为 40.91%。整体而言，卫生技术人员认为当前高水平科技成果少问题较为突出。

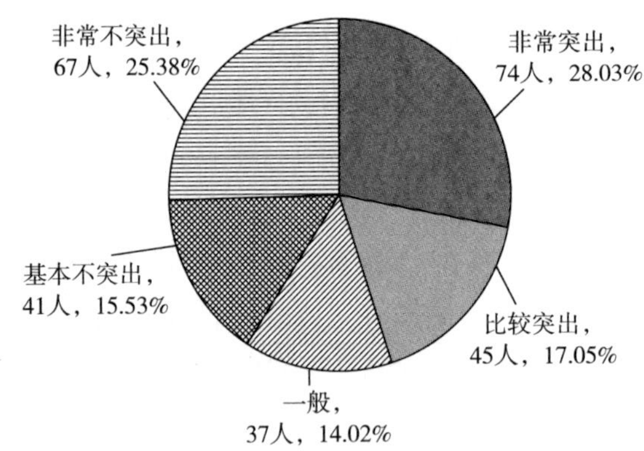

图 4-310　卫生技术人员对高水平科技成果数量的认知描述情况

2）农业技术人员。

通过数据分析整理可以发现：农业技术人员认为高水平科技成果少问题非常突出的有 121 人，占比为 31.51%；认为比较突出的有 55 人，占比为 14.32%；认为一般的有 50 人，占比为 13.02%；认为基本不突出的有 60 人，占比为 15.63%；认为非常不突出的有 98 人，占比为 25.52%。整体满意度均值为 2.89，处于一般与比较突出的程度之间（见图 4-311）。农业技术人员中，认为非常突出与比较突出的有 176 人，占比为 45.83%；认为基本不突出与非常不突出的有 158 人，占比为 41.15%。整体而言，农业技术人员认为当前高水平科技成果少问题较为突出。

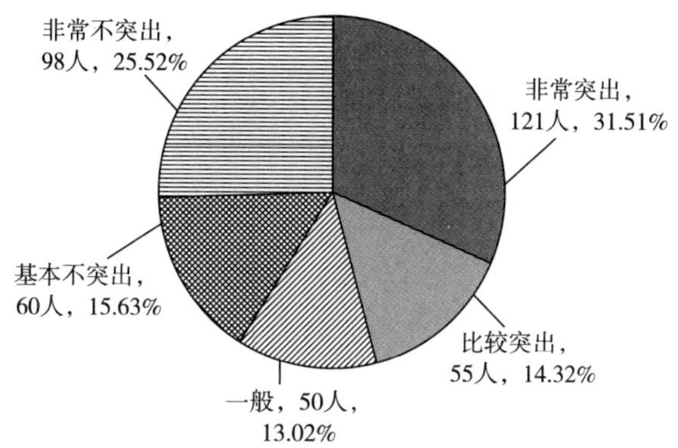

图 4-311　农业技术人员对高水平科技成果数量的认知描述情况

3）科学研究人员。

通过数据分析整理可以发现：科学研究人员认为高水平科技成果少问题非常突出的有 49 人，占比为 35.51%；认为比较突出的有 18 人，占比为 13.04%；认为一般的有 19 人，占比为 13.77%；认为基本不突出的有 22 人，占比为 15.94%；认为非常不突出的有 30 人，占比为 21.74%。整体满意度均值为 2.75，处于一般与比较突出的程度之间（见图 4-312）。科学研究人员中，认为非常突出与比较突出的有 67 人，占比为 48.55%；认为基本不突出与非常不突出的有 52 人，占比为 37.68%。整体而言，科学研究人员认为当前高水平科技成果少问题较为突出。

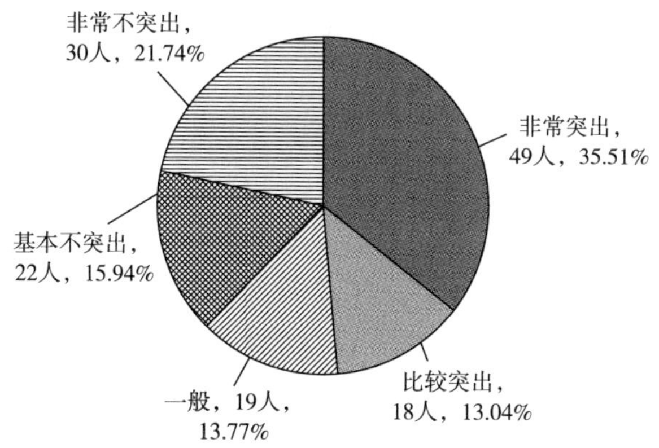

图 4-312　科学研究人员对高水平科技成果数量的认知描述情况

4）自科教学人员。

通过数据分析整理可以发现：自科教学人员认为高水平科技成果少问题非常

突出的有 187 人，占比为 27.10%；认为比较突出的有 112 人，占比为 16.23%；认为一般的有 109 人，占比为 15.80%；认为基本不突出的有 81 人，占比为 11.74%；认为非常不突出的有 201 人，占比为 29.13%。整体满意度均值为 3.00，比较突出（见图 4-313）。自科教学人员中，认为非常突出与比较突出的有 299 人，占比为 43.33%；认为基本不突出与非常不突出的有 282 人，占比为 40.87%。整体而言，自科教学人员认为当前高水平科技成果少问题较为突出。

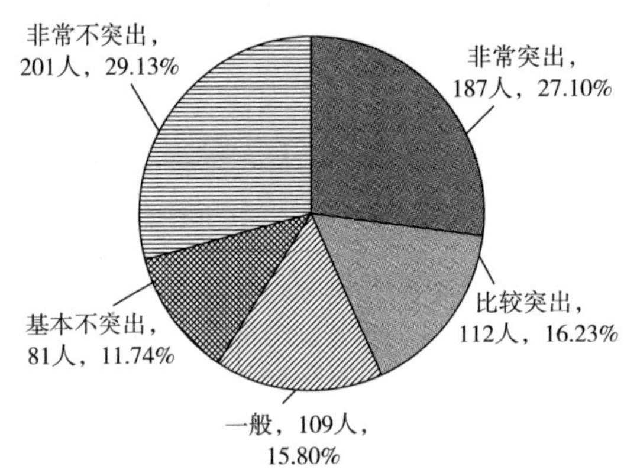

图 4-313　自科教学人员对高水平科技成果数量的认知描述情况

5）工程技术人员。

通过数据分析整理可以发现：工程技术人员认为高水平科技成果少问题非常突出的有 165 人，占比为 29.73%；认为比较突出的有 97 人，占比为 17.48%；认为一般的有 72 人，占比为 12.97%；认为基本不突出的有 84 人，占比为 15.14%；认为非常不突出的有 137 人，占比为 24.68%。整体满意度均值为 2.88，处于一般与比较突出的程度之间（见图 4-314）。工程技术人员中，认为非常突出与比较突出的有 262 人，占比为 47.21%；认为基本不突出与非常不突出的有 221 人，占比为 39.82%。整体而言，工程技术人员认为当前高水平科技成果少问题较为突出。

通过调查样本的分析，各类科技工作者对当前高水平科技成果数量的认知与整体类似，认为高水平科技成果少问题非常突出的人数与非常不突出的人数在各类科技工作者中均位于前两位，说明新疆科技工作者们对高水平科技成果数量的多少存在一定的分歧，其原因与科技工作者类型无直接关系，需要进一步探明。

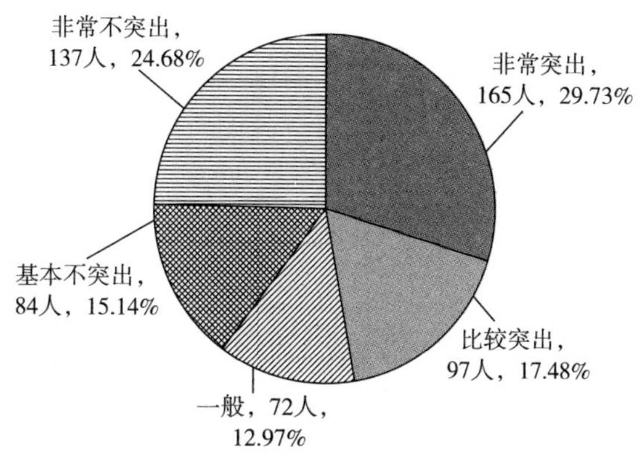

图4-314　工程技术人员对产高水平科技成果数量的认知描述情况

4.8.4.3　人才流失问题

人才流失是指在一单位或区域内，对其经营发展具有重要作用，甚至是关键性作用的人才非单位意愿地流走，或失去其积极作用的现象，能够留住人才才能保证科研单位的持续高水平运作。本研究对新疆科技工作者对人才流失问题的感知进行了调查研究，具体情况如下：

（1）人才流失认知整体性描述。

在2031个样本中，认为当前人才流失问题非常突出的有48人，占比为2.36%；认为比较突出的有827人，占比为40.72%；认为一般的有684人，占比为33.68%；认为基本不突出的有422人，占比为20.78%；认为非常不突出的有50人，占比为2.46%。整体满意度均值为2.80，处于一般与比较突出的程度之间（见图4-315）。

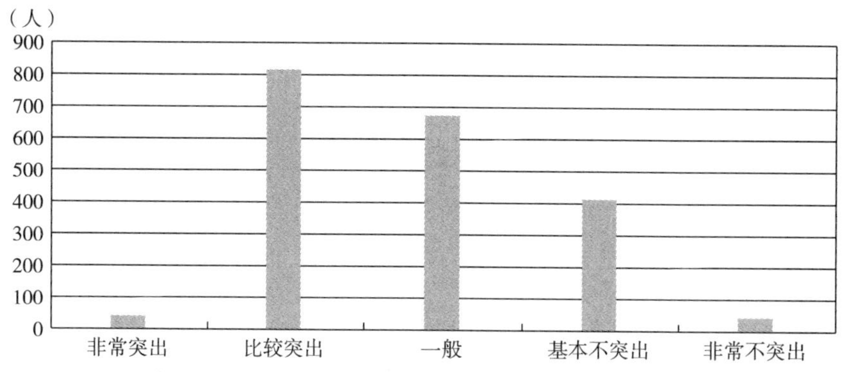

图4-315　新疆科技工作者对当前人才流失问题的认知整体性描述情况

因此，在新疆科技工作者的认知中，超过40%的人认为人才流失的问题非常突出或比较突出，说明该问题较为严重，需要采取一定的措施改善人才待遇，留住核心人才，依托人才持续进行高水平科技成果的产出（见表4-49）。

表4-49　新疆各类科技工作者对当前人才流失的认知交叉分析情况

单位：人，%

科技工作者类型		非常突出	比较突出	一般	基本不突出	非常不突出	总计
卫生技术人员	人数	6	106	101	47	4	264
	占比	2.27	40.15	38.26	17.80	1.52	100.00
农业技术人员	人数	7	144	135	84	14	384
	占比	1.82	37.5	35.16	21.88	3.65	100.00
科学研究人员	人数	2	65	41	27	3	138
	占比	1.45	47.10	29.71	19.57	2.17	100.00
自科教学人员	人数	21	283	219	153	14	690
	占比	3.04	41.01	31.74	22.17	2.03	100.00
工程技术人员	人数	12	229	188	111	15	555
	占比	2.16	41.26	33.87	20.00	2.70	100.00
总计	人数	48	827	684	422	50	2031
	占比	2.36	40.72	33.68	20.78	2.46	100.00

（2）人才流失认知的分类型描述。

分五类科技工作者，对高水平科技成果少问题突出程度的感知进行交叉分析，具体如下：

1）卫生技术人员。

通过数据分析整理可以发现：卫生技术人员认为人才流失问题非常突出的有6人，占比为2.27%；认为比较突出的有106人，占比为40.15%；认为一般的有101人，占比为38.26%；认为基本不突出的有47人，占比为17.80%；认为非常不突出的有4人，占比为1.52%。整体满意度均值为2.76，处于一般与比较突出的程度之间（见图4-316）。卫生技术人员中，认为非常突出与比较突出的有112人，占比为42.42%；认为基本不突出与非常不突出的有51人，占比为19.32%。整体而言，卫生技术人员认为当前人才流失问题较为突出。

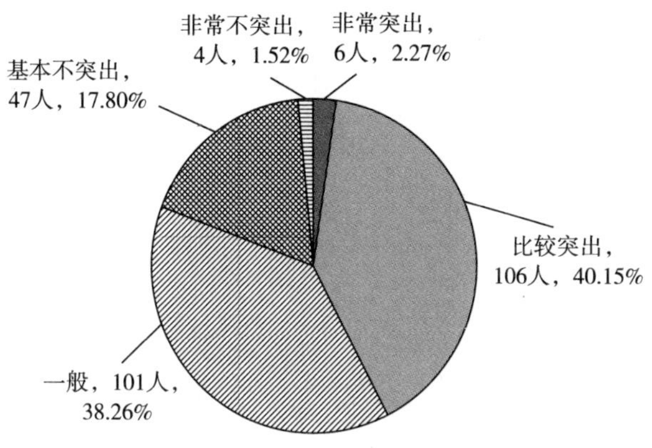

图 4-316　卫生技术人员对人才流失的认知描述情况

2）农业技术人员。

通过数据分析整理可以发现：农业技术人员认为人才流失问题非常突出的有 7 人，占比为 1.82%；认为比较突出的有 144 人，占比为 37.50%；认为一般的有 135 人，占比为 35.16%；认为基本不突出的有 84 人，占比为 21.88%；认为非常不突出的有 14 人，占比为 3.65%。整体满意度均值为 2.88，处于一般与比较突出的程度之间（见图 4-317）。农业技术人员中，认为非常突出与比较突出的有 151 人，占比为 39.32%；认为基本不突出与非常不突出的共有 98 人，占比为 25.53%。整体而言，农业技术人员认为当前人才流失问题较为突出。

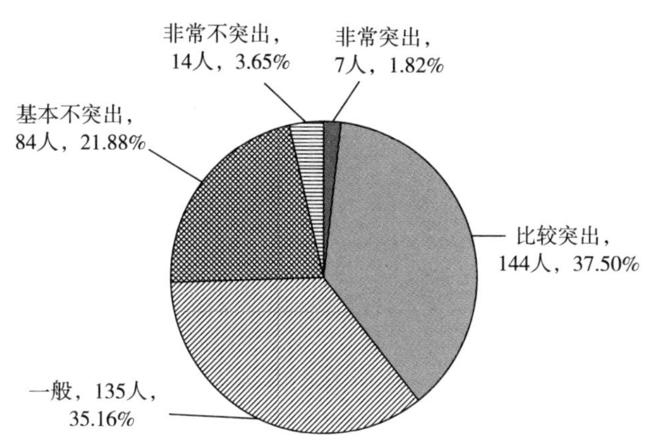

图 4-317　农业技术人员对人才流失的认知描述情况

3）科学研究人员。

通过数据分析整理可以发现：科学研究人员认为人才流失问题非常突出的有 2

人，占比为 1.45%；认为比较突出的有 65 人，占比为 47.10%；认为一般的有 41 人，占比为 29.71%；认为基本不突出的有 27 人，占比为 19.57%；认为非常不突出的有 3 人，占比为 2.17%。整体满意度均值为 2.74，处于一般与比较突出的程度之间（见图 4-318）。科学研究人员中，认为非常突出与比较突出的有 67 人，占比为 48.55%；认为基本不突出与非常不突出的有 30 人，占比为 21.74%。整体而言，科学研究人员认为当前人才流失问题较为突出。

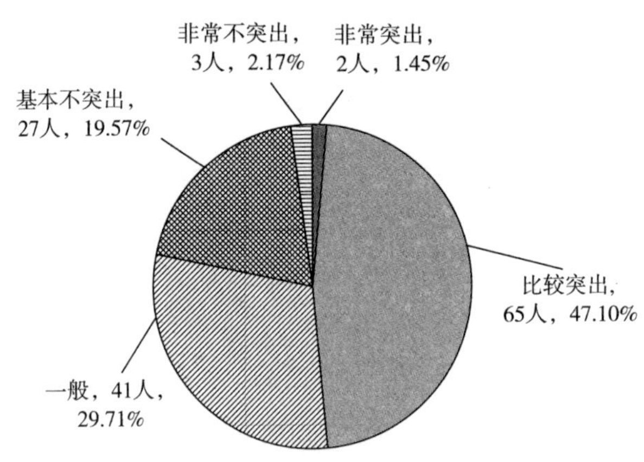

图 4-318　科学研究人员对人才流失的认知描述情况

4）自科教学人员。

通过数据分析整理可以发现：自科教学人员认为人才流失问题非常突出的有 21 人，占比为 3.04%；认为比较突出的有 283 人，占比为 41.01%；认为一般的有 219 人，占比为 31.74%；认为基本不突出的有 153 人，占比为 22.17%；认为非常不突出的有 14 人，占比为 2.03%。整体满意度均值为 2.79，比较突出（见图 4-319）。自科教学人员中，认为非常突出与比较突出的有 304 人，占比为 44.05%；认为基本不突出与非常不突出的有 167 人，占比为 24.20%。整体而言，自科教学人员认为当前人才流失问题较为突出。

5）工程技术人员。

通过数据分析整理可以发现：工程技术人员认为人才流失问题非常突出的有 12 人，占比为 2.16%；认为比较突出的有 229 人，占比为 41.26%；认为一般的有 188 人，占比为 33.87%；认为基本不突出的有 111 人，占比为 20.00%；认为非常不突出的有 15 人，占比为 2.70%。整体满意度均值为 2.80，处于一般与比较突出的程度之间（见图 4-320）。工程技术人员中，认为非常突出与比较突出的有 241 人，占比为 43.42%；认为基本不突出与非常不突出的有 126 人，占比

为 22.70%。整体而言，工程技术人员认为当前人才流失问题较为突出。

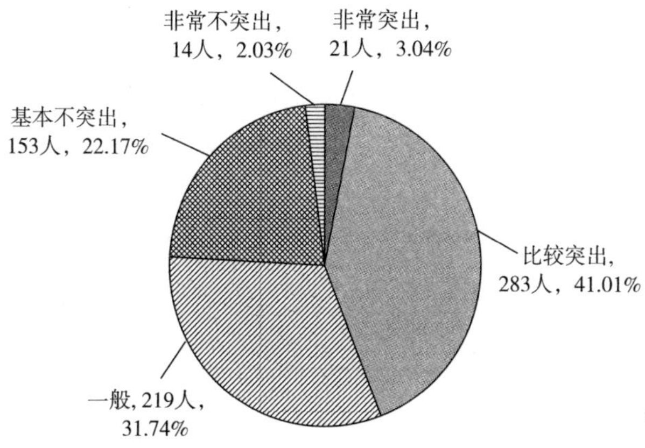

图 4-319　自科教学人员对人才流失的认知描述情况

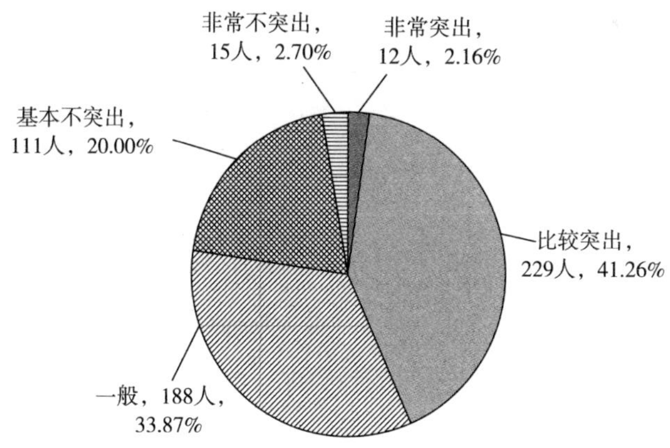

图 4-320　工程技术人员对人才流失的认知描述情况

通过调查样本的分析，各类科技工作者对当前人才流失的认知与整体类似，认为人才流失问题比较突出、一般、基本不突出的人数占比在各类科技工作者中均分列前三位。整体而言，人才流失在新疆科研单位中较为突出，需要采取提高待遇、改善环境等措施留住高水平人才，提高科研单位持续产出能力。

4.8.4.4　*研发和成果转移转化效率*

研发和成果转移转化效率是衡量研发单位社会价值的因素之一，只有将科研成果进行高效率转化才能产生有效社会贡献，提高技术水平。本研究对新疆科技工作者对研发和成果转移转化效率不高问题的感知进行了调查研究，具体情况如下：

（1）研发及成果转移转化效率认知整体性描述。

在2031个样本中，认为当前研发和成果转移转化效率不高问题非常突出的科技工作者有1042人，占比为51.30%；认为比较突出的有132人，占比为6.50%；认为一般的有135人，占比为6.65%；认为基本不突出的有281人，占比为13.84%；认为非常不突出的有441人，占比为21.71%。整体满意度均值为2.48，处于一般与比较突出的程度之间（见图4-321）。

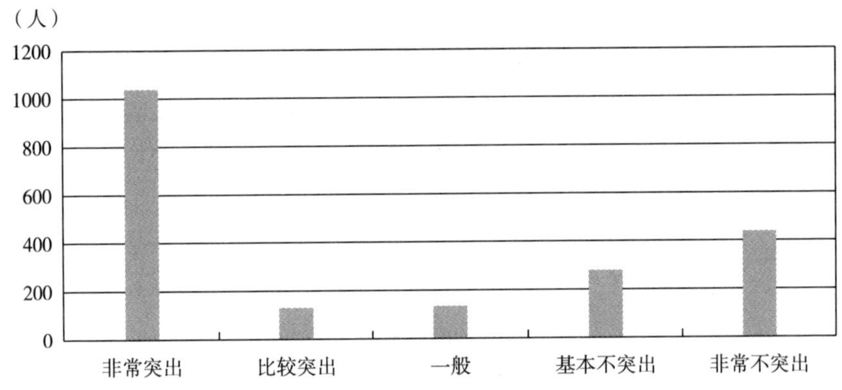

图4-321　新疆科技工作者对研发及成果转移转化效率低下的认知整体性描述情况

因此，在新疆科技工作者的认知中，超过50%的人认为研发和成果转移转化效率不高的问题非常突出，说明该问题较为严重，需要较快采取一定的措施促进研发向成果转化，成果向社会价值转化，以提高技成果的产出能力（见表4-50）。

表4-50　新疆各类科技工作者对研发及成果转移转化效率低下的认知交叉分析情况

单位：人，%

科技工作者类型		非常突出	比较突出	一般	基本不突出	非常不突出	总计
卫生技术人员	人数	123	19	16	41	65	264
	占比	46.59	7.20	6.06	15.53	24.62	100.00
农业技术人员	人数	197	25	30	52	80	384
	占比	51.30	6.51	7.81	13.54	20.83	100.00
科学研究人员	人数	66	12	6	22	32	138
	占比	47.83	8.70	4.35	15.94	23.19	100.00

续表

科技工作者类型		非常突出	比较突出	一般	基本不突出	非常不突出	总计
自科教学人员	人数	367	34	49	93	147	690
	占比	53.19	4.93	7.10	13.48	21.30	100.00
工程技术人员	人数	289	42	34	73	117	555
	占比	52.07	7.57	6.13	13.15	21.08	100.00
总计	人数	1042	132	135	281	441	2031
	占比	51.3	6.50	6.65	13.84	21.71	100.00

（2）人才流失认知的分类型描述。

分五类科技工作者，对研发及成果转移转化效率低下问题的突出程度的感知进行交叉分析，具体如下：

1）卫生技术人员。

通过数据分析整理可以发现：卫生技术人员认为研发及成果转移转化效率不高问题非常突出的有 123 人，占比为 46.59%；认为比较突出的有 19 人，占比为 7.20%；认为一般的有 16 人，占比为 6.06%；认为基本不突出的有 41 人，占比为 15.53%；认为非常不突出的有 65 人，占比为 24.62%。整体满意度均值为 2.64，处于一般与比较突出的程度之间（见图 4-322）。卫生技术人员中，认为非常突出与比较突出的有 142 人，占比为 53.79%；认为基本不突出与非常不突出的有 106 人，占比为 40.15%。整体而言，卫生技术人员认为当前研发及成果转移转化效率不高问题较为突出。

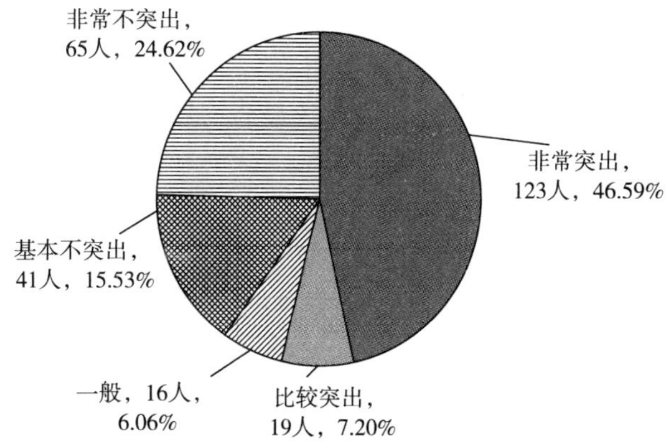

图 4-322　卫生技术人员对研发及成果转移转化效率的认知描述情况

2）农业技术人员。

通过数据分析整理可以发现：农业技术人员认为研发及成果转移转化效率不高问题非常突出的有 197 人，占比为 51.30%；认为比较突出的有 25 人，占比为 6.51%；认为一般的有 30 人，占比为 7.81%；认为基本不突出的有 52 人，占比为 13.54%；认为非常不突出的有 80 人，占比为 20.83%。整体满意度均值为 2.46，处于一般与比较突出的程度之间（见图 4-323）。农业技术人员中，认为非常突出与比较突出的有 222 人，占比为 57.81%；认为基本不突出与非常不突出的有 132 人，占比为 34.37%。整体而言，农业技术人员认为当前研发及成果转移转化效率不高问题较为突出。

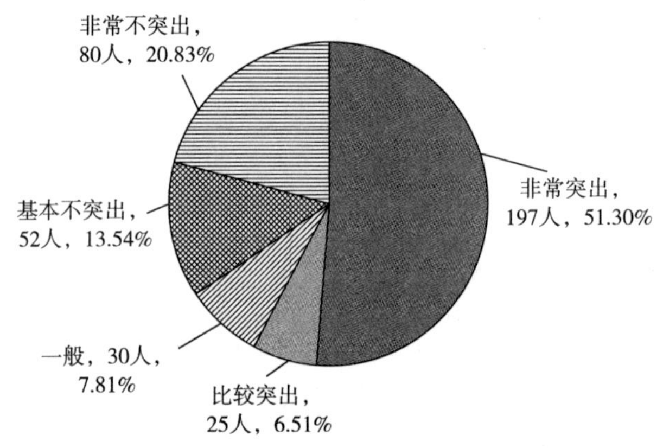

图 4-323　农业技术人员对研发及成果转移转化效率的认知描述情况

3）科学研究人员。

通过数据分析整理可以发现：科学研究人员认为研发及成果转移转化效率不高问题非常突出的有 66 人，占比为 47.83%；认为比较突出的有 12 人，占比为 8.70%；认为一般的有 6 人，占比为 4.35%；认为基本不突出的有 22 人，占比为 15.94%；认为非常不突出的有 32 人，占比为 23.19%。整体满意度均值为 2.58，处于一般与比较突出的程度之间（见图 4-324）。科学研究人员中，认为非常突出与比较突出的有 78 人，占比为 56.53%；认为基本不突出与非常不突出的有 54 人，占比为 39.13%。整体而言，科学研究人员认为当前研发及成果转移转化效率不高问题较为突出。

4）自科教学人员。

通过数据分析整理可以发现：自科教学人员认为研发及成果转移转化效率不

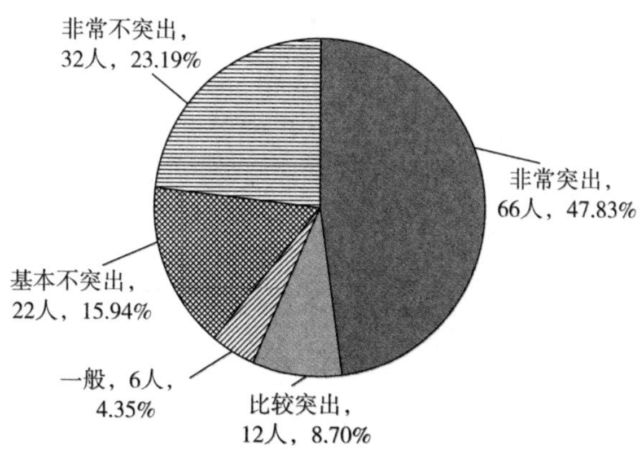

图 4-324　科学研究人员对研发及成果转移转化效率的认知描述情况

高问题非常突出的有 367 人，占比为 53. 19%；认为比较突出的有 34 人，占比为 4. 93%；认为一般的有 49 人，占比为 7. 10%；认为基本不突出的有 93 人，占比为 13. 48%；认为非常不突出的有 147 人，占比为 21. 30%。整体满意度均值为 2. 45，比较突出（见图 4-325）。自科教学人员中，认为非常突出与比较突出的有 401 人，占比为 58. 12%；认为基本不突出与非常不突出的有 240 人，占比为 34. 78%。整体而言，自科教学人员认为当前研发及成果转移转化效率不高问题较为突出。

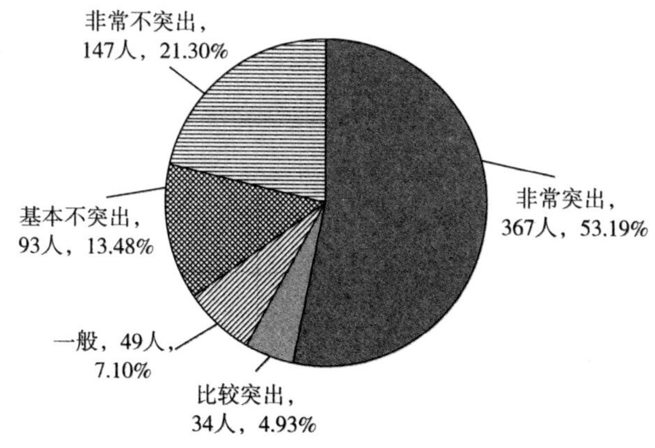

图 4-325　自科教学人员对研发及成果转移转化效率的认知描述情况

5）工程技术人员。

通过数据分析整理可以发现：工程技术人员认为研发及成果转移转化效率不

高问题非常突出的有 289 人，占比为 52.07%；认为比较突出的有 42 人，占比为 7.57%；认为一般的有 34 人，占比为 6.13%；认为基本不突出的有 73 人，占比为 13.15%；认为非常不突出的有 117 人，占比为 21.08%。整体满意度均值为 2.44，处于一般与比较突出的程度之间（见图 4-326）。工程技术人员中，认为非常突出与比较突出的有 331 人，占比为 59.64%；认为基本不突出与非常不突出的有 190 人，占比为 34.23%。整体而言，工程技术人员认为当前研发及成果转移转化效率不高问题较为突出。

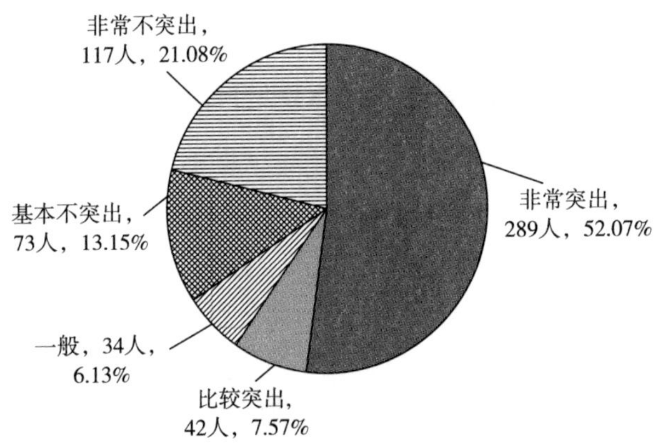

图 4-326　工程技术人员对研发及成果转移转化效率的认知描述情况

通过调查样本的分析，各类科技工作者对当前研发及成果转移转化效率的认知与整体类似，认为研发及成果转移转化效率不高问题非常突出的人数均为最多且占比超过 45%，说明该问题已经比较严重了，需要尽快采取措施促进研发产出成果，促进成果转化为社会价值，提高科研单位产出能力。

5　实地调研专题报告

5.1　高校调研报告

为全面贯彻党的二十大精神，深入贯彻落实习近平总书记关于科技创新与科技人才工作的重要论述，全面了解新疆科技工作者状况，项目组对石河子大学进行了专题调研。现将调研情况报告如下。

5.1.1　石河子大学科技人才队伍基本情况

石河子大学现有教职工 2581 人，专任教师 1860 人，中国工程院院士 1 人，教育部“长江学者奖励计划”特聘教授 2 人、青年学者 2 人、讲座教授 1 人，国家“973 计划”项目首席科学家 2 人，教授 314 人、副教授 652 人。拥有教育部创新团队 2 个，黄大年式教师团队 1 个，入选教育部“新世纪优秀人才支持计划”10 人，省部级以上专家人才 83 人。

5.1.2　科技人才队伍建设的主要做法与成效

5.1.2.1　坚持党管人才，健全服务机制

学校将人才工作列入校党委重要的工作议事日程，并成立学校党委人才工作领导小组，建立了校党委、职能部门、基层学院三级人才管理服务模式，形成人才工作齐抓共管的工作局面。2019 年，学校开始启动实施党委人才队伍建设“五个一批”工程工作计划，即“精准提拔一批、全力帮扶一批、重点奖励一批、全面培养一批、柔性引进一批”，根据不同岗位、不同类别人才进行分类引

导、分类培养。

5.1.2.2 加强兵团精神教育，强化感情留人

学校坚持“以兵团精神育人　为维稳戍边服务”的办学理念，把兵团精神教育作为加强师德师风的重点工作，贯穿到教师职业发展培训体系中，提高学校教师对发挥好兵团特殊作用的使命感和责任感，强化奉献服务意识。学校完善了新进教师的岗前培训体系、建立了师德师风建设的长效机制、定期组织教师谈心谈话，及时解决广大教师的实际困难，以同工同酬的方式为博士学历教师配偶安置工作。同时，在住房、子女入学、户口迁移等方面积极协调八师石河子市政府相关部门给予支持。

5.1.2.3 提高引进待遇，加大人才引进力度

2018 年后，兵团深化了“放管服”改革，学校可根据自身需要，自主招聘高层次科技人才。自主权的下放充分调动了校院两级的积极性。学校制定了《石河子大学高层次人才引进办法》，新引进的高层次人才可享受 30 万~60 万元的安家费和相应额度的科研启动经费，同时也得到了第八师石河子市博士引进政策的支持，亟须的专业技术人才得到了迅速补充。同时，本着“但求所用、不为所有”的原则，不断加大对柔性人才的引进和支持力度。近年来，学校全职引进中国工程院院士陈学庚及团队成员 5 人，聘任“长江学者”特聘教授 3 人，兵团特聘专家 3 人，“绿洲学者”特聘教授 18 人，讲座教授 124 人；引进援疆干部 35 人，博士服务团挂职 3 人，对口支援高校挂职干部 4 人，优质人才队伍的补充，为学校发展做出了一定的贡献。

5.1.2.4 加强师资培养，提升教师队伍水平

为提升师资队伍整体水平，学校加大软实力建设经费投入，鼓励广大教师参加各类国内外高水平学术活动，分层分批组织骨干教师去国内外高访进修学习。为鼓励青年教师提高学历，学校制定了《石河子大学教师学历提升管理办法》，为外出读博教师报销学费、往返路费，明确工资和社保发放标准等，在保障青年教师读博期间无后顾之忧的同时也奠定了情感基础。为做好校内人才的培养，学校制定了《石河子大学“3152”高层次人才培养支持计划》，对不同学科、不同层次人才进行分类培养，学校师资队伍建设水平得到了一定程度的提升。

5.1.2.5 加大薪酬制度改革，激发人才工作积极性

在绩效总额核定的情况下，学校根据专业技术、管理、工勤等岗位的不同特点，实行分类考核。依据多劳多得、优绩优酬的原则对绩效工资方案进行了修订和完善，绩效分配重点向业务骨干和做出突出成绩的一线教师倾斜。

5.1.3 科技人才工作存在的主要问题

5.1.3.1 现有人才引进政策对高层次人才吸引力仍然有限

与以往相比，石河子大学加大了人才引进力度，对博士毕业的高层次人才开出了30万~60万元不等的安家费和科研启动经费，加上享受八师石河子市人才引进政策，引进经费高者可达100万元左右，人才引进待遇在本区域已经处于较高水平，但与内地某些院校动辄40万~50万元年薪、100多万元安家费和科研启动经费相比，石河子大学高层次人才的引进待遇与国内“双一流”高校和东部一些省属高校相比仍然偏低，政策吸引力仍显不足。

5.1.3.2 科研项目申报难度增加影响到部分科技人才的稳定性

根据学校规定，高层次科技人才入职后可对照自身条件申报学校设置的博士启动项目、青年培育和青年拔尖项目，这些项目对青年教师的培养起到了积极作用。但随着国家、兵团科技计划体系改革，各级科技项目中“揭榜挂帅”“重大研发”“定向委托”等大项目在增加，科技项目立项总数在压缩，青年科技人才项目申报难度增加且很难参与到大项目的协作中，影响到青年科技人才的成长成才。由于项目申报难，部分教师一旦评上副教授，往往被内地省区高校和科研院所开出的优惠条件所吸引，易造成科技人才的流失。

5.1.3.3 科研平台建设不到位影响到科技人才科研工作的开展

科技人才的发展需要平台的支撑，但由于省部级重点实验室、技术中心等科研平台缺乏持续稳定的投入机制，建设期内添置的科研设备随着运行年限的增加，设备故障率也在增加，而维护重点实验室和技术中心的经费不足，造成部分科研项目因实验设备的完好性差而受到影响。例如，兵团重点实验室每年的维护成本为20万元，对于重点实验室建设和维护而言就是杯水车薪，影响到科技人才科技创新活动的顺利开展。另外，部分学院学位点布局与建设滞后（如政法学院、医学院、药学院等），引进的博士等高层次人才缺乏成长的空间，部分优秀的高层次人才获取了项目、评上职称后往往选择发展前景更好单位谋职。

5.1.3.4 紧缺专业科技人才引进难、流失易

一些专业人才培养周期长（如医学专业）、市场需求大（如计算机、会计学、医学等），造成紧缺专业科技人才供不应求。加之，内地各省份对紧缺专业人才争夺力度不断加大，开出的人才待遇越来越好，高层次人才，尤其是拥有高级技术职称和博士学位的高层次人才在内地能够很容易地找到工作，边疆地区高校如何引进和留住这类人才的难度逐年增加。

5.1.3.5 薪酬和激励机制不完善影响到科技人才工作的积极性

如何平衡好引进人才与自主培养的人才之间的利益关系是当前面临的一个重要问题。如学校引进的博士在享受引进待遇（服务期内）的同时，也享受了博士津贴，让部分老师觉得不公平。另外，学校的激励机制仍不完善，已经实施的“3152”人才计划，重申报、轻考核的现象依然突出，学科带头人发挥的作用依然不足，亟须有效衔接和统筹“3152”人才计划津贴与科研绩效考核津贴，充分发挥竞争性科研绩效的指挥棒作用。

5.1.3.6 部分高层次人才将学校作为再次择业的跳板

由于石河子大学地处偏远，区位条件较差，学校为了引进和留住高层次人才，制定了系列职称评审优惠政策和科研项目支持政策。目前，学校教师职称评审、项目申请与内地高校相比较容易，有些博士进入学校后，经过几轮项目的支持，其职称很快得以晋升，为了追求好的工作环境和收入待遇而选择离职。

5.1.3.7 学院层面的内部管理不规范影响到部分科技人才的离职

个别学院在配置科研资源时，行政化倾向较为严重，担任学院领导职务和学科负责人的科技人才占用绝大部分实验室、科研设备等资源，部分科技人才因研究领域、方向、性格与领导不同而游离于团队之外，并在心中上产生了不平而离职。此外，因外出求学，个别学院教师上完博士回校后发现无课可上，而学院和系领导没有及时出面做工作，这些科技人才也产生了离职倾向。

5.1.4 加强科技人才队伍建设的主要建议

5.1.4.1 统筹资源做好人才战略规划

建议石河子大学加强引才、留才、用才的顶层设计，效仿东南沿海等发达省市高校，制定更加积极、开放、务实有效、符合边疆实际和学校实际的人才政策，不拘一格，聚天下英才而用之。应结合石河子大学“十四五”发展规划，加紧制定人才发展战略专项规划，结合现有优势和特色，制订院士、长江学者等高层次人才的战略培养计划，精准聚焦，持续发力，并给予政策倾斜和经费支持。

5.1.4.2 完善薪酬管理制度实现待遇留人

由学校相关部门牵头，继续深入调研自治区高校、西部高校及内地同等水平高校的人才相关政策，制定契合学校实际的人才薪酬政策，继续完善薪酬分配制度及人才奖励激励措施，保证学校在人才薪酬待遇在疆内及西部处于领先水平，切实为边疆引人留人创造良好的条件和环境。

5.1.4.3 加大项目、科研平台支持力度实现事业留人

学校层面应积极争取部省合建高校“基本科研业务费”支持，加快推进部省共建国家重点实验室和部委重点实验室建设进程，增加重点实验维护经费，为科技工作者创造好工作条件。应多方筹措资金，设立校级科技发展专项，不断加大资助力度，为科技人才成长成才创造较好的内部条件。

5.1.4.4 加强与上级管理部门沟通为学校科技工作创造良好环境

石河子大学应加强与兵团各职能部门的沟通，积极争取各管理部门对学校发展的支持，并全面落实国家对高校、科研机构、科研项目方面的管理规章制度。尤其是在财务管理制度，应加强与兵团财务局的沟通，说明高校、行政机关和一般性的事业单位财务管理的区别，为科技人才潜心科研创造好的外部环境。

5.1.4.5 规范科技人才的管理

结合内地高校经验和石河子大学发展实际，继续规范和完善学校人才引进政策，加大科技人才引进的宣传、引进管理和政策兑现力度；制定科学有效的人才评价机制，进一步完善职称评聘制度体系和人才举荐机制，使优秀科技人才识别、选拔、培养更加科学规范；进一步规范教师离职管理制度，提高教师离职赔付标准。

5.1.4.6 加强内部科学管理

石河子大学应加大基础实验资源的投入力度，全面实施重大实验设备资源共享、专人管理和有偿使用付费制度，为科技人才成长创造良好的科研条件。同时，各学院、系应积极开展“学党史悟思想办实事”活动，切实解决科技人才成长过程中面临的问题，应根据学院特点制定规范的科研资源分配管理制度，明确不同类别科技人才实验资源占用系数，应积极引导青年科技工作者投入到优势学科领域和学科方向。

5.2 科研院所调研报告

为全面贯彻党的二十大精神，深入贯彻落实习近平总书记关于科技创新与科技人才工作的重要论述，为深入了解新疆科技工作者状况，项目组对新疆农业科技研究院进行专题调研。现将调研情况报告如下：

5.2.1 科技人才队伍基本情况

石河子农业科学研究院为第八师石河子市直属农业科研公益一类全额拨款事业单位，拥有棉花研究所、葡萄研究所、甜菜研究所、粮油作物研究所、土壤肥料研究所、农业技术推广站、综合办与科办5所1站2办。石河子农业科学研究院核定编制125人，现在编人员81人，其中管理岗6人、专业技术岗64人、工勤岗11人。

从专业技术人员的职称结构来看，研究员11人、副研究员17人、中级职称19人、初级职称17人。

从专业技术人员学历结构来看，博士（在读）2人、硕士20人（含硕士学位13人）、本科35人、大中专7人。

从专业技术人员年龄结构来看，年龄在30岁及以下的11人、31~35岁的11人、36~40岁的6人、41~45岁的11人、46~50岁的13人、51~55岁的10人、56岁及以上的2人。

从专业技术人员研究领域来看，从事棉花育种及栽培15人，甜菜育种、栽培及种子加工13人，粮食油料作物育种及栽培10人，果树育种及栽培、园艺作物研究及栽培15人，土壤肥料、植物营养及资源环境利用研究6人，科技管理及辅助人员5人。

从专业技术人员的人才层次来看，拥有国务院政府特殊津贴专家4人、农业农村部甜菜产业技术体系岗位科学家1人、自治区有突出贡献专家1人、自治区天山英才1人、兵团学术带头人1人、兵团英才9人、师（市）拔尖人才8人。

5.2.2 科技人才工作的主要做法及成效

5.2.2.1 主要做法

在人才引进方面，石河子农业科学院执行《第八师石河子市人才培养和引进管理办法》（师市党办发〔2019〕99号），引进的高层次人才可享受第八师石河子市人才引进政策；人才招聘需向师（市）人社局上报年度招录计划，由师（市）人社局人事考试中心发布招聘考试信息并统一招考。

在人才培养方面，石河子农业科学院制定了《石河子农业科学研究院人才培养工作管理办法》，鼓励科技人员通过提升学历与外派培训等提升专业技术能力，科研人员提升学历与培训期间的工资和福利待遇保持不变。积极支持学术带头人发挥“传帮带”作用，为青年人员安排合适的岗位，形成人才梯队与专业团队。

在人才使用方面，石河子农业科学院积极鼓励科技人员向南发展，深入团场一线，示范推广新品种新技术，并在评先评优向其倾斜；鼓励科研人员从事科技成果转化，助力师（市）乡村振兴。

在人才激励方面，石河子农业科学院积极协助科研人员申报师（市）人才项目，努力搭建和高校、科研院所、企业的合作平台，开展科研项目联合申报；自筹经费建立“青年科技基金”，用于支持硕士和博士自选科研项目研究，支持经费由“十一五”时期的硕士 2 万元、博士 5 万元，递增至当前的硕士 5 万元、博士 10 万元，充分调动了青年科技人员的科研创新积极性与科研项目研发能力。

5.2.2.2 工作成效

“十三五”期间，石河子农业科学院科技人才一直稳定在 60 人左右，且形成了明确研究方向、合理科研团队，协同开展项目研究、科学分享研究成果，8 人晋升正高职称、12 人晋升副高职称、8 人晋升中级职称、13 人取得初级职称，科研人才职称结构不断合理。当前，累计承担国家、部委、自治区、兵团和师（市）各级科技项目 180 余项，年均科研经费 400 余万元，荣获国家农牧渔业丰收奖 1 项、兵团科技进步奖 7 项、师（市）科技进步奖 6 项。2016 年以来审定新石 K24、K25、K26 棉花新品种，甜菜新品种 STD0903 与小麦新品种石冬 0358 等 13 个新品种，近三年累计推广 2000 余万亩。各科技特派团队年人均基层服务 30 天，示范及服务面积 18 万亩，累计培训各类人员近 50000 人次，发放技术资料 22000 余份。当前，石河子农业科学院已成为兵团、师（市）农业科技队伍的重要部分，成为兵团、师（市）农业科技创新与农业技术推广工作的重要力量。

5.2.3 科技人才工作的主要（问题与）困境

5.2.3.1 科技人才引进较为困难

由于缺乏人才聘用自主权，石河子农业科学院人才招聘由师（市）人社局组织实施，招聘计划发布后常出现拟招聘的硕士岗位无人报考，招聘条件降到本科学历后仍有部分岗位无人报考。2018 年人才招考中，设置的硕士学位人才岗位无一人报考；2020 年拟招考 12 人，全部降至本科门槛，也只招录了 3 人；且由于招聘工作较为被动，出现“看中的人才进不来、招来的人员不合适”。同时，由于工资水平偏低、人才管理行政化严重、科技平台支持不足、科研项目获取困难等，石河子农业科学院对硕士以上学历的高层次科技人才吸引力较弱，进一步加剧了人才引进困境。值得注意的是，兵团、师（市）出台了一系列人才引优惠政策，但对单位现有人才的重视程度不够，在一定程度上出现了引进人才与自主培养人才的矛盾。

5.2.3.2　科技人才激励机制不太完善

作为师（市）直属农业科研公益一类全额拨款事业单位，石河子农业科学院科技人员没有额外的工资收入，工资差距仅限于聘任职称的高低与工作年限的长短，绩效工资级差较小，存在一定的“大锅饭”倾向，极大地影响了科技人才尤其是高水平科技人才的工作热情。

尽管国家、兵团、师（市）制定了科技成果转化及收益分配管理等激励政策，但科技成果转化激励政策落实不够，石河子农业科学院科技成果转化收益始终未能分配。2017~2019 年石河子农业科技院科技成果转化 1300 多万元，当前科技成果转化的单位账面金额高达 6000 多万元，但成果转化收益至今仍未获准发放，极大地打击了科技人员的积极性。

5.2.3.3　青年科技人才培养支持不足

石河子农业科学院自筹经费建立“青年科技基金”，用于培养支持青年科技人才创新发展，但资金支持力度不足、资金支持稳定性较弱；鼓励青年科技人才在职攻读硕士博士学位，且工资和福利待遇保持不变，但由于项目绩效支出限制而难以报销学费、科技创新与技术推广任务重而难以如期毕业。同时，由于国家、兵团、师（市）科技计划项目更倾向于专家与学术带头人申报，青年科技人才申报难度较大，加之学习培训与外出交流机会少，青年科技人才成长成才困难重重。

5.2.3.4　科技人才评价标准不太合理

长期以来，石河子农业科学院一直被视为行政事业单位，其技术人员考核多是按照机关干部考核标准执行，忽视了科技人员科技创新工作的特殊性。更关键的是，对科技人员的人才评价标准始终过于单一，对林果育种、大田作物育种（小麦、棉花、甜菜）科技人员的评价标准“一刀切”，对科技人才职称评聘仅限于“研究系列”，缺乏有针对性的人才评价标准与评价体系。

5.2.4　科技人才队伍建设的主要建议

5.2.4.1　优化科技人才管理制度

建议赋予石河子农业科学院人才招录聘用自主权，允许其在核定核制内，根据工作实际需要自主招录相关人员，报师市人社局各案后，即可办理聘用手续。建议提高高级职称岗位比例，将专业技术岗高级职称岗位比例由现在的 25%提高至 50%。根据科研工作需要允许特设岗位，对急需的高层次人才（副高以上或具

有博士学位）探索试行特设岗位聘用管理，并探索实行年薪制、项目工资、协议工资等灵活分配方式。

5.2.4.2 完善科技人才激励机制

建议完善绩效工资考核分配制度，赋予农科院绩效工资考核分配自主权，由师（市）财政核定绩效工资总量，石河子农业科学院自主决定绩效考核和绩效工资分配办法，绩效工资与绩效考评挂钩，建立以能力和贡献为导向的绩效工资动态调整机制，绩效工资分配重点向关键岗位、高层次人才、业务骨干和做出突出贡献的工作人员倾斜，适当差异，进一步激发科技人员的创新积极性。全面落实科技创新奖励激励政策，制定石河子农业科学院科技成果转化及收益分配管理办法，明确现金奖励享受政策人员范围、具体分配办法和相关流程，真正激发科技人员的创新创业热情。

5.2.4.3 强化青年科技人才支持力度

建议完善农科院人才培养工作管理办法，建立石河子农业科学院青年科技人才培养专项经费，鼓励科研人员攻读更高层次研究生学位，支持科技人员进修深造、交流访学、挂职锻炼。鼓励、引导和支持青年科技人才结合国家、兵团和师（市）重大农业科技任务部署和重点工程，支持和鼓励青年科技人才深入生产、科研与创业一线，对优秀青年科技人才主持开展的研究工作与创新创业项目予以倾斜支持。积极推进与石河子大学、塔里木大学等高等院校建立人才合作培养机制，引导推动人才培养体系与产业发展和创新活动全过程的有机衔接，不断提升青年科技人才的科技创新能力。

5.3 医院调研报告

为全面贯彻党的二十大精神，深入贯彻落实习近平总书记关于科技创新与科技人才工作的重要论述，为深入了解新疆科技工作者状况，项目组对石河子大学医院院第一附属医院（以下简称一附院）进行专题调研。现将调研情况报告如下。

5.3.1 一附院科技人才工作现状分析

5.3.1.1 人员构成

一附院现有员工 2127 人，其中医疗人员 681 人，护理人员 995 人。从学历结构来看，有博士研究生 67 人，硕士研究生 562 人；从职称结构来看，有高级职称人员 394 人，中级职称人员 686 人。

5.3.1.2 科技人才主要研究方向与优势

紧密结合各族群众的健康需求，一附院已逐步围绕肝脏感染性疾病的基础与临床研究、消化道肿瘤的早期防治基础与临床研究、新疆高发心血管疾病的基础与临床研究、骨关节病与代谢性疾病研究等方向开展科研、教学与人才培养，形成了较明显的学科特色。目前有“肝包虫病病因学与临床诊疗新技术研究创新团队”“兵团骨科创新团队”“消化道肿瘤内镜下早期精准诊治创新团队”三个兵团创新团队项目。科研项目依托的医学院拥有“新疆地方与民族高发病教育部省部共建重点实验室”“国家卫生健康委中亚高发病防治重点试验室”两个重点实验室开展相应研究活动。

5.3.2 一附院科技人才工作的主要做法与成效

5.3.2.1 加强组织与领导

成立了“人才工作领导小组”并由党委书记任组长，明确了党委书记是第一责任人和党委“管宏观、管大局、管战略、管政策”的职责定位，组织科牵头，各职能部门负责抓好日常落实，确保了人才工作统一部署。初步建立“人才强院”制度体系，制定了《党管人才工作方案》《医院党委联系服务专家工作制度》《科研工作量及科研质量津贴计算办法》等规章制度，使一附院人才工作有章可循。

5.3.2.2 加大人才引进支持力度

制定了《石河子大学医学院第一附属医院高层次人才引进办法》，提高了人才引进待遇，并积极与大学、八师石河子市相关职能部门沟通，做好引进人才落户、配偶工作、子女就学等工作。加大对长江学者、绿洲学者、客座教授、讲座教授等高层次人才“柔性”引进力度，以点带面，推进学科团队建设，带动团队共同进步，现已实现柔性引进专家的突破，引进“特聘教授”2 名、“讲座教授”1 名、完成名誉学衔客座教授聘任 1 名、完成兵团特聘专家 1 人。

5.3.2.3 重视人才梯队建设

“十四五”期间，一附院将启动《石河子大学医学院第一附属医院高层次人才培养支持计划（医疗）暂行办法》，三年为一个培养周期，为医院遴选了一批领军人才、拔尖人才、学科骨干和青年骨干。积极推动人才“头雁工程”建设工作，做好学科带头人、特贴专家、突贡专家等各类人才项目选拔、推荐和培养工作，打造人才品牌效应。制定《石河子大学医学院第一附属医院在职人员学历提升管理办法》，鼓励员工参加在职硕士、博士提升教育，提升在职人员学历水平。鼓励和选送优秀人才赴国内外知名医疗机构进修深造，重视“师承内培”，做好“传帮带”工作。

5.3.2.4 加强对科技人才科研能力的培养

一附院自筹资金，设置博士基金项目，鼓励创新、凝聚和培养高层次科研人才。设立院级课题，培养年轻的科研工作者。与对口支援高校加强科技人才培训和科技合作，提升青年科技人才科研项目申报水平，孵化培育科研人才和团队。

5.3.2.5 强化人才的使用

实施主诊医师负责制，聘任副高以上职称临床专家为主诊医师，独立负责诊疗组病人诊治全过程，调动高层次人才工作积极性。实施副高以上职称医师轮转医务部制度，提升其医疗争议事件的协调解决和处理能力，培养临床专家管理能力、参与医院管理和主人翁意识。建立专家外出会诊制度，提升其知名度。

5.3.2.6 加大对人才的激励力度

建立以学术贡献、社会贡献为导向的科研工作量及科研质量津贴计算办法，报销高水平论文出版费，调动科研人员从事科技创新工作的积极性和创造性。制定并实施了《硕博士津贴发放办法》，激励全院员工考学深造。根据卫生部《关于卫生事业单位内部分配制度改革的指导意见》，一附院设立专家绩效项目，对高层次人才进行待遇倾斜；根据（兵人社发〔2019〕108 号）（兵人社函〔2019〕135 号）等文件精神，实施一附院高层次人才职务科技成果转化现金奖励。

5.3.2.7 实施事业平台留人、感情留人

为已经学有所成，能够独立带领团队开展工作的博士申请成立新的专业科室，在干部任用中，必备条件是硕士以上学历，重点选聘博士担任中层干部，实现事业留人。定期组织博士恳谈会、博士建言会，建立有效沟通机制。一附院党委在工作上对高层次人才多支持、生活上常关心、感情上常联系，待遇上多体现，尽可能留住和用好，以为医院发展做出更大的贡献。

5.3.3 科技人才工作存在的主要问题

5.3.3.1 缺乏综合性的科研平台助推科技人才成长

虽然一附院在 2020 年 12 月获批的“国家卫生健康委中亚高发病防治重点试验室”中，但目前科研平台作用依然有限，科技项目仍主要借助石河子大学医学

院“新疆地方与民族高发病教育部重点实验室”平台完成。受重点实验室空间、资源条件等客观限制，一附院、医学院科研人员和研究生竞争实验平台资源，等待实验仪器设备的时间较长，加之缺乏专业实验人员，实验效率低下等问题较为突出，影响了科研人员的科研项目正常开展。医学专业住院医师规范化培育与研究生教育合二为一，由于临床科室工作繁忙，研究生进实验室做课题的时间被挤占，影响到科研项目的完成和科技人才的成长。

5.3.3.2 科研项目申报难度增加影响到青年科技人才的积极性

国家、兵团科技计划体系改革后，各级纵向科技项目中“揭榜挂帅”“定向委托”的大项目在增加、立项总数压缩，青年科技人才申报项目难度增大。由于得不到充足的课题和经费的支持，青年科技人才科研工作动力不足。

5.3.3.3 医院科室管理体制矛盾重重影响到科技人才的稳定性

一附院长期形成的“科主任负责制度”赋予了科主任较大的权力，用药、手术、材料的使用均由科主任一人决定，科室内部利益分配机制相对不健全再加上默认形成的科室主任“终身制”，科室医生个人职业发展诉求面临各种问题，问题得不到解决时往往选择离职。一附院尝试实施科室主任聘用制改革，实行全员竞争上岗，但由于各种现实问题，使科室主任聘任制改革未能落实。

5.3.3.4 待遇不足直接影响到医疗人才的去留

随着医疗市场化的进一步加快以及人们健康需求的剧增，新疆内各地州三甲医院的异军突起，高学历高职称人才的社会需求量逐年增加，使高学历高职称医师有底气选择离职。另外，内地尤其是沿海地区有着相对丰厚的收入和较高的福利待遇，其管理机制灵活，对科技人才不拘一格给予晋级和提拔使用，使其心理及收入满足感显著增加，工作能动性得以提升，部分离职人员在新单位已经成为技术骨干或学术带头人。待遇成为影响医疗人才去留的重要因素之一。

5.3.4 政策建议

5.3.4.1 加强组织领导，深化医院管理体制改革

一附院应加强领导，成立医院深化改革领导小组，破除藩篱，实施科室主任全员竞聘上岗制度、明确科室主任的任期，深入实施主诊医师负责制和工资绩效机制改革，调动高层次人才工作积极性。强化各科室基层党组织建设，增强基层党组织用药、手术、材料的使用、绩效分配等方面的话语权。

5.3.4.2 加强医院文化建设，形成文化留人氛围

一附院应结合本院工作特点，创造一套切实可行的思想政治工作机制，把加

强思想政治工作作为医院文化建设的重要内容。要坚持以科学理论武装人、以正确的舆论引导人、以先进的典型鼓舞人、以高尚的精神塑造人，培养和锻炼出一支思想好、作风硬、技术精的团队。同时，应从建章立制、强化管理入手，树立“从严治院”的观念；应从输送服务理念入手，规范职工行为。

5.3.4.3 加大科研平台共建共享，为科研活动创造更好的科研条件

加强与石河子大学科技管理部门的沟通，对一附院各科室、医学院和相关学院现有科研仪器、设备梳理基础上，进行科研资源整合共享，通过配置专业实验室工作人员，共建 SPF 实验室，为一附院科研工作提供基础支撑。全面梳理一附院各科室优势及发展重点，科学配置研究资源，实现各科室均衡发展。加强基础研究和临床紧密结合，为大胆创新研发的人才提供条件，形成医教相长和医研相长的良性循环。

5.3.4.4 设立专项课题提升医疗人员的能力与水平

一附院应积极争取兵团卫健委和科技局的支持，由财政和单位共同出资，设置自筹经费或联合基金项目，支持一附院根据主要科学研究方向、发展重点设立专项课题，为科技人员尤其是年青科研人才的成长以及科技计划项目的前期培育做孵化，以项目稳定、留住和培养一大批服务区域经济社会发展的优秀医疗科技工作者。

5.3.4.5 加强与主管部门沟通，建立待遇引人留人的保障机制

一附院应加强与兵团主管部门的沟通，促进“允许用人单位根据需求和市场行情自行制订相关人才优惠政策”的落地，争取人才专项计入当年单位绩效工资总量，但不受总量限制，不计入总量基数，从而实现人才优惠待遇发放的合规化，达到待遇引人留人目的。

5.4 企业调研报告

为全面贯彻党的二十大精神，深入贯彻落实习近平总书记关于科技创新与科技人才工作的重要论述，为深入了解新疆科技工作者状况，项目组对天业集团进行专题调研。天业集团人力资源副总监及天业集团技术中心、天业集团工程中心、天业集团博士后科研工作站、至臻化工综合管理部等部门的领导、专家学者和工作人员 10 人参加了调研会。现将调研情况报告如下：

5.4.1 科技人才队伍基本情况

新疆天业（集团）有限公司组建于1996年7月，是第八师石河子市的大型国有企业，包括天辰化工公司、天能化工公司、天伟化工公司、天业化工公司、天智辰业公司5个下属单位，包括国家节水农业工程技术研究中心、技术中心、研究院、至臻化工4个研发平台和天业集团博士后科研工作站。截止到2020年末，天业集团拥有各类专业技术人员2139名，其中高级职称215人，中级职称586人。拥有在职国务院政府特殊津贴专家4人、国家百千万人才工程1人、国家万人计划人选3人、“兵团英才”一二周期20人次、兵团学术带头人2人、师市拔尖人才28人、援疆干部及博士服务团成员12人、国家级技能大师工作室2个。

5.4.2 科技人才工作的主要做法及成效

5.4.2.1 主要做法

在人才引进方面，坚持把引进人才作为首要任务，扩宽引才渠道，通过重点人才工程吸引和留住高层次人才、围绕产业发展储备实用人才、坚持日常引才制、发挥猎头公司优势引进高端人才，基本形成了一支结构合理、能力突出的科技人才队伍。

在人才激励方面，制定并执行了《新疆天业（集团）有限公司科技创新激励与考核实施细则》，不断完善全员绩效考核评价体系，优化员工发展环境，形成良性竞争机制，培养和提高科技人才成长成才的主动意识。制定了“岗位业绩突出者奖励晋级激励”“企业奖励基金”“项目提前奖”“金点子奖”等制度，营造了良好的人才创新氛围，有效调动了科技人员工作的工作热情。

在人才使用方面，营造了适合科技人才成长的硬环境和激励人才创新的软环境，建立了一套竞争上岗、考核选拔、择优聘任、动态管理的运行机制，建立了以专业技术人员业绩为根本的晋升体系。即根据科研项目运作及技术人员的科研能力，建立专业技术人员晋升、激励机制，设立了不同的技术人员等级，增设专业首席工程师、主任工程师、项目工程师岗位。

在人才管理方面，积极推行创新奖励机制，制定《天业集团创新奖励暂行办法》《研究生学习奖励办法》，鼓励科技人员不断提高个人素质。为鼓励科研人员从事专业技术工作，实行以岗定酬、效益优先的分配制度，在分配上重点向科研开发、经营和管理骨干倾斜，最大限度地调动研发人员的积极性。

5.4.2.2 工作成效

天业集团坚持“以环境吸引人、以事业凝聚人、以精神鼓舞人、以机制激活人、以良好的发展前景留住人”的工作理念，在人才引进、人才激励、人才使用、人才管理等方面建立了一套完备的以人为本的科技管理体系，吸纳和造就了一批高素质科技和管理人才，为集团高质量发展提供了强有力的支撑与保障，并产出了一系列高水平研究成果、有效提升了集团创新发展质量。2016 年，新疆天业（集团）有限公司获得第四届中国工业大奖，荣获 2019 年全国模范劳动关系和谐企业；位列 2019 中国企业 500 强第 470 位、2019 中国制造业企业 500 强榜单第 230 位。已与清华大学、石河子大学、中国科学院大连化学物理研究所、山西煤化所等建立稳固合作关系，现拥有各类各级创新平台近 20 个，其中国家级平台 7 个，先后承担国家级重点科研项目 30 余项，三次荣获国家科技进步二等奖，煤基乙二醇核心催化剂项目获第二届（2017 年）兵团青年创业创新大赛总决赛创客青年组金奖，科技成果显著。

5.4.3 科技人才工作的主要（问题与）困境

5.4.3.1 高层次科技领军人才紧缺

天业集团专注智能节水农业、聚焦绿色现代化工，积极构建循环经济工农业深度融合发展的多元化产业体系，立足于打造国内外一流水平的创新型企业集团。高层次科技领军人才是持续强力推动创新驱动发展战略的重要支撑。天业集团拥有特殊津贴专家、国家百千万人才工程、国家万人计划人选、“兵团英才”等高层次行业专家，但随着天业集团持续建立健全以科技创新为核心的全面创新体系，高层次科技领军人才、高端技术人才数量不足的问题逐渐显现，并成为制约天业集团行业绿色升级、支撑高质量可持续发展的关键问题。

5.4.3.2 科技人才激励有待提高

为留住人才、开发人才、发挥人才潜能，天业集团出台了一系列人才激励与奖励办法，但激励种类、奖励力度均有待提高。例如，入选国家百千万人才工程的高层次人才仅依靠兵团层面进行奖励，集团层面仅是享受集团领导工资，人才奖励远低于区外水平；引进的硕士以上科技人才，除住房补贴外，仅可连续三年获得 2000 元/月人才补贴，人才补贴政策的周期问题与连续性问题仍需关注。

5.4.3.3 科技人才联合培养机制不畅通

近年来，天业集团与清华大学、中国科学院大连化学物理研究所、石河子大学建有联合实验室，作为人才培养和项目合作的重要基地，并与浙江大学、天津大学、南开大学、华东理工大学、北京化工大学保持着密切的合作关系。但集团各联合创新平台的协同创新深度不足、高端要素资源集聚不深、产学研深度融合不足、人才联合培养效度不佳、人才交流往来频度不够。

5.4.4 科技人才队伍建设的主要建议

5.4.4.1 培养和引进高层次创新型科技人才

建议强化国家节水农业工程技术研究中心、技术中心、研究院、至臻化工 4 个研发平台和天业集团博士后工作站的引才育才作用，强化国家级、省部级科技人才工程（计划）的高层次科技人才培养载体作用，依托研发平台的资源优势、人才优势与技术优势，加强尖端科技人才、科技骨干人才培养和创新团队建设，不断增强高层次创新型科技人才队伍的发展活力。建立健全更积极、更开放、更有效的高层次科技人才引进政策体系，对企业高水平人才引进工作给予政策、资金上的支持，在职称评审、项目申报等方面适当倾斜，实行“一企一策”“一事一议”、特事特议；进一步开展高端科技人才柔性引进示范试点，探索更为灵活的人才引进和使用机制。

5.4.4.2 提升科技人才的激励力度

充分利用好兵团、师（市）科技人才激励政策，积极争取科技人才专项资金；建立统筹调控集团绩效工资总量，加大高层次创新人才绩效激励力度，分层次、分梯队进行创新绩效发放；应积极探索符合科技成果特点和本单位实际的科技成果转化机制和创新模式，在科技成果定价、收益分配基准、股权分配等进行试点示范。重奖国家科技奖获奖人才，集团可对获得国家科学技术奖的个人及团队配套奖励；对实践中有新发现、小发明、小创造、小革新等创新成果的个人或集体进行奖励支持，持续实施“岗位业绩突出者奖励晋级激励”“企业奖励基金”“项目提前奖”“金点子奖”等激励政策，并加大奖励支持力度。

5.4.4.3 夯实联合创新平台的引才育才作用

依托当前研究平台，支持组建跨学科、跨区域、跨单位、跨部门的创新型科技团队与协同创新中心，打造高效技术创新联盟与科技人才联合培养基地，积极营造培养科技人才的政策环境，全面破解人才培养体制机制难点，不断优化科技人才培养模式，使集团联合创新平台成为集聚和培养企业科技人才的重要平台。从政策、资金、场所等方面给予扶持，努力为各类科技人才创造良好的工作与生活环境，进一步优化资源配置，广泛搭建好引才、育才、用才和创新平台，为广大科技人才提供广阔的干事创业平台，吸引更多科技人才向集团聚集。

6　研究结论与对策思考

6.1　研究结论

第一，新疆科技工作者因工作条件优良、符合个人兴趣、能发挥个人专业技能、工作稳定等原因而选择从事科技工作。但由于科技工作的特殊性，90%的新疆科技工作者日均工作超过 8 个小时，甚至 10%的科技工作者日均工作时长超过 12 个小时，这在科学研究人员中更为普遍。同时，由于长期高负荷工作、较为繁杂的其他事务、日益增加的生活压力等，使得科学工作者工作对从事科技工作的价值认知出现变化，50%左右的科技工作者甚至不了解其科技工作的内在价值。

第二，新疆科技工作者对自身生活状况整体较为满意，对未来生活较为乐观。但子女教育、工作与家庭平衡、收入等现实困难需得到重要关注，成为新疆科技工作者最大的压力来源。因工作问题无法陪伴家人也为科技工作者产生了较大困扰，60%以上的科技工作者无法保证与家人的娱乐休闲活动。基于科技工作者的主观感受，新疆科技工作者对自身社会地位并不满意，这在一定程度上影响了科技工作者的生活幸福感与获得感。

第三，新疆科技工作者的身体健康与心理健康状况较为良好，80%以上的科技工作者自诉其身体与心理健康状况较好，因身心健康对其工作生活的影响较弱。但科技工作者对体育锻炼重视程度较低，或因工作问题而使得周均参加体育锻炼活动的频次较少；值得关注的是，科技工作者对自身心理健康状况的关注度不足。

第四，新疆科技工作者对当前科技成果评价制度、职业发展前景等具有积极评价，但仍普遍关注科研项目、经费、论著等科技产出。各类科技工作者的工作困扰主要集中于职称或职务晋升难、缺乏业务或学术交流、加班或出差太多、工作业绩压力大等方面，且70%以上的科技工作者认为自身收入水平偏低。值得关注的是，由于缺乏评价激励手段、缺乏相关渠道、单位不重视、公众缺乏兴趣等原因，科技工作者从事科普的意愿与动力明显不足。

第五，新疆科技工作者的工作稳定性较强，但仍有18%的科技工作者因职业倦怠度而将考虑或正在考虑选择其他工作。资源分配直接决定了科技工作产出质量，多数科技工作者对单位资源分配情况较为满意，但资源分配情况在不同类型科技工作者中存在较大差异。值得关注的是，90%以上的科技工作者对进修学习有强烈或比较强烈的需求，且超过62%的科技工作者因培训形式、培训内容等问题，对单位提供的各类培训并不满意，这为各单位科技管理工作提出了明确要求。

第六，新疆科技工作者的工作满意度整体水平较高，尤其是社会声望、工作条件、工作稳定性、工作自主性、发挥专长、工作成就感、发展空间、工作氛围、社会保障、人际关系、工作培训、领导重视等维度。但38%的科技工作者对工作收入的满意度较低，50%的科技工作者对工作晋升情况并不满意，28%的科技工作者对单位科研管理水平并不满意。这为各单位提升科技工作者工作效能、增强科技工作者的创新创业主动性与积极性提供了重要参考。

第七，新疆科技工作者对区域创新创业环境和创新创业政策较为满意，并认为科技成果转化渠道比较通畅。科技工作者最希望获得创新创业基金以支持其创新创业，且由于中央有关政策没有落地、缺乏配套措施、科技成果转化的专业服务体系不健全等原因，科技工作者的科技转化率偏低。

第八，新疆科技工作者对信息反馈渠道、科协作用等给予了积极评价，且更希望科协提供与各界交流的机会、向政府反馈意见、提供信息技术政策咨询服务、职称评审政策解读等服务；而产学研结合、高水平科技成果产出、人才流失、研发和成果转移转化等问题也引起了新疆科技工作者的广泛共鸣。

6.2 对策思考

6.2.1 传承发扬新疆精神兵团精神，筑牢科技工作者思想基础

各单位要以习近平新时代中国特色社会主义思想为指导，坚决贯彻新时代党

的治疆方略和对兵团的定位要求，紧紧围绕新疆工作总目标，以塑形铸魂科学家精神为抓手，切实加强作风和学风建设，积极营造良好科研生态和舆论氛围，引导广大科技工作者紧密团结在以习近平同志为核心的党中央周围，争做重大科研成果的创造者、建设科技强国的奉献者、崇高思想品格的践行者、良好社会风尚的引领者，为实现"两个一百年"奋斗目标、实现中华民族伟大复兴的中国梦和新疆社会稳定和长治久安总目标作出更大贡献。

各单位要提高政治站位，强化政治引领，把党的领导贯穿到新疆（兵团）科技工作全过程，筑牢科技界共同思想基础，凝聚起科技兴疆的强大动力，引导各类科技工作者在科研事业中创新争先、自立自强，积极融入创新驱动发展战略、科技兴疆战略和人才强区战略当中，坚决打赢关键核心技术攻坚战，争做科技自立自强的排头兵，以科技创新引领新疆经济社会高质量发展。同时，要把握主基调，唱响主旋律，弘扬家国情怀、担当作风，发扬新疆精神、兵团精神与胡杨精神，传承热爱新疆、扎根新疆、建设新疆的精神品质，发挥示范带动作用，使得广大科技工作者聚焦完整准确贯彻新时代党的治疆方略，把全面提高科技应用和科学普及、提升全民科学文化素质作为义不容辞的责任，充分发挥科学文化"润物无声"的作用。

6.2.2 深化科技"放、管、服"改革，提升科技工作者激励效能

6.2.2.1 完善科技工作者收入分配制度

各单位应充分认识到科技活动的复杂性，科技人才享有较高收入水平的合理性和必要性，加快形成稳定的财政拨款增长机制，全面提升科技人才工资收入水平，逐步缩小与内地的收入差距。赋予各单位尤其是科研单位与高校更大的收入分配自主权，制定实际贡献为评价标准的科技人才收入分配激励办法，突出业绩导向，建立与岗位职责目标相统一的收入分配激励机制，合理调节各类人员的收入分配关系。对各类科技人员实行分类调节，通过优化工资结构，稳步提高基本工资收入，加大对重大科技创新成果的绩效奖励力度，建立健全后续科技成果转化收益反馈机制，使科技工作者能够潜心研究。重点鼓励和支持高校和科研院所深入推进收入分配制度改革，鼓励能干事、多干事的科技人才收入增幅高于事业单位收入平均增长水平。

6.2.2.2 完善科技工作者科研绩效奖励制度

各单位应根据单位本身情况构建适合本单位的多元的科研绩效奖励制度。建立对科研项目、科研成果、学术获奖、科普成效、教育教学成果等进行全过程业

绩奖励，加大重大科研成果奖励力度，以充分调动科研人员积极性。同时，科研绩效奖励尊重科技创新的基本规律，健全科研团队成果的奖励制度，促进科研团队间的良性竞争。

6.2.2.3　落实科技成果转化激励政策

加快制定相关细则，真正落实国家科技成果转化激励政策，提升科技工作者的科技成果转化活力。科技成果转移转化的奖励和报酬的支出，计入各单位当年工资总额，不受单位当年工资总额限制，不纳入单位工资总额基数，实化、细化成果转化收益分配政策。对技术开发、技术转让、技术咨询、技术服务（含技术培训、技术中介）、检验检测等转化和服务取得的收入，将不低于70%的净收益用于奖励科技人员、研发团队及为科技成果转移转化做出重要贡献的人员。此外，建立健全科技成果转化报告制度，要求各单位以年度为单位，向新疆（兵团）有关部门等提交上一年度的科技成果转化情况报告及转化激励情况报告。

6.2.2.4　落实科技工作者创新创业激励政策

根据国家关于事业单位专业技术人员创新创业的实施意见，科技人员可在完成本职工作的情况下，经所在单位批准，在区内兼职从事技术研发、产品开发、技术咨询、技术服务等成果转化活动。各单位要加大科技工作者创新创业激励力度，取消绩效支出比例限制，支持科研机构高层次人才兼职兼薪和离岗创业，激励科技人员创新创业、加速科技成果转移转化。

6.2.2.5　探索科技工作者开展科普工作激励政策

真正解决开展科普“联系谁、依靠谁、服务谁”的根本问题，把科技工作者作为科普工作决策、依靠、工作、服务的主体，实施提升精准服务科技工作者开展科普的保障服务行动。制定各种积极措施激励科技工作者开展科普工作，建立相应的科普组织、科普团队和科普志愿者队伍，保障科技工作者提高科普能力的合法权益，并为其参加科普培训提供条件；建立健全科普职称评聘系列和科技辅导员职称评聘系列，激发科技工作者开展科普工作内在潜力；加大政府财政资助力度，同时要求设立的科学技术基金项目、科学技术计划项目及其他资助课题项目必须有科研成果和科普成果双重要求，项目或课题结题中必须有科普成果内容，构建科研与科普良性互动的正反馈机制。

6.2.3　完善人才引进、培养、评价，增强科技工作者队伍实力

6.2.3.1　完善引进机制

建议赋予各单位更大的人才引进自主权，全面落实引进人才相关待遇，设立

人才发展专项资金，加强对学术带头人及青年科技人才的支持力度。各单位尤其是高校与科研院所可在核定编制数内，对高层次人才与紧缺专业人才自主确定聘用条件、聘用方式，并减少聘用审批环节。同时，开展海内外招聘人才试点，面向国内外知名高校、科研机构或企业研发机构等公开招聘高层次科技人才，实行聘期管理，工作条件和薪酬待遇“一人一策”，以进一步加强人才队伍建设、带动急需学科发展、提升科技创新整体实力。各单位可适度提升人才薪酬待遇、优化科研人员工作环境，增加对硕士及以上科技人员的吸引力；也可通过特聘、兼职、课题攻关、合作研究等多种方式引进高层次科技人才。

6.2.3.2 优化培养机制

建议完善对口科技援疆机制，探索人才联合培养模式。各单位可以“学科平台为依托、以科研项目为牵引、以创新团队为支撑”，构建多元化的创新人才培养体系，强化培养本土优秀人才；探索建立学术团队制度（PI 制），致力于打造优势研究团队。建议根据各单位研究特色与人员结构，对中青年科技人员进行重点扶持与培养，努力建设一支规模适度、素质优良、结构合理的人才后备队伍，形成高层次人才与青年科技人才相互衔接、梯次分明的科技创新人才队伍。各单位要把相应的工作重心放在对科技工作者的人才培训方面，积极选派年轻有为的骨干科技人才进学校、进研究机构、进研究团队学习深造，同时鼓励广大科技工作者利用业余时间自主参加培训学习，不断提升其研究能力，培养一大批“下得去、用得上、留得住”的人才队伍。

6.2.3.3 建立分类评价机制

加快建立以能力、质量、贡献为导向的全新科技人才评价体系。采取分类评价方法，按照科学研究、技术推广、科辅等不同工作属性建立科学的分类评价指标体系。对从事基础研究的科研团队及成员，建议取消年度专业技术业绩考核，按 3~5 年期限目标进行考评，并着重评价其提出和解决重大基础科学问题的原创能力、成果的科学意义和学术价值；对于从事医疗、教学、科研等应用研究的科研人员，着重评价其技术应用与集成能力、重大技术突破水平、科研成果转化能力等；对于从事技术推广、科普的科技人员，着重评价其技术推广效率与效果，科普工作成效等，引导其提升服务水平与技术支持能力等。加快由注重个人评价向团队评价转变，建立科学的科研团队评价模式，对科研团队突出整体考评、弱化成员考评。遵循科技工作周期长的特点，减少科技人才的评价频次，并建立容错纠错机制，鼓励创新、鼓励探索，形成潜心研究、挑战未知的创新文化和宽容失败、鼓励争鸣的学术氛围。探索实行代表性成果评价制度，突出研究成果质量、原创价值和对经济社会发展实际贡献，改变片面将论文、专利、项目、经费数量等与科技人才评价直接挂钩的做法。

6.2.3.4　完善科技成果评价制度

根据不同类型科技活动的特点，注重科技创新质量和实际贡献，制定分类科学、导向明确、激励约束并重的评价标准和方法。即基础研究和前沿技术探索，实行同行评价，突出中长期目标导向，评价重点从研究成果数量转向研究质量、原创价值和实际贡献；面向市场的应用和开发研究，以获得自主知识产权及其对产业的贡献为评价重点，把技术转移和科研成果对经济社会的影响纳入评价指标；公益性科研活动以满足公众需求和产生的社会效益为主。探索建立政府、社会组织、公众等多方参与的第三方评价机制，着重评价目标完成情况、成果转化情况、技术成果的突破性和带动性以及对产业发展的实质贡献，拓展社会化、专业化、国际化评价渠道。充分发挥同行专家在评价中的主体作用，遵循学术自身规律，淡化行政领导评价干预；同时建立评价专家责任制度和信息公开制度，探索对科技计划实施和成果转化的后评估。

6.2.4　建立全方位工作生活服务体系，提高科技工作者幸福感

6.2.4.1　转变科技工作者管理理念

各单位应充分尊重人才、尊重知识，以科技工作者为中心，彻底消除“官本位”思想残留，应着力于破除“圈子文化”与利益组合，消解各种利益纽带和人身依附关系，提升科技资源分配的公平性与公开性；同时，应正确处理好引进人才与现有人才的关系，避免发生引进一批伤害一批的不良现象，有效提升科技工作者队伍稳定性。各单位应加快推动科技工作者管理政策法制化、科技工作者支持持续化，通过科学的管理制度留住科技人才。

6.2.4.2　关注科技工作者家庭生活

结合科技工作关于子女教育、赡养老人等普遍压力与重要诉求，适度放宽人事编制，允许放宽各高校和科研院所对高层次领军人才和青年骨干人才、紧缺专业人才实行“一人一策”，增加编制和同工同酬岗位，切实解决其配偶、子女工作问题。同时，各地区要集中优质教育资源，支持建立一所重点小学和重点中学，切实提高本地重点中小学教育质量，解决科技人才子女上学的后顾之忧。允许科技人才根据其科研任务、进度安排，实行弹性休假制度，方便其看望父母、陪伴父母，实现工作和尽孝两不误。

6.2.4.3　增加身心健康服务的资源供给

支持鼓励有条件的单位联合相关部门设立心理咨询室，聘任兼职专业人员向

科技工作者提供心理咨询服务；支持鼓励各单位就近与具备专业资源的医院、诊所、心理咨询中心等机构签约绿色通道。同时，建立新疆（兵团）科技工作者的网上心理咨询平台，快速筛查测评科技工作者心理健康状况，并根据心理健康状况提供便利的线上视频咨询渠道。建议将心理健康筛查纳入年度体检，为初筛中存在心理健康问题的科技工作者提供进一步深入检测，为确实存在心理问题、需要干预的群体推送自我调整建议及心理咨询预约渠道。同时，依据各级科协或工会组织，结合线下和线上形式，针对常见的心理健康问题与困惑开展心理健康科普。

6.2.4.4 切实为科技工作者提升优质服务

进一步转变政府职能，提高公共服务效率和质量；积极推进依法行政，实行政务公开，建立廉洁、勤政、务实、高效的政务工作运行机制，为科技工作者的成长、发展、干事创业提供便捷高效服务；强化感情留人，待遇留人，事业留人，团结、凝聚广大科技工作者。各级科协组织要充分发挥自身职能，建立健全组织网络体系，把工作触角延伸到各级各类科技工作者群体中。充分发挥学术交流主渠道、科普工作主力军、对外民间交流主代表作用，积极建设好科技工作者之家，代表科技工作者的利益，反映他们的愿望和呼声，为他们排忧解难，办好事实事。

6.2.4.5 建立科技人才流失问责机制

全面增强党管人才意识、落实党管人才原则，建议将科技人才管理作为高校、科研院所等各单位党委工作考核的重要内容，重点关注各单位科技人才流失情况，对科技人才流失严重的单位党委进行诫勉问责，并责令其限期整改。支持各单位党委（总支）建立人才流失档案，系统分析流失人才的背景、流失原因与流失去向，为科技人才动态监测与人才流失预警提供经验信息，切实增强科技人才流失干预能力、提升科技人才管理服务水平。

参考文献

［1］王康友，祝叶华，李娜．中国共产党对科技工作者和科技团体的关怀与重视［J］．科技导报，2021，39（12）：28-35.

［2］翁章好，李荣志．科技工作者时间分配和身心健康的现状及建议——基于长三角地区调查的实证分析［J］．今日科苑，2021（06）：42-53.

［3］李慷，黄辰．我国科研人员工作满意度影响因素的实证分析——基于第四次全国科技工作者状况调查报告［J］．科技导报，2021，39（10）：99-108.

［4］邵庄，孔德生．高校科技工作者政治认同的当代价值、内涵特征与培育策略［J］．黑龙江高教研究，2021，39（03）：131-135.

［5］张明妍，邓大胜，李慷，史慧，高卉杰，徐婕，黄辰，于巧玲，薛双静．科技工作者创新创业现状与风险调查［J］．科技导报，2020，38（19）：88-93.

［6］周大亚．我国科技工作者的职业类型及基本特点［J］．今日科苑，2020（06）：28-30.

［7］李柳杰，董婷梅，陆桂军，唐青青．科技工作者科研激励现状及对策建议——基于调查问卷数据［J］．科技智囊，2020（05）：40-45.

［8］王志珍．科技工作者创造了中国科技发展70年的辉煌［J］．中国科学院院刊，2019，34（10）：1121-1122.

［9］李慷，邓大胜．支持老科技工作者服务科技强国建设——基于全国老科技工作者状况调查［J］．今日科苑，2019（06）：81-92.

［10］周成河．科技工作者服务地方经济的现状及对策研究［J］．现代农业科技，2019（08）：244-245+247.

［11］赵令锐，陈锐．科技工作者对学术不端行为的认知状况分析——基于第三、四次全国科技工作者状况调查数据［J］．今日科苑，2019（02）：84-89.

[12] 于巧玲，邓大胜，史慧．女性科技工作者现状分析——基于第四次全国科技工作者状况调查数据［J］．今日科苑，2018（12）：87-91.

[13] 李慷，张明妍，于巧玲，邓大胜，史慧．全国科技工作者状况调查研究分析［J］．今日科苑，2018（11）：72-77.

[14] 江希和，张戌凡．科技工作者状况分析及对策建议——基于江苏省科技工作者调查［J］．科技管理研究，2017，37（24）：50-60.

[15] 邓大胜，史慧，李慷．科技工作者普遍关注的几个问题——全国科技工作者状况调查站点报送信息汇总分析［J］．科协论坛，2016（07）：41-45.